“十四五”时期国家重点出版物出版专项规划项目

食品科学前沿研究丛书

肉制品检测新技术

陈　倩　殷小钰　孔保华　主编

科学出版社

北　京

内 容 简 介

全书分为 3 篇，共 20 章。主要包括谱学技术在肉及肉制品检测中的应用、生物学技术在肉及肉制品检测中的应用以及其他新技术在肉及肉制品检测中的应用。系统概述了肉及肉制品检测新技术，力求反映肉及肉制品新型检测手段。本书内容丰富，理论结合实际，系统介绍了国内外肉及肉制品检测领域的研究热点和研究成果。

本书适合高等院校食品专业的研究人员、教师及研究生阅读。此外，还可供食品生产企业及相关的企业技术人员学习参考。

图书在版编目（CIP）数据

肉制品检测新技术 / 陈倩，殷小钰，孔保华主编. —北京：科学出版社，2023.9

（食品科学前沿研究丛书）

“十四五”时期国家重点出版物出版专项规划项目

ISBN 978-7-03-075997-9

Ⅰ. ①肉… Ⅱ. ①陈… ②殷… ③孔… Ⅲ. 肉制品－食品检验 Ⅳ. ①TS251.7

中国国家版本馆 CIP 数据核字（2023）第 127350 号

责任编辑：贾 超 孙静惠 / 责任校对：杜子昂
责任印制：吴兆东 / 封面设计：东方人华

科 学 出 版 社 出版
北京东黄城根北街 16 号
邮政编码：100717
http://www.sciencep.com
北京中石油彩色印刷有限责任公司 印刷
科学出版社发行 各地新华书店经销

*

2023 年 9 月第 一 版 开本：720 × 1000 1/16
2023 年 9 月第一次印刷 印张：15
字数：302 000

定价：98.00 元

（如有印装质量问题，我社负责调换）

丛书编委会

前　言

我国是肉类生产和消费的大国。肉制品因其营养丰富、味道鲜美的特点，已经成为人们日常膳食中的重要组成部分。随着生活水平的提高，人们对肉及肉制品的质量和安全也提出了更高的要求，这就要求对肉制品品质的检测手段要相应提升。为了提高我国肉及肉制品品质及安全特性，缩短与发达国家在检测技术水平上的差距，我们撰写了本书。依托国家自然科学基金区域创新发展联合基金（U22A20547）和国家自然科学基金面上项目（32172232），结合作者在此领域的实践和科研成果，本书较为系统地阐述了国内外肉制品检测技术的发展现状以及检测新技术的应用。本书主要突出在“新”上，读者通过阅读可以了解肉制品检测方面的发展现状及趋势。本书具有很高的出版价值，尤其对于高等院校从事畜产品加工专业的研究人员、教师及研究生有着很强的指导作用。

本书编写分工如下：绪论、第 1～2 章由东北农业大学孔保华教授编写，第 3～12 章由东北农业大学陈倩教授编写，第 13～20 章由昆明理工大学殷小钰老师编写；感谢烟台大学温荣欣老师，扬州大学赵欣欣老师，东北农业大学韩格博士、张潮博士、隋雨萌硕士在统稿和校稿过程中给予了大力支持，在此表示衷心的感谢。

虽然我们在撰写过程中尽可能采用最新研究成果及资料，增加内容的先进性与前瞻性，但由于肉及肉制品检测技术处于快速发展阶段，相关的新技术不断涌现，有些内容难免会出现相对陈旧的现象。由于作者水平有限，书中不足之处在所难免，恳请读者提出宝贵的意见和建议。

东北农业大学
陈　倩

2023 年 9 月

目　　录

第三篇 其他新技术在肉及肉制品检测中的应用

第0章 概 论

0.1 国内外肉制品检测技术的发展现状和趋势

随着社会经济的迅猛发展，人们的生活水平大幅提高，人们对食品的质量和安全也提出了更高的要求。肉制品因其营养丰富、味道鲜美的特点，已经成为人们日常膳食中的重要组成部分，其品质状况与国民生活质量、营养水平及饮食安全直接相关，这就要求对检测机构及商家的肉制品品质检测手段进行相应提升。因此，肉制品检测技术在研发卫生安全、高质量肉制品的过程中发挥着越来越重要的作用。

肉制品检测主要包括新鲜度检测、质量分级、掺假分析、有害物残留等方面。传统的检测方法较多使用物理、化学等损坏性检测评价手段，且费时费力，检测效率低下。线下品质控制存在一定的滞后性，缺乏现场检测的方法以及个体用户也可以使用的检测手段。很多检测需要送往检测机构才能完成，达不到现代检测所需的快速、准确、实时、无损等要求。近年来，食品领域相关检测技术不断发展，国内外学者在对肉制品检测技术的研究方面取得了一定的成效，如对多种肉制品的化学成分分析、肉品嫩度检测技术研究及采用图像处理等先进技术来进行畜体分级和肉制品品质检测，并且在实际生产中已研制出科学的配套仪器设备。

在肉制品品质检测中，安全品质的检测是第一位，如重金属残留检测方法通常有紫外分光光度计法、高效液相色谱法、原子吸收光谱法、原子荧光光谱法、电感耦合等离子体质谱法等，其中快速检测方法有胶体金免疫层析技术、纳米离子比色法、酶分析法等；农药残留检测技术有色谱分析技术、电化学技术、酶抑制技术、免疫分析技术等；对微生物污染的检测技术有 PCR 技术、ATP 生物发光法及免疫学方法等。此外，食用品质的测定也十分重要，如肉色决定消费者的视觉印象，其评定方法分为主观评定、客观评定，前者主要使用比色板，后者主要使用化学法、色差仪等；肉质 pH 受畜禽品种、宰前生理状况、屠宰方法等多种因素影响，对其检测方法主要为pH计直接测定；保水性是检测肉制品品质的重要指标，常用的检测方法有压力法、重力法、离心法和蒸煮损失法等；嫩度是影响肉制品消费的重要因素，其检测方法包括主观性较大的感官评价和测定剪切力的仪器测定。风味是肉制品的重要品质之一，风味物质成分复杂，影响因素较多，是一系列挥发性化合物共同作用的结果。目前，对肉制品风味物质的检测技术已开展了很多研究。例如，电子鼻及电子舌检测技术能够快速有效地检测肉制品中的风味物质，且具有操作简单、重复性好、节能环保的优点，缺点是不能对具体风味物质进行定量分析，检测结果易受环境影响；气相色谱是风味分析的基本方法，主要对高温下不分解的挥发性组分进行分析。复合联用技术在当前使用最为广泛，如气相色谱质谱联用技术的鉴定能力较强，不仅灵敏度高、分离效率高，而且定量准确、能够确定物质分子式；气相色谱-嗅闻技术是近年来引进的风味检测技术，该方法灵敏度高，可以用来确定关键风味物质，但仪器昂贵、需配合气相色谱质谱联用仪而不能独立使用；高效液相色谱质谱法适合测定非挥发性成分和低挥发性成分，常用于检测次生代谢产物和易解离的物质，具有强选择性、高灵敏度且检测极限低、分析速度快的优点，准确性要高于气相色谱质谱联用技术；新发展起来的全二维气相色谱法/飞行时间质谱联用技术可以实现对肉制品中一些长期难以分离、鉴定的微量成分的检测，还有着高分辨、高灵敏度的优势。虽然风味物质的化学成分及结构已经能被定量或定性分析，但对于风味物质形成机制的检测还需深入研究。

肉类加工的自动化使得国内外肉制品检测技术逐渐向快速、无损检测发展。无损检测技术由于具有高效、经济等特点，适用于商品产业化在线实时检测，易于管理及自动化监控。目前常用的光学无损检测技术包括近红外光谱技术、振动光谱技术、高光谱成像技术、拉曼光谱技术等。国内肉制品检测技术种类多样，且不断向信息化、自动化和智能化转变，但仍有一些问题亟待解决，如新兴技术研发缓慢，相关专业技术人才缺口较大，专业性大型企业并不多等。与国内相比，国外肉制品检测技术更新较快，现已出现许多新兴的肉制品检测技术，例如，通过测量光学角度的吸收评价猪肉老化、干燥、冷冻后的损伤程度，采用双频光谱技术实时检测猪肉品质属性以及一种新型边缘检测方法应用于大理石肉脂肪含量的预测等。肉制品与动物养殖、饲料加工、饲养环境、加工贮藏、运输消费等多方面因素密切相关，因此对肉制品的检测分析通常较为复杂，国内外肉制品检测技术的发展均趋向于尽可能简化操作、提高精度，开发经济有效的检测技术以适用于工业化生产。随着互联网、计算机技术的不断发展及数据处理能力的提升，充分结合多元信息研发肉制品在线检测技术也是未来所需要的。通过建立实时有效的检测系统，保证检测结果的准确性、时效性，实现对肉制品全面、快速的评价，进而保障商家的利益以及消费者的健康安全。

0.2 肉制品检测技术研究的热点

0.2.1 谱学技术

基于光谱分析技术对肉制品品质进行检测已成为近年来的一个研究热点，其在肉制品新鲜度检测、有害物残留检测、有害微生物含量检测、质量分级、掺假分析等方面具有良好的应用前景。色谱-光谱检测技术中，气相色谱质谱联用技术、基质辅助激光解吸电离飞行时间质谱、高光谱技术、高效液相色谱法、近红外光谱及分光光度法应用较为广泛。近些年，随着材料科学、传感器技术、计算机技术等新技术和新方法迅猛发展，肉制品检测手段也获得快速更新，其中，检测的可视化技术受到广泛关注。各种可视化解决方案不断涌现，如基质辅助激光解吸电离质谱成像技术、气相色谱-离子迁移谱技术、激光诱导击穿光谱技术。光谱图像具有“图谱合一”的特性。基于光学的检测技术通常具有快速、准确、无损的特点，通过对检测结果的可视化设计实现对待测物质定性、定量和定位分析，这使其成为肉品品质和安全检测、分类与分级的有力手段，在食品检测领域能够发挥重要作用，实现了多指标的同步检测及检测结果的可视化。为检测者提供直观的品质信息，便于研究人员观察模拟和计算，为发展快速、便携、实用的检测设备提供解决方案。

0.2.2 生物学技术

生物学技术产业的不断更新发展为人类社会所存在的一些较为难以突破的问题寻求到解决的方案，并且起到实质性的作用。在肉制品检测中，分子生物学检测技术常用于肉制品中动物源性成分的检测，例如，在肉类掺假检测技术方面已经较为成熟的实时荧光 PCR 检测技术能够有效检测猪肉掺假情况，且具有低成本、自动化、灵敏度高、特异性强的优点，但由于易受复杂基因和 DNA 降解的干扰，在应用时具有一定局限性；优化 PCR 反应条件并与荧光定量相结合的多重实时荧光 PCR 检测技术具有更高的检测效率、灵敏度和特异性；环介导等温扩增检测技术能够准确检出牛源性成分，且设备简单，适用于快速检测；重组聚合酶等温扩增检测技术能缩短常规 PCR 技术扩增过程的时间，但该方法不能对异源性成分进行定量检测，灵敏度低，降低其准确性；而可以直接测定 DNA 个数的微滴数字 PCR 则能对样品进行定量分析，缺点是该方法需要较高的工作量和成本；变性高效液相色谱法是一种新型高通量筛选 DNA 序列变异的技术，该方法减少了电泳过程中的污染，且效率高、特异性强；非定向、低成本的 DNA 条形码检测技术也是物种鉴定的常用工具。此外，还有生物学检测技术、理化检测技术，如基于核磁共振的代谢组学技术能通过检测氢含量来获得肉制品内部脂肪等分子的信息，操作简单、重复性好，在肉制品掺假检测方面具有广阔的发展前景。

0.2.3 其他新技术

除以上肉制品检测技术外，电子鼻、X 射线计算机断层扫描、原子力显微镜和生物散斑技术等也是近年来肉制品检测技术研究的热点。肉品品质评价中，气味是最直观的一个指标。电子鼻具有和常规分析仪器所无法比拟的优点，因此在肉品品质检测中发挥了很大的作用。电子鼻可以对肉品中挥发性成分进行采集、检测和分析，完成相应的分析判断。同时电子鼻作为一种新型的无损伤检测技术，也是检验肉品新鲜程度的快捷手段，对肉品品质进行分级，实现在线的连续检验、预测肉品货架期以及对肉品的掺杂掺伪行为的检测。X 射线计算机断层扫描技术是以 X 射线束沿不同方向对样品进行多维度扫描，并结合计算机将所收集的数据重建后得到断层面影像的新型成像技术。近几年来其在食品检测领域中也得到了广泛应用。同传统的成像技术相比，X 射线计算机断层扫描技术具有穿透能力强、分辨率高、可重复检测且对样品不会产生破坏性等优点。随着人们对微观世界的不断探索，很多普通光学显微镜无法观察到的物质内部微观结构逐渐成为人们关注和研究的热点，而普通分子技术的局限性也日益突出。原子力显微镜主要是通过原子级的探针对样品表面进行“扫描”，使用方便、操作简单；生物散斑技术作为一种新兴无损检测技术，因其设备简单，能够实时处理并定性或定量反映被测物品的生物或物理信息，在食品领域已有应用。

第一篇　谱学技术在肉及肉制品检测中的应用

第 1 章　基质辅助激光解吸电离飞行时间质谱及其在肉品科学研究中的应用

基质辅助激光解吸电离（MALDI）诞生于 20 世纪 80 年代末期，并在 Karas[1]的改良下与飞行时间质谱（TOF-MS）结合，逐渐演变成一种新型基质辅助激光解吸电离飞行时间质谱（MALDI-TOF MS）技术。此方法令质谱技术由过去的“小分子物质研究”阶段，逐步迈入“生物大分子质谱技术”的新时代。该技术与化学分析及其他质谱技术相比，具有检测范围宽、分辨率灵敏度高、等待时间短、可检测混合物、谱图易解析等优点，因此 MALDI-TOF MS 技术已被广泛应用于有机化学[2]、蛋白质组学[3]、基因研究[4]、药学[5]等领域并拥有独特的潜力与应用前景。基于该技术的诸多特点，其在肉品科学研究中也逐渐得到了应用。本章从 MALDI-TOF MS 原理出发，将对该技术在肉品成分分析、酶解机理、发酵肉制品菌株筛选鉴定等方面的应用现状进行综述，以期为未来的进一步深入研究打下基础，并为肉制品研究提供新的方法与思路。

1.1　MALDI-TOF MS 技术概述

MALDI-TOF MS 主要由进样系统、离子源、质量分析器、检测器、数据处理系统五部分组成，其仪器构造原理如图 1.1 所示。

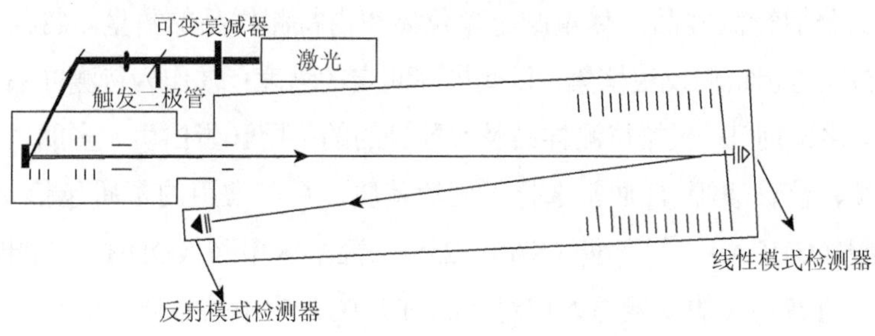

图 1.1　MALDI-TOF MS 构造原理图

MALDI-TOF MS 离子源所采用的电离方式是一种被称为“软电离”的基质辅助激光解吸电离，其原理为将极小量的样品与基质混合后点加于靶板上，待样品与基质形成共结晶后用脉冲激光对其进行照射，基质吸收激光的能量跃迁至激发态进而使样品得以电离[6]。待测样品经电离后产生的离子在一定的加速电压下获得动能，并且以一定的速度进入飞行时间分析器（即离子漂移管），其各参数的关系如式（1.1）和式（1.2）所示[7]：

$$\frac{1}{2}mv^2 = zU \rightarrow v = \sqrt{\frac{2zU}{m}} \tag{1.1}$$

$$T = \frac{L}{v} = \frac{L}{\sqrt{\frac{2zU}{m}}} \rightarrow \frac{m}{z} = \left(\frac{T}{L}\right)^2 \times 2U \tag{1.2}$$

式中，U 代表离子所获得的加速电压；v 代表离子进入离子漂移管的速度；T 代表离子在漂移管内的飞行时间；L 代表离子漂移管的长度；m 代表离子的质量；z 代表离子所带的电荷量。由式（1.2）可知，在加速电压、离子漂移管长度不变的前提下，飞行时间与离子的质荷比的平方根成正比，即质量相对较小的离子飞行速度快，故早到达检测器，而质量相对较大的离子飞行速度慢，故晚到达检测器。由此可知，可通过测定离子的飞行时间计算出该离子的原子质量或分子质量，被测样品按质量数的大小依次被分离，可根据其体现在所得谱图中的谱峰获得每一分子链的分子质量，由其谱峰强度计算被测样品的平均分子质量和分子质量分布宽度，更可在此基础上对被测样品的组成成分、分子结构等进行预测和分析[8]。

在 MALDI-TOF MS 技术中，靶板上的基质亦对最终的检测结果起着至关重要的作用，其主要表现在以下三个方面：①基质可直接从脉冲激光中吸收能量进而防止高能量将待测大分子物质分解，起到了稳定待测样品的作用；②基质可从一定程度上分散待测样品，尽量减小单位体积内待测样品的数量，将其分离成单分子的状态以防止它们发生聚集，以此提高测定的精度；③作为待测样品离子化过程中的质子化试剂[9]。根据待测样品及实验目的的不同（蛋白质、多肽、小分子、多糖、脂类、核苷酸等），通常选择不同的基质，目前常用的基质包括 α-氰基-4-羟基肉桂酸（CHCA）、芥子酸（SA）、2, 5-二羟基苯甲酸（DHB）、2-咔啉等。

此外，随着科技的发展与人们对 MALDI-TOF MS 技术研究的深入，人们还在离子漂移管的末端加装了反射器，其对飞行至离子漂移管末端的离子施加电场，改变离子的飞行路径使其进入另一个检测器检测，延长离子的飞行距离，提高质荷比较为接近的离子的测定结果的分辨率。还可以通过在 MALDI-TOF MS 基础上串联 MS/MS 的方法以达到对生物大分子的基本结构组成进行测定的目的。

总而言之，伴随着 MALDI-TOF MS 技术的日臻成熟，其在原有基础上衍生出了多种特殊而快捷的检测方法与分析手段，如肽质量指纹谱（PMF）[10]、源后衰变（PSD）[11]等。近年来 MALDI-TOF MS 技术的应用领域愈发广泛，尤其在肉品科学研究中所占的比重逐渐加大。

1.2　MALDI-TOF MS 技术在肉品成分分析中的应用

肉的主要组成成分包括蛋白质、脂肪、矿物质、维生素、浸出物和水分六大类。它们在肉制品的加工处理过程中均会受到不同程度的影响而发生变化，进而对肉的风味、品质及相关理化特性造成一定的影响。肉中的蛋白质作为肉品研究的重点，其思路正逐渐向性质机理的微观方向延伸。MALDI-TOF MS 作为一种快捷高效的研究方法，已广泛应用于肉品科学研究中。

1.2.1　MALDI-TOF MS 技术对肉品中蛋白质的鉴定

近年来，蛋白质组学逐渐发展完善，其在肉品中的应用也愈发成熟。MALDI-TOF MS 作为一种稳定性高、成本低、进样量小且检测速度快的技术，极适合作为 PMF 的互补辅助技术，以此来对肉中的蛋白质进行辨别筛选与鉴定。

目前 MALDI-TOF MS 技术已经广泛应用于 2D 电泳中[12]，其不仅可以通过与 PMF 技术结合来分析肉品种的特异蛋白质和肽段，也可利用对蛋白质的鉴定来推导所测肉样来自于何种畜禽或畜禽的什么部位。Morzel 等[13]、Bouley 等[14]和 Doherty 等[15]采用 MALDI-TOF MS 与 PMF 技术，在不需要对基因序列鉴定的前提下，分别确定了猪肉、牛肉和鸡肉中的特征蛋白。其中，经 2D 电泳分离后 90%的猪肉蛋白、70%的牛肉蛋白均可通过 MALDI-TOF MS 和 PMF 技术而鉴别出来。

1.2.2　MALDI-TOF MS 技术对肉品质的鉴定

MALDI-TOF MS 作为一种简单高效的单一或辅助鉴别手段，其在肉制品品质改良的研究中更是具有广阔的应用前景。通过对畜禽肉的肌肉蛋白进行生物标记，结合 MALDI-TOF MS 较高的检测分辨率和准确性，可定向建立、检测甚至改良肉制品的某些品质特性。Maltin 等[16]表示，不同种类的肌纤维与肉的多汁性、风味和嫩度的关系目前仍不是十分明确。因此，Bouley 等[17]将生物标记、2D 电泳及 MALDI-TOF MS 三种技术相结合，探求肌纤维与肉品特性的内在关系。其敲除了控制分泌肌肉生长抑制素的一段基因序列上的十三个碱基对，并利用生物标记的方法将其标记。这种人为的突变，导致了肌肉蛋白生长抑制素的缺失。通过 MALDI-TOF MS 技术分别对基因突变所产生的蛋白、未经突变的正常蛋白进行分析鉴定、对比，共产生了十三种差异蛋白。其中包括与肌肉收缩和能量代谢密切相关的蛋白质。此外，肌钙蛋白 T 受到了基因敲除的影响。由此研究者推断，肌肉生长抑制素与肌肉的收缩程度及糖酵解代谢速度存在一定的联系，且这种抑制蛋白的表达与肉制品的嫩度也存在着某种内在的关联。此外，Boccard[18]的研究表明畜禽肌肉过度肥大会抑制肌束膜等的组织稳定性及钙蛋白酶抑制蛋白的活性，我们可以沿用 Bouley 的思路，通过 MALDI-TOF MS 与多种生化手段相结合的方法，对该抑制机理进行研究探索。

畜禽肉品的宰后代谢也是目前应用 MALDI-TOF MS 技术进行研究的领域之一。畜禽被屠宰后肉品中发生的生理生化代谢反应，对肉品品质有着极大的影响。Morzel 等[13]利用 MALDI-TOF MS 技术研究发现，宰后猪肉的原料肉中存在着蛋白质组的差异与变化。在其宰后 48 h 内，一些结构蛋白如肌动蛋白、肌球蛋白、肌钙蛋白 T 等与宰前相比均出现了不同程度的差异，而部分与代谢有关的酶类，如肌激酶、丙酮酸激酶、糖原磷酸化酶等亦表现出一定的变化趋势。此外，一些特异性的代谢酶类开始在胴体内积累，经 MALDI-TOF MS 对酶解后片段进行检测，发现特异性肌动蛋白和肌球蛋白的碎片含量开始逐渐升高。一般认为畜禽宰后肉品嫩度与肌纤维组分的降解有关，而代谢酶类与肉品嫩度的关系并没有做进一步深入的讨论，Lametsch 等[19]的研究则表明这些酶类的代谢与蛋白碎片的积累与肉制品的嫩度存在着密切联系，将宰后胴体内的酶类作为一种生物标记物，并令其与肉品嫩度建立内在联系，可作为今后研究的一个方向。

钙激酶亦对肉品的嫩度有着重要作用。Kent 等[20]利用 MALDI-TOF MS 技术研究，发现了一种以特异钙蛋白酶为介导的、以肌原纤维蛋白为底物的蛋白降解模式。其将肌原纤维蛋白的亚组分与钙蛋白酶在体外混合反应，通过 MALDI-TOF MS 技术对反应过程中产生的各蛋白组分进行动态监测与测定，发现肌动蛋白、结蛋白、肌钙蛋白和部分原肌球蛋白的亚型均会表现出特异性的降解模式，其降解所产生的肽段与肉品嫩度的关系，则是进一步研究的重点。

此外，也可以利用 MALDI-TOF MS 技术对肉品的保水能力进行深入的探讨。肉制品的保水能力是衡量其质量特性的一个重要指标，而保水力与畜禽宰后代谢机制有着重要的联系。Ervasti 等[21]的早期研究表明，猪体内存在着一种可控制保水能力的单基因模型，Le 等[22]则在此基础上发现了与肉品保水性有关的 *PRKAG3* 基因（通常也被称为 *RN* 基因）。将 2D 电泳与 MALDI-TOF MS 技术相结合，可以进一步研究猪肉保水能力在分子水平的变化。

Kim 等[23]利用 2D 电泳与 MALDI-TOF MS 技术对韩国本地牛背最长肌中的蛋白与该牛肉品质的内在关系进行了探讨。结果表明，分别测定品质评级较高和较低的牛肉蛋白，并对比其蛋白的差异性，发现有七种蛋白出现了差异的表达。在品质评级较高的牛背最长肌中，α-肌动蛋白表现出了极为高效的表达，而在品质评级较低的牛背最长肌中，T-复合物蛋白 1（TCP-1）、热休克蛋白 β-1（HSP27）以及一种与牛肉品质有关的Ⅰ型 1, 4, 5-三磷酸肌醇受体（ⅠP3R1）蛋白则表现出较为高效的表达。此外，分别采用银染法和免疫印迹法对 HSP27 和ⅠP3R1 进行鉴定，发现它们与牛背最长肌中的脂肪含量、嫩度和游离钙的水平存在一定的相关性。因此，HSP27 和ⅠP3R1 两种蛋白可作为一种指示牛肉品质内在标记物，进一步研究其内在的分子作用机制对提高牛肉品质有着极为重要的意义。

基于 Kim 的研究，Lomiwes 等[24]又利用 MALDI-TOF MS 技术专门对小热休克蛋白（sHSPs）与肉制品嫩度的关系进行了阐述。在宰后肉制品成熟的过程中，sHSPs 大量存在且存在一定的动态表达，并作为降解肌原纤维蛋白的伴侣蛋白。小热休克蛋白的功能特性是以磷酸化作用为介导而产生的，同时其也会由大而复杂的小热休克蛋白复合体分解为较小的低聚物。MALDI-TOF MS 技术则应用于鉴定小热休克蛋白复合体分解后产生的低聚物的种类，并探索这些低聚物与肉品嫩度的关系。结果表明，HSP20、HSP27 和 α/β-晶体蛋白等的多种亚型均在肉中有所表达。

Ha 等[25]则应用 MALDI-TOF MS 技术，从另一个角度对改善肉制品品质提出了全新的思路。其分别从猕猴桃和芦笋中提取出两种植物蛋白酶，测定它们以牛结缔组织和牛上脑的肌原纤维为底物时的水解能力。宏观的水解程度采用 SDS-PAGE 的方法直接进行观察，而对于具体某种蛋白的水解程度，则需将该对应条带从胶片上割下，处理后经 MALDI-TOF MS 技术进行测定。结果表明，猕猴桃蛋白酶对两种底物的酶解效果要优于芦笋蛋白酶，两种蛋白酶对于肌原纤维蛋白和胶原蛋白的作用位点不同，这代表着通过添加外源蛋白酶来改善肉制品品质这一思路存在着一定的可行性。

1.2.3 MALDI-TOF MS 技术对肉制品颜色风味的鉴定

肉制品颜色与风味也是其品质特性的重要方面，其直接从视觉与味觉上影响消费者对肉制品“好与坏”的主观判断。MALDI-TOF MS 技术可应用在肉制品风味、颜色形成机制等的研究中，并已取得了一定的进展。

肉制品中的风味物质来源多样且组成复杂，其中短肽类物质是风味物质的来源之一。Bauchart 等[26]研究了速食牛肉方便食品中短肽的分布情况。我们日常食用的食物中所包含的蛋白质具有一定的生物活性和独特风味，这些特性主要归结于短肽（由 2～50 个氨基酸组成）的存在。Bauchart 着眼于牛胸肌肉制品中的短肽，该速食牛胸肌肉制品在 4℃保藏 14 天后取出并于 75℃加热 90 min，利用 MALDI-TOF MS 技术对短肽的种类与含量进行测定。结果表明，鲜肉中 89%的肽类为肌肽、鹅肌肽、谷胱甘肽，而鲜肉经热加工烹调后，这些肽类物质的组分都出现了不同程度的降低。此外，在肉制品的烹调过程中，产生了一定数量的大分子复合基团，其可能是肽类物质的聚集。最后，在烹调后的肉制品中，发现了肌钙蛋白 T、伴肌动蛋白、前胶原蛋白、支架蛋白等蛋白的残基。

Joseph 等[27]则通过 MALDI-TOF MS 技术研究肉制品中由油脂氧化而引起的碳氧肌红蛋白（COMb）褪色的分子机理。通常油脂氧化会产生氧化产物，其会影响肌红蛋白的氧化还原稳定性，进而使 COMb 的颜色发生不稳定的变化。该实验将 4-羟基壬烯醛（HNE，一种具有反应活性的油脂氧化产物）与提取自马肉的 COMb 及氧合肌红蛋白混合，分别在一定的温度、pH 条件下反应 7 天，采用 MALDI-TOF MS 技术对产物进行分析。结果表明，HNE 与 COMb 在模拟生理条件下（pH7.4，37℃）生成了一价、二价及三价化合物，其与氧合肌红蛋白则生成了一价、二价、三价及四价化合物，这说明在模拟生理条件下，COMb 与 HNE 的反应活性要低于氧合肌红蛋白与 HNE 的反应活性。而在模拟肉制品储藏条件下

（pH5.6，4℃），HNE 分别与 COMb、氧合肌红蛋白反应后，均生成了一价、二价化合物，这说明畜禽肉宰后加工保藏过程中，COMb 和氧合肌红蛋白反应趋势基本相近，均赋予肉制品樱桃红般的肉色，且机理基本相同。

Zhang 等[28]采用 MALDI-TOF MS 技术与电子舌结合的方法，来分离鉴定河鲀鱼中的风味肽类物质。该实验从新鲜的河鲀鱼中提取风味肽类物质，将分离纯化所得的肽片段依次标记为 P1、P2、P3、P4、P5 五部分。其中 P2 进一步通过反相高效液相色谱纯化，依次得到 P2a、P2b、P2c 三部分。其中 P2b 组分鉴定出了甜香味，利用 MALDI-TOF MS 对 P2b 组分进行测定，测得氨基酸序列为 Tyr-Gly-Gly-Thr-Pro-Pro-Phe-Val，此类八肽化合物水解后的氨基酸残基，是河鲀鱼甜香风味的主要来源。

1.3　MALDI-TOF MS 技术在发酵肉制品中的应用

如前文所述，MALDI-TOF MS 在发酵肉制品中同样可以用于风味多肽物质等的测定。发酵肉制品主要依靠其中微生物的活动，以此达到实现产品特性的目的，故相比一般的肉类或肉制品具有一定的特殊性，MALDI-TOF MS 技术在发酵肉制品中主要应用于菌种的检测及鉴定等方面。其能够依据微生物的多种生物标记物进行分析，进而通过测定这些生物标记物的分子质量、结构等信息完成微生物的鉴定。

Kuda 等[29]利用 MALDI-TOF MS 手段，研究了一种可快速鉴定发酵肉制品中的嗜盐四联球菌的方法。嗜盐四联球菌是一种温和的耐盐的乳酸菌，存在于多种发酵调味品、发酵肉制品中。在该研究中，MALDI-TOF MS 被演化发展为一种高速鉴别嗜盐四联球菌的手段。待测样品细胞通常先用乙醇进行洗涤，而后用甲酸处理，放入基质进行离子化，经 MALDI-TOF MS 测定后所得谱图与标准菌株谱库中的谱图进行对比，以此确定所测样品中是否含有嗜盐四联球菌。此方法 30 min 即可得到结果，是一种准确、高效、简便的微生物鉴定方法，在发酵肉制品检测方面有着广阔的应用前景。Kameník 等[30]则在研究热烟熏香肠中部分乳酸菌的热稳定性时，通过 MALDI-TOF 方法对香肠中的特定微生物进行鉴定。Trček 等[31]则将基因检测技术与 MALDI-TOF MS 技术有效联合起来，一方面提高对于醋酸菌 16S～23S rRNA 转录基因内部间隔区的鉴定精度，另一方面通过 MALDI-TOF MS 分析细胞蛋白的组成。

由以上可知，随着科技的进步，MALDI-TOF MS 在微生物研究领域的应用愈加广泛而深入，这为肉品科学中发酵肉制品的研究提供了新的思路与启示，令我们不仅可以准确阐述某种现象，而且可以从更为深入的角度探讨现象背后的本质。

1.4　结语与展望

MALDI-TOF MS 作为一种近年来新出现的方法，不仅可以单独作为一种有效的检测手段，也可通过与其他技术（如二级质谱、生物标记技术、2D 电泳技术、肽质量指纹谱技术等）相结合，进一步拓宽 MALDI-TOF MS 的应用范围。在肉品科学中，MALDI-TOF MS 具有准确、高速、高分辨率等特性，因此近年来已被广泛地应用，尤其在肉制品品质改良（如嫩度、风味、颜色）和发酵肉制品微生物鉴定方面，将过去停留于表象的讨论进一步深化，从分子层面和内在机理等角度进行深入阐述。另外，MALDI-TOF MS 技术由于仪器设备造价较高，导致其在大面积推广层面仍存在着一定的难度，此外不同样品对应基质的选择、飞行模式的确定等都需要具有一定经验的操作者对其进行筛选优化，对于初学者来说诸多条件仍需要摸索，稍显复杂。总而言之，MALDI-TOF MS 技术在肉制品研究中的优势毋庸置疑，随着科技的进步，新的样品制备方法（如靶板上直接进行蛋白质酶解等）、新的基质（混合基质等）以及诸多的新手段、新技术，可进一步提高 MALDI-TOF MS 的流畅性、兼容性、操作简便性，使该方法在肉品科学研究中的应用前景更加广阔。

参 考 文 献

[1] Karas M. MALDI-TOF MS pulses ahead[J]. Analytical Chemistry，1995，67（15）：497-501.

[2] Bowler F R，Reid P A，Boyd A C，et al. Dynamic chemistry for enzyme-free allele discrimination in genotyping by MALDI-TOF mass spectrometry[J]. Analytical Methods，2011，3（7）：1656-1663.

[3] Binita K，Kumar S，Sharma V K，et al. Proteomic identification of *Syzygium cumini* seed extracts by MALDI-TOF/MS[J]. Applied Biochemistry and Biotechnology，2014，172（4）：2091-2105.

[4] Espinal P，Seifert H，Dijkshoorn L，et al. Rapid and accurate identification of genomic species from the *Acinetobacter baumannii*（Ab）group by MALDI-TOF MS[J]. Clinical Microbiology and Infection，2012，18（11）：1097-1103.

[5] Dudley E. MALDI profiling and applications in medicine[J]. Advances in Experimental Medicine and Biology，2014，806：33-58.

[6] Chalupová J，Raus M，Sedlářová M，et al. Identification of fungal microorganisms by MALDI-TOF mass spectrometry[J]. Biotechnology Advances，2014，32（1）：230-241.

[7] 朱明华. 仪器分析[M]. 3 版. 北京：高等教育出版社，2000：404-405.

[8] Fröhlich S M，Archodoulaki V M，Allmaier G，et al. MALDI-TOF mass spectrometry imaging reveals molecular level changes in ultrahigh molecular weight polyethylene joint implants in correlation with lipid adsorption[J]. Analytical Chemistry，2014，86（19）：9723-9732.

[9] 徐志康，朱凌燕，徐又一. 基质辅助激光解吸与离子化时间飞行质谱在高分子研究中的应用[J]. 分析化学评述与进展，1999，27（2）：224-229.

[10] Obregon W，Liggieri C S，Morcelle S R，et al. Biochemical and PMF MALDI-TOF analyses of two novel papain-like plant proteinases[J]. Protein and Peptide Letters，2009，16（11）：1323-1333.

[11] Fuchs B，Schober C，Richter G，et al. MALDI-TOF MS of phosphatidylethanolamines：different adducts cause different post source decay（PSD）fragment ion spectra[J]. Journal of Biochemical and Biophysical Methods，2007，70（4）：689-692.

[12] Magnin J，Masselot A，Menzel C. OLAV-PMF：a novel scoring sheme for high-throughput peptide mass fingerprinting[J]. Journal of Proteome Research，2004，3（1）：55-60.

[13] Morzel M，Chambon C，Hamelin M，et al. Proteome changes during pork meat ageing following use of two different pre-slaugher handling procedures[J]. Meat Science，2004，67（4）：689-696.

[14] Bouley J，Chambon C，Picard B. Mapping of bovine skeletal muscle proteins using two-dimensional gel electrophoresis and mass spectrometry[J]. Proteomics，2004，4（6）：1811-1824.

[15] Doherty M K，Mclean L，Hayter J R，et al. The proteome of chicken skeletal muscle：changes in soluble protein expression during growth in a layer strain[J]. Proteomics，2004，4（7）：2082-2093.

[16] Maltin C，Balcerzak D，Tilley R，et al. Determinants of meat quality：tenderness[J]. Proceedings of the Nutrition Society，2003，62（2）：337-347.

[17] Bouley J，Meunier B，Chambon C，et al. Proteomic analysis of bovine skeletal muscle hypertrophy[J]. Proteomics，2005，5（2）：450-490.

[18] Boccard R. Developments in meat science[M]. London：Applied Science，1981.

[19] Lametsch R，Karlsson A，Rosenvold K，et al. Postmortem proteome changes of porcine muscle related to tenderness[J]. Journal of Agricultural and Food Chemistry，2003，51（24）：6992-6997.

[20] Kent M P，Spencer M J，Koohmaraie M. Postmortem proteolysis is reduced in transgenic mice over expressing calpastatin[J]. Journal of Animal Science，2004，82（3）：794-801.

[21] Ervasti J M，Strand M A，Hanson T P，et al. Ryanodine receptor in different malignant hyperthermia-susceptible porcine muscles[J]. American Journal of Physiology，1991，260（1）：58-66.

[22] Le R P，Elsen J M，Caritez J C，et al. Comparison between the three porcine RN genotypes for growth，carcass composition and meat quality traits[J]. Genetics Selection Evolution，2000，32（2）：165-186.

[23] Kim N K，Cho S，Lee S H，et al. Proteins in longissimus muscle of Korean native cattle and their relationship to

meat quality[J]. Meat Science，2008，80（4）：1068-1073.

[24] Lomiwes D，Farouk M M，Wiklund E，et al. Small heat shock proteins and their role in meat tenderness：a review[J]. Meat Science，2014，96（1）：26-40.

[25] Ha M，Bekhit A E，Carne A，et al. Characterisation of kiwifruit and asparagus enzyme extracts，and their activities toward meat proteins[J]. Food Chemistry，2013，136（2）：989-998.

[26] Bauchart C，Remond D，Chambon C，et al. Small peptides（<5 kDa）found in ready-to-eat beef meat[J]. Meat Science，2006，74（4）：658-666.

[27] Joseph P，Suman S P，Mancini R A，et al. Mass spectrometric evidence for aldehyde adduction in carboxymyoglobin[J]. Meat Science，2009，83（3）：339-344.

[28] Zhang M X，Wang X C，Liu Y，et al. Isolation and identification of flavour peptides from puffer fish（*Takifugu obscurus*）muscle using an electronic tongue and MALDI-TOF/TOF MS/MS[J]. Food Chemistry，2012，135（3）：1463-1470.

[29] Kuda T，Izawa Y，Yoshida S，et al. Rapid identification of *Tetragenococcus halophilus* and *Tetragenococcus muriaticus*，important species in the production of salted and fermented foods，by matrix-assisted laser desorption ionization-time of flight mass spectrometry（MALDI-TOF MS）[J]. Food Control，2014，35（1）：419-425.

[30] Kameník J，Dušková M，Šedo O，et al. Lactic acid bacteria in hot smoked dry sausage（non-fermented salami）：thermal resistance of *Weissella viridescens* strains isolated from hot smoked dry sausages[J]. LWT-Food Science and Technology，2015，61（2）：492-495.

[31] Trček J，Barja F. Updates on quick identification of acetic acid bacteria with a focus on the 16S-23S rRNA gene internal transcribed spacer and the analysis of cell proteins by MALDI-TOF mass spectrometry[J]. International Journal of Food Microbiology，2014，196：137-144.

第 2 章　基质辅助激光解吸电离质谱成像技术及其在食品分析中的应用

基质辅助激光解吸电离质谱成像（matrix-assisted laser desorption ionization mass spectrometry imaging，MALDI-MSI）技术是利用 MALDI 飞行时间质谱技术，通过质谱仪测定离子的质荷比来分析生物分子的标准分子量，并结合专门的质谱成像软件辅助产生分子图像的新型分析技术。该技术最早于 1997 年由 Caprioli 和同事一起提出[1]。同传统的分析技术相比，MALDI-MSI 技术无需提取、分离、纯化待测样品，具有检测分子量范围广、灵敏度高、操作简便、自动化水平高等特点[2]。随着 MALDI-MSI 技术的发展，其已被广泛应用于生命科学领域，如动植物生理学[3]、病理学[4]、药物研发及疗效监控[5]等。基于 MALDI-MSI 技术的诸多优点，近几年来其在食品科学领域中也得到了应用[6]。本章主要介绍 MALDI-MSI 技术样品制备及其在食品分析中的应用，并对其发展方向进行了展望。

2.1　MALDI-MSI 技术的成像原理

MALDI-MSI 技术需要使用冰冻切片机对被研究的组织进行切片处理，获得极薄的组织切片后用基质进行覆盖，然后将干燥结晶后的切片组织置于质谱仪的靶上进行成像分析。该技术的原理是以软电离技术 MALDI 为基础，将分析物分散在基质分子中并形成晶体。用紫外（ultra-violet，UV）和红外（infrared，IR）的激光束照射晶体时，由于基质分子经辐射所吸收的能量蓄积并迅速产热，基质晶体升华，进而使样品从表面解吸进入气相，基质和分析物发生膨胀，进行气相质子交换反应形成离子[7]。然后利用 MALDI 系统的质谱成像软件分析样品组织，将质谱仪所获得的样品上每个点的质荷比（*m*/*z*）信息转化为照片上的像素点。在每个样品点上，将所有质谱数据经平均化处理获得一幅代表该区域内化合物分布情况的完整质谱图。利用仪器逐步采集质谱数据，最后得到具有空间信息的整套样品的质谱数据，完成对组织样品的“分子成像”。设定 m/z 的范围，即可确定该组织区域所含生物分子的种类，选定峰高或者峰面积来代表生物分子的相对丰度[8]。一般通过质谱成像可获取组织切片的二维图谱，在组织发育的过程中，将用连续切片获取的二维图谱组合，可绘出样品组织中靶分子的三维图谱，以分析其空间结构[9]。MALDI-MSI 的工作流程如图 2.1 所示[10]。

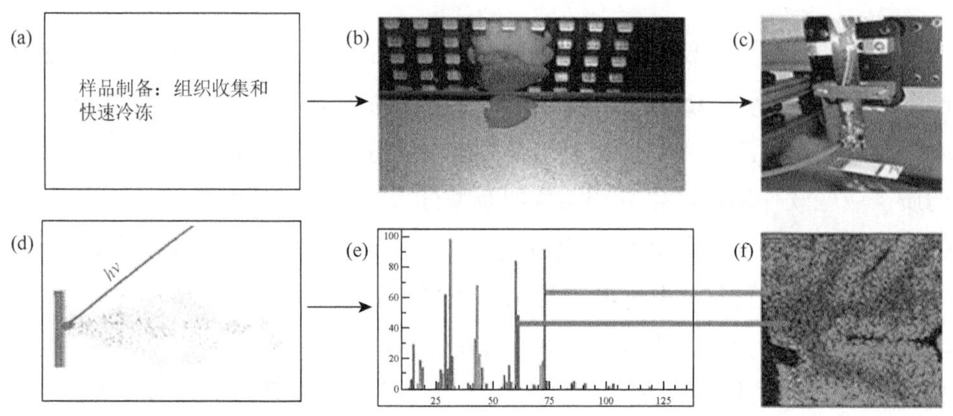

图 2.1　典型 MALDI-MSI 组织分析的工作流程[10]

（a）样品制备，包括组织收集和快速冷冻；（b）使用冰冻切片机切割薄片；（c）覆盖基质；（d）使用具有 MALDI 源的质谱仪进行数据采集；（e）每个位置产生的质谱；（f）图像生成和分析

2.2　MALDI-MSI 样品制备

MALDI-MSI 技术的关键在于样品的制备方法和基质的选择。对于植物组织和动物组织，MALDI-MSI 技术的样品制备方法已经逐渐成熟，因此，在食品分析中，肉类样品处理方法可参照哺乳动物组织进行处理，蔬菜和水果样品可参照植物组织进行处理。

2.2.1　样品组织的收集及贮藏

在 MALDI-MSI 中，样品的质量对内部化合物的分布有很大的影响，并且由于样品不能直接用来成像，因此，样品的处理和贮藏是获得高质量图像的关键因素。样品的收集和处理的过程一定要快速，因为组织一旦被分离，其内部物质就会发生降解。一般情况下将样品冻藏一段时间，直至分析前取出，样品的贮存时间取决于样品的性质，但是在样品的贮藏期间也要考虑分析物质的降解和迁移[11]。还有研究人员将样品放在液氮或干冰与不同溶剂混合的低温浴中快速冷冻，但不建议直接将样品放入液氮中，以免组织发生断裂或破碎。Schwartz 等[12]将新鲜的组织放入塑料试管中以避免这种情况的发生。也有研究人员建议采用−70℃下的乙醇和异丙醇来代替液氮[13]。

2.2.2　切片

在用冰冻切片机切片时，需要用支持物对样品进行包埋，为切片提供支持。形状较规则的大样品可以用少量的去离子水直接固定在切片机试样夹里，但是较小的样品则需要用支持物进行包埋[14]。常用的支持物有石蜡、冰、10%明胶和羧甲基纤维素（carboxymethyl cellulose，CMC）溶液等[15]。在食品分析中，切片的厚度取决于样品性质和仪器的限制。一般情况下，组织切片的厚度为 10～20μm[16]。近年来也有研究人员发现，在分析高分子质量的物质（3～21kDa）时，用 2～5μm 厚度的样品切片可以获得高质量的图像[17]。切片之后，通过融裱或双面胶带将样品转移到质谱成像的靶上。

2.2.3　组织预处理

1. 组织切片冲洗

通常，在用基质覆盖之前，最好洗涤或漂洗组织切片，除去一些抑制目标分子电离的内源分子和盐，加重信号，以免产生复杂的图谱。也有研究人员认为，组织切片冲洗前须在真空或氮气中脱水，减少湿度对分析的影响。一般情况下使用乙醇来清洗切片。对于脂肪含量较高的组织，一般用氯仿或二甲苯等溶液进行清洗。Enthaler 等[18]的研究表明，组织切片的冲洗会导致切片中蛋白质含量大幅降低。因此，在清洗过程中应避免除去一些成像的目标小分子，以获得高质量的图谱。另一种组织切片的洗涤方法是用溶剂湿润的无纤维纸局部清洗组织切片[19]。这种局部清洗的方法适用于易碎的组织切片，可以用来对比清洗区域和未清洗区域。

2. 切片组织消化

利用 MALDI-MSI 技术分析蛋白质时，由于该技术具有探测上限，无法探测大分子蛋白质，因此在对大分子蛋白质分析前，需要对其进行组织消化获得小肽段[20]。随后，通过 MALDI-MSI 技术用得到的小肽段的空间信息定位母蛋白质。组织消化是利用蛋白酶处理组织切片，产生多个小肽段。由于 MALDI-MSI 技术可鉴定蛋白酶水解后的小肽段，因此 MALDI-MSI 技术也适用于鉴定分析未知的蛋白质。

2.2.4 基质的选择及覆盖方法

1. 基质的选择

在 MALDI-MSI 中，基质的类型和覆盖方法是获得高质量可重复的离子图像的关键[21]。由于激光束不同，MALDI-MSI 可分为紫外质谱成像（UV-MALDI-MSI）和红外质谱成像（IR-MALDI-MSI），与 UV-MALDI-MSI 相比，IR-MALDI-MSI 的主要优点是样品中的内源水可以作为基质吸收红外辐射。但是，在分析的过程中，灵敏度可能会因为水分的不均匀分布而发生变化[22]。

在利用 UV-MALDI-MSI 对食品成分分析时，常用的基质为 2, 5-二羟基苯甲酸（DHB）、芥子酸（SA）和 α-氰基-4-羟基肉桂酸（CHCA），其中，SA 主要适用于高分子质量的蛋白质，在分子质量约为 4 kDa 的高分子化合物（如蛋白质和肽）的分析中，SA 可以提供更好的信噪比[23]。Cavatorta 等[24]利用 MALDI-MSI 技术分析桃中的变应原时，选择了 SA 作为基质，获得了高质量的图谱。DHB、9-氨基吖啶（9-AA）和 CHCA 适用于分析低分子质量的物质。另外，基质混合物的应用可以改善电离效率和信号强度[23]。Lemaire 等[11]在 MALDI-MSI 中，使用 CHCA-二甲基苯胺混合液作为基质复合物，研究发现相比于单独使用 CHCA，CHCA-二甲基苯胺基质复合物形成了致密且均匀的基质层，其信号强度更高。

2. 基质的覆盖方法

基质对分析物的覆盖方法是获得高质量图谱的重要因素，其方法可大致分为湿法和干法。用于湿法覆盖分析物的设备有手动式喷雾器、压电高频振动基质喷雾器、声控微滴喷射器和化学打印喷射器[25]。其中手动式喷雾器是最早也是最常用于基质喷涂的工具，该方法简单易行，但是人工操作会导致每次喷雾的均匀度不一致，因此，获得均匀的基质涂层很大程度上依赖于操作者的熟练程度[26]。湿法覆盖分析物应该在喷雾和干燥反复循环的条件下操作，每次喷雾要达到刚好润湿切片的效果。根据组织表面性质的不同，循环次数一般为 3～10 次。基质干燥涂层法是将基质和样品一同放在真空室里，加热基质，冷却样品，使基质直接升华到冷却后的样品上，大大降低了分析物的移位。然而，对于需要掺入基质晶体中的分析物，其信号强度相对较差[27]。

2.3　MALDI-MSI 技术在食品成分分析中的应用

食物中含有碳水化合物、脂质和蛋白质等营养成分，有些食物还含有一些内源性毒素。对这些成分进行常规的化学方法分析时操作步骤烦琐，需要提取、分离分析物质，然后采用高效液相色谱法、气质联用色谱法等方法进行分析。而 MALDI-MSI 技术作为一种快速高效的分析技术，可以克服这些缺点，近些年在食品分析中得到了应用。

2.3.1　对食品中碳水化合物的分析

碳水化合物在生命活动过程中起着重要的作用，是生物体维持生命活动所需能量的主要来源，可分为单糖、二糖、寡糖和多糖。水果和蔬菜中的糖类主要有蔗糖、葡萄糖、果糖等，这三种成分的含量在不同水果和蔬菜中是不同的。在草莓、香蕉、葡萄、西红柿和茄子的组织切片中呈现出多样化的空间分布[28, 29]，Li 等[28]利用 MALDI-MSI 技术在草莓的表皮组织和种子中发现了丰富的蔗糖（图 2.2）。蔗糖是碳素同化物的主要转移形式，也是植物器官的碳骨架和无法进行光合作用时器官的能量来源。Berisha 等[30]利用 MALDI-MSI 技术探索葡萄的外果皮和种子中糖类的空间分布，发现单糖主要分布在葡萄的外果皮中，而二糖主要分布在中果皮里。目前，质谱成像技术在碳水化合物中的应用主要集中在单糖和二糖等糖类的检测[6]，而在一些化学结构复杂的碳水化合物实验中还存在着许多问题。通过 MALDI-MSI 技术获得的碳水化合物的空间分布信息有助于探索水果和蔬菜中碳水化合物的生物合成和代谢途径，控制果蔬在加工与贮藏过程中营养成分的变化，以保持和改善果蔬及其加工制品的感官品质。

2.3.2　对食品中脂质的分析

脂质是生物体内一大类微溶于水、溶于有机溶剂的物质，它的种类和品质直接影响着食品的风味、质地和颜色。尤其是肉制品，在不良的条件下进行贮藏极易发生氧化。脂质氧化会生成低级脂肪酸、醛、酮等物质，它们具有刺鼻

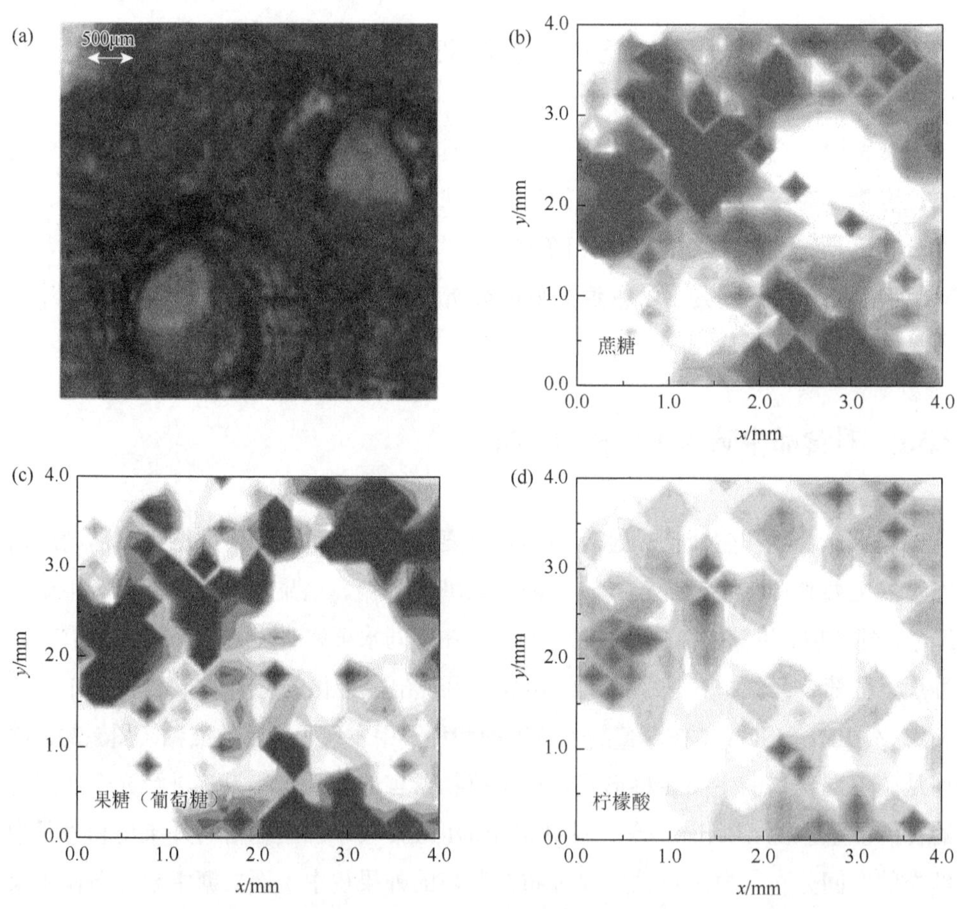

图 2.2　草莓表皮与嵌入的种子周围的主要成分的 MALDI-MSI 图像[28]

（a）草莓表皮与嵌入的种子；（b～d）蔗糖、葡萄糖/果糖、柠檬酸的 IR-MALDI-MSI 图像

的不良气味，影响肉类的风味、质地、颜色和营养。因此控制和减少脂质氧化是肉类食品科学中研究的重点。传统的分析手段可以实现对脂质含量、分布及氧化程度的分析，但是在脂质提取过程中物质的分布信息会有所缺失，无法达到分子水平。而 MALDI-MSI 技术通过添加基质保护促进了样品的电离。Dyer 等[31]首先根据脂质在质谱中的相对丰度，确定出磷脂、甘油三酯和胆固醇为标记物，随后利用 MALDI-MSI 技术绘制了脂质氧化降解产物的空间分布图，研究了不同的包装条件（高氧、空气和真空）对牛背最长肌在贮藏期间脂质氧化的影响。在图 2.3 中可明显观察到肌肉的大理石纹。结果表明，肉中的脂质分布具有空间异质性，在高氧的条件下，磷脂酰乙醇胺（图 2.4）和磷脂酰胆碱（图 2.5）的相对丰度快速下降，胆固醇显示出相对较高的氧化稳定性。Zaima 等[32]也利用 MALDI-MSI 技术观察了不同产地牛肉中的脂质空间分布，根据样品中的脂质组成不同，将牛肉样品进行了分组，不同组别中的牛肉脂质含量并没有显著差异（$P>0.05$）。因此，在同位素分析鉴定样品之前，可以利用 MALDI-MSI 技术对脂质组分含量没有显著差异（$P>0.05$）的牛肉样品进行简单分类。因此，在允许检测的范围内，研究人员可以利用 MALDI-MSI 技术快速检测和分析肉类组织切片中的内源性脂质，评估肉类在生产、加工、包装、贮藏和流通中脂质氧化降解程度，以最大限度地提高食品质量与价值。也可将该技术与代谢组学方法结合评估牛肉来源的真实性，以确保消费者食用健康无污染的肉类制品。

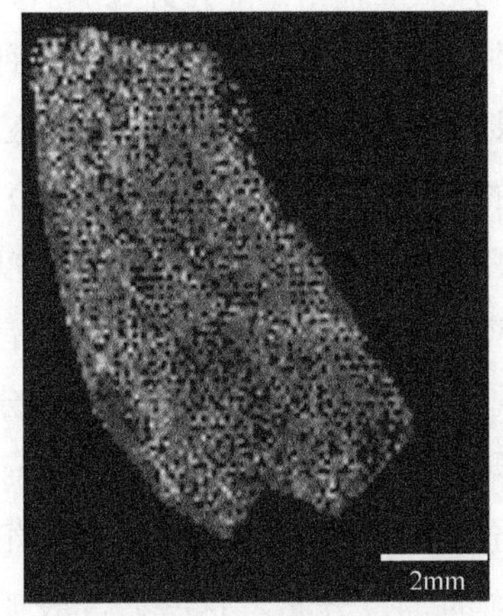

图 2.3　牛背最长肌中磷脂酰胆碱（*m/z* 760.6）（橙）和未确定脂质（*m/z* 428.2）（绿）的离子强度的空间异质性[31]

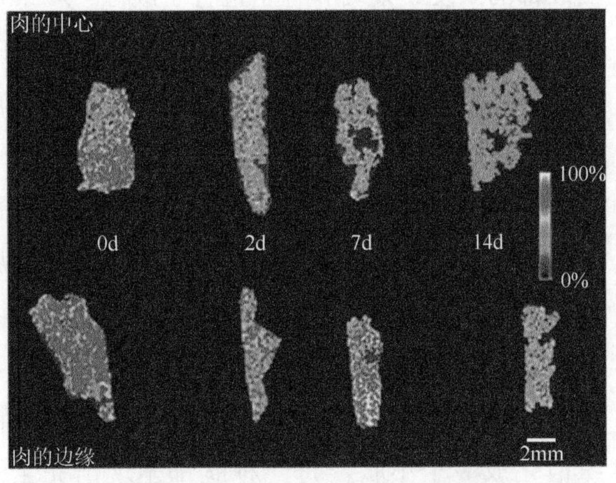

图 2.4　高氧包装牛背最长肌中心和边缘的磷脂酰乙醇胺（*m/z* 744.4）的离子图像[31]

强度值由右侧的彩色条表示，下同

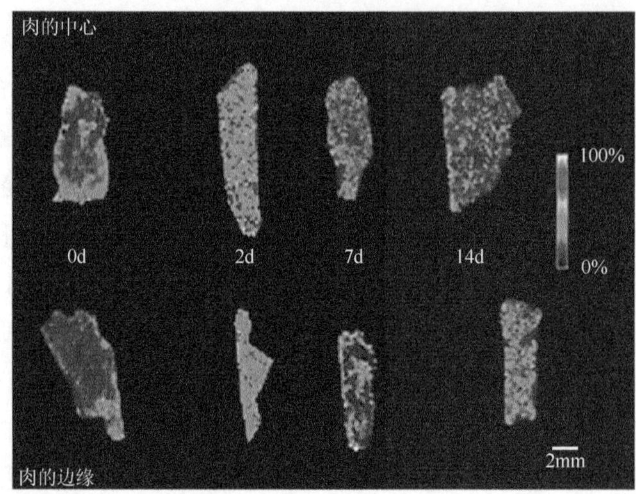

图 2.5 高氧包装牛背最长肌中心和边缘的溶血磷脂酰胆碱（*m*/*z* 496.3）的离子图像[31]

2.3.3 对食品中蛋白质的分析

MALDI-MSI 技术也被用来快速定位蛋白质和一些小肽。众所周知，脂质转移蛋白广泛分布于动物、植物和微生物中，是植物生命活动中一类重要的活性蛋白质[33]，其中脂质转移蛋白 Pru p 3 是桃中的主要变应原，能够引起人体的超敏反应，造成组织损伤或生理功能紊乱[34]。Bencivenni 等[35]利用 MALDI-MSI 技术对西红柿的果皮、果肉和种子进行了成像。观察发现，西红柿中的非特异性脂质转移蛋白主要存在于种子区域，果皮和果肉组织中并未观察到，若除去西红柿的种子，可以大大减少西红柿制品中非特异性脂质转移蛋白的含量，这为生产低变应原的农产品提供了技术支持。Cavatorta 等[24]在桃的 MALDI-MSI 图像（图 2.6）中观察到，脂质转移蛋白（Pru p 3 变应原）只存在于桃的外果皮中，这与用免疫组织化学法研究的结果一致[36]，人对桃的过敏反应与桃皮中的 Pru p 3 变应原有关。此外，还有研究人员对大豆子叶进行了成像观察，通过分析蛋白质的空间分布，对不同的样品进行了区分，并深入研究了不同植物的生长遗传差异。Grassl 等[37]利用 MALDI-MSI 技术研究了大豆中的植物蛋白，首先用胰蛋白酶将切片组织消化成多个小肽，每一种肽都呈现出完全不同的定位分布。这些研究表明 MALDI-MSI 可以用于研究食品中的蛋白质或肽的分布。

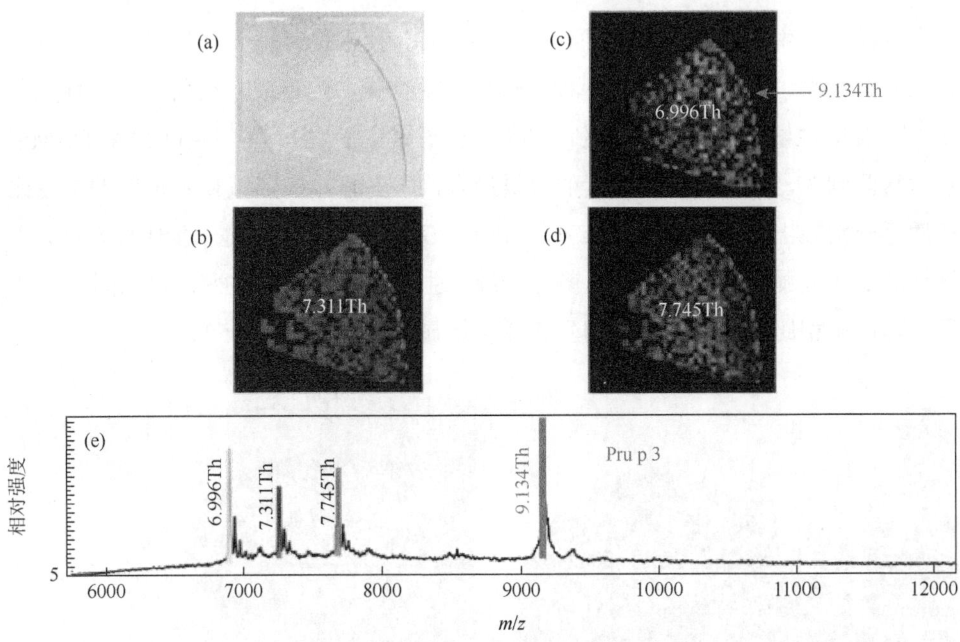

图 2.6　桃的 MALDI-MSI 图像[24]

（a）桃切片的光学图像；（b～d）切片的强烈信号的分子图像，包括 Pru p 3[红色，由（b）中的红色箭头表示]和仅在果肉中检测到的 3 种离子；（e）切片的质谱图

2.3.4　对食品中其他成分的分析

MALDI-MSI 技术也可用来分析和定位食品中的一些生物活性成分。众所周知，黄酮类化合物存在于自然界的植物中，具有良好的抗氧化活性和抗癌活性[38]。Berisha 等[30]和 Yoshimura 等[39]分别在葡萄和蓝莓的成像中发现，二者花色苷的分布高度相似，花翠素和矮牵牛苷定位在葡萄的外果皮，花青素、芍药素等其他花色苷分布在葡萄的外果皮和内果皮[37]，在蓝莓的外果皮中也同样定位到这些花色苷[39]。通过分析可知，葡萄和蓝莓中花色苷的定位取决于糖苷配基而不是糖基。此外，Zaima 等[40]通过 MALDI-MSI 技术鉴定水稻中的代谢产物，发现 γ-谷维素和植酸位于麸皮中，生育酚分布在胚芽中。Taira 等[41]选用了 CHCA 作为基质，利用 MALDI-TOF-MSI 观察了辣椒果实中辣椒素的分布，发现与果皮和种子区相比，辣椒素在胎座部位的 MS 强度最高，但其在胎座内部分布不均，在胎座表面分布较多。由此可见，通过质谱成像技术获得的空间信息将有助于了解这些生物活性成分相关基因的表达模式，可以更好地筛选代谢物和食源性营养因子，了解

其在食品中的生物学意义。此外，MALDI-MSI 技术也可用于食品中一些有毒有害物质的检测。马铃薯中含有一种弱碱性的生物碱，致毒成分是茄碱，又称龙葵素[42]，食用过量会引起恶心、呕吐、呼吸衰竭等症状。Ha 等[43]通过 MALDI-MSI 技术检测到在马铃薯芽中尖毒素的含量最多，周皮的 *α*-卡茄碱和 *α*-茄碱的丰度比髓质区分别高出 5 倍和 2 倍。Ha 等[43]利用 MALDI-MSI 技术进一步研究发现，当马铃薯的块茎暴露在光照下时，颜色变绿，生物碱的含量发生变化，如图 2.7 所示，与髓质相比，块茎周皮中的生物碱含量显著增加（$P<0.05$）。

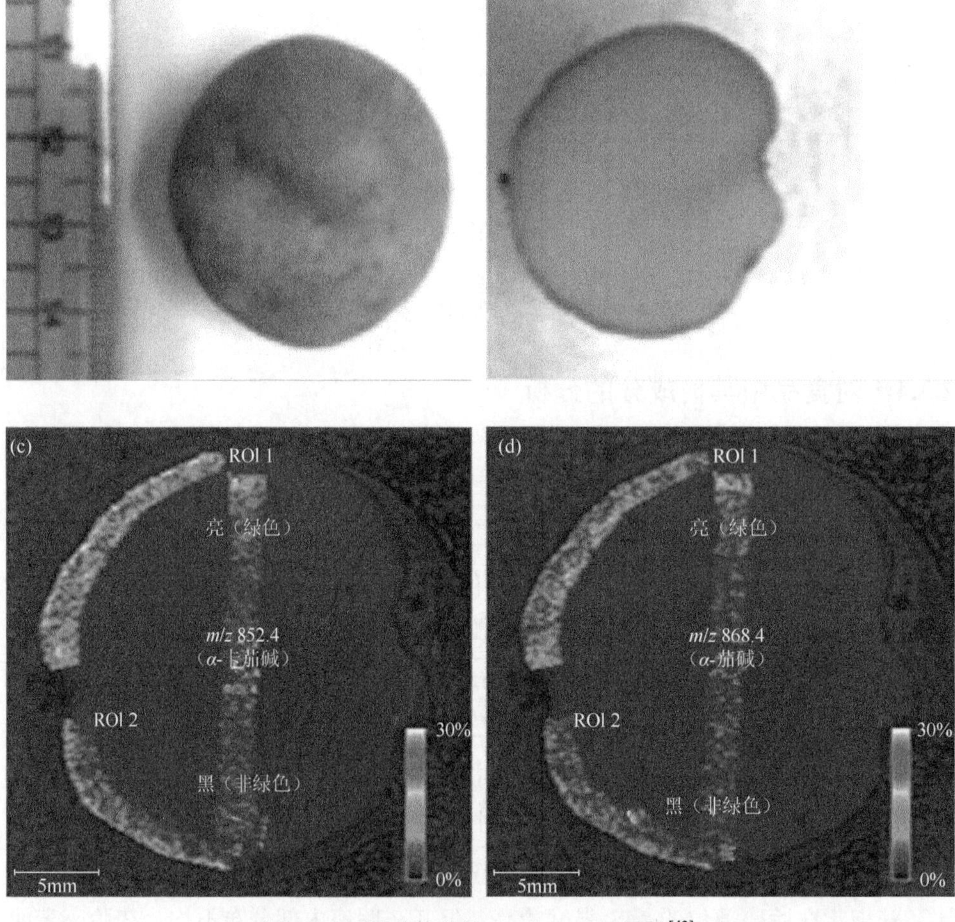

图 2.7　马铃薯块茎的 MALDI-MSI 图像[43]

（a，b）在荧光灯下放置 10 天后的马铃薯块茎；（c）马铃薯中 *α*-卡茄碱（*m/z* 852.4）；（d）马铃薯中 *α*-茄碱（*m/z* 868.4）

这些应用实例表明，利用 MALDI-MSI 技术可以准确地绘制出食品中营养成分和有害物质的空间分布图像，这种可视化分布能够有效地帮助分析食品中的营养成分，从而有助于探索果蔬中碳水化合物的生物合成和代谢途径，理清其作为结构物质在果蔬质构方面的作用及其在果蔬贮藏与加工过程中的变化与控制，以保持和改善果蔬及其加工制品的感官品质；有助于快速评估肉类制品在生产、加工、包装、贮藏与流通中脂质氧化降解的程度，最大限度地提高食品质量和价值；有助于了解食品中某些生物活性成分相关基因的表达模式，更好地筛选代谢物和食源性营养因子；有助于检测和监控食品中一些有毒有害的物质，帮助我们在分子水平上监测食品质量和安全。

2.4　结语与展望

基质辅助激光解吸电离质谱成像技术在食品分析中的应用虽然起步较晚，研究有限，但是凭借其无需标记靶分子、无需提取待测物质、分子量范围广、具有成像能力等优点在食品分析中取得了一定的进展。但其在具体的实验中还存在着许多问题：一方面，对于组织中蛋白质和多肽鉴定一直是研究质谱成像技术的难点，尤其是未知蛋白质的鉴定，通常利用原位酶切技术可以提高鉴定的成功率，但是仍然会受到目标蛋白分布散乱、丰度较低等因素的干扰，难以得到理想的实验结果；另一方面，在研究食品中某些含量较低的营养物质或有毒有害物质时，对实验的灵敏度或空间分辨率要求较高，因此在实验中，应合理选择基质的类型和覆盖方法，并对其进行实验优化[7]。

利用 MALDI-MSI 技术获得的化合物空间分布信息，可以在生产中强化食品营养元素，改善食品加工和包装技术，以及人工定向干预改变代谢产物和筛选食源性营养因子，加强对食品的质量与安全的保障。目前，MALDI-MSI 技术在肉品中的应用甚少，未来可以尝试利用该技术研究定位肉品中的风味物质，根据其获得的空间分布图，分析肉品中风味物质的生成机制，减少风味物质的损失。同时，也可将 MALDI-MSI 技术与其他技术相结合，如拉曼光谱技术[44]、近红外光谱技术等[45]，使 MALDI-MSI 技术在食品研究中的应用前景更加广阔。

参 考 文 献

[1]　Caprioli R M，Farmer T B，Gile J. Molecular imaging of biological samples：localization of peptides and proteins

using MALDI-TOF MS[J]. Analytical Chemistry，1997，69（23）：4751-4760.

[2] 何美玉，王光辉，熊少祥. 现代生物质谱及其应用[J]. 现代仪器，2001，（1）：6-8.

[3] Reyzer M L，Hsieh Y，Ng K，et al. Direct analysis of drug candidates in tissue by matrix-assisted laser desorption/ionization mass spectrometry[J]. Mass Spectrom，2003，38（10）：1081-1092.

[4] Acquadro E，Cabella C，Ghiani S，et al. Matrix-assisted laser desorption ionization imaging mass spectrometry detection of a magnetic resonance imaging contrast agent in mouse liver[J]. Analytical Chemistry，2009，81（7）：2779-2787.

[5] Genji T，Fukuzawa S，Tachibana K. Distribution and possible function of the marine alkaloid，norzoanthamine，in the zoanthid *Zoanthus* sp. using MALDI imaging mass spectrometry[J]. Marine Biotechnology，2010，12（1）：81-87.

[6] Yoshimura Y，Goto-Inoue N，Moriyama T，et al. Significant advancement of mass spectrometry imaging for food chemistry[J]. Food Chemistry，2016，210：200-211.

[7] Heeren R A，Sweedler J V. Imaging mass spectrometry imaging[J]. International Journal of Mass Spectrometry，2007，260（2）：89.

[8] Jungmsnn J H，Heeren R M A. Emerging technologies in mass spectrometry imaging[J]. Journal of Proteomics，2012，75：5077-5092.

[9] Sinha T K，Khatib-ShahidI S，Yankeelov T E，et al. Integrating spatially resolved three-dimensional MALDI IMS with *in vivo* magnetic resonance imaging[J]. Nature Methods，2008，5（1）：57-59.

[10] Trim P J，Snel M F. Small molecule MALDI MS imaging：current technologies and future challenges[J]. Methods，2016，104：127-141.

[11] Lemaire R，Wisztorski M，Desmons A，et al. MALDI-MS direct tissue analysis of proteins：improving signal sensitivity using organic treatments[J]. Analytical Chemistry，2006，78（20）：7145-7153.

[12] Schwartz S A，Reyzer M L，Caprioli R M. Special feature：perspective direct tissue analysis using matrix-assisted laser desorption/ionization mass spectrometry：practical aspects of sample preparation[J]. Journal of Mass Spectrometry，2003，38（7）：699-708.

[13] 邹贵勉，汤冬娥，睢维国. 基质辅助激光解析质谱成像技术的样品制备及其应用[J]. 国际病理科学与临床杂志，2010，30（6）：536-542.

[14] Rubakhin S S，Ulanov A，Sweedler J V. Mass spectrometry imaging and GC-MS profiling of the mammalian peripheral sensory-motor circuit[J]. Journal of the American Society for Mass Spectrometry，2015，26（6）：958-966.

[15] Bhandari D R，Shen T，Rompp A，et al. Analysis of cyathane-type diterpenoids from *Cyathus striatus* and *Hericium erinaceus* by high-resolution MALDI MS imaging[J]. Analytical and Bioanalytical Chemistry，2014，406（3）：695-704.

[16] Goodwin R J A，Pennington S R，Pitt A R. Protein and peptides in pictures：imaging with MALDI mass spectrometry[J]. Proteomics，2008，8（18）：3785-3800.

[17] Peukert M，Matros A，Lattanzio G，et al. Spatially resolved analysis of small molecules by matrix-assisted laser desorption/ionization mass spectrometric imaging（MALDI-MSI）[J]. New Phytologist，2012，193（3）：806-815.

[18] Enthaler B，Bussmann T，Pruns J K，et al. Influence of various on-tissue washing procedures on the entire protein quantity and the quality of matrix-assisted laser desorption/ionization spectra[J]. Rapid Communications in Mass Spectrometry，2013，27（8）：878-884.

[19] Amstalden van Hove E R，Smith D F，Fornai L，et al. An alternative paper based tissue washing method for mass spectrometry imaging：localized washing and fragile tissue analysis[J]. Journal of the American Society for Mass Spectrometry，2011，22（10）：1885-1890.

[20] Morita Y，Ikegami K，Goto-Inoue N，et al. Imaging mass spectrometry of gastric carcinoma in formalin-fixed paraffin-embedded tissue microarray[J]. Cancer Science，2010，101（1）：267-273.

[21] Cohen S L，Chait B T. Influence of matrix solution conditions on the MALDI-MS analysis of peptides and proteins[J]. Analytical Chemistry，1996，68（1）：31-37.

[22] Bokhart M T，Mudduman D C. Infrared matrix-assisted laser desorption electrospray ionization mass spectrometry imaging analysis of biospecimens[J]. Analyst，2016，141（18）：5236-5245.

[23] Shanta S R，Zhou L H，Park Y S，et al. Binary matrix for MALDI imaging mass spectrometry of phospholipids in both ion modes[J]. Analytical Chemistry，2011，83（4）：1253-1259.

[24] Cavatorta V，Sforza S，Mastrobuoni G，et al. Unambiguous characterization and tissue localization of Pru p 3 peach allergen by electrospray mass spectrometry and MALDI imaging[J]. Journal of Mass Spectrometry，2009，44（6）：891-897.

[25] 杨帆，原剑，郑俊杰. MALDI-TOF 生物质谱成像技术的进展[J]. 分析仪器，2010，(3)：1-8.

[26] Kaletas B K，van der Wiel I M，Stauber J，et al. Sample preparation issues for tissue imaging by imaging MS[J]. Proteomics，2009，9（10）：2622-2633.

[27] Yang J Y，Phelan V V，Simkovsky R，et al. Primer on agar-based microbial imaging mass spectrometry[J]. Journal of Bacteriology，2012，194（22）：6023-6028.

[28] Li Y，Shrestha B，Vertes A. Atmospheric pressure molecular imaging by infrared MALDI mass spectrometry[J]. Analytical Chemistry，2006，79（26）：523-532.

[29] Goto-Inoue N，Setou M，Zaima N. Visualization of spatial distribution of gamma-aminobutyric acid in eggplant（*Solanum melongena*）by matrix-assisted laser desorption/ionization imaging mass spectrometry[J]. Analytical Sciences，2010，26（7）：821-825.

[30] Berisha A，Dold S，Guenther S，et al. A comprehensive high-resolution mass spectrometry approach for characterization of metabolites by combination of ambient ionization，chromatography and imaging methods[J]. Rapid Communications in Mass Spectrometry，2014，28（16）：1779-1791.

[31] Dyer J M，Deb-Choudhury S，Cornellison S，et al. Spatial and temporal mass spectrometric profiling and imaging of lipid degradation in bovine *M. longissimus dorsi lumborum*[J]. Journal of Food Composition and Analysis，2014，33（2）：203-209.

[32] Zaima N，Goto-Inoue N，Hayasaka T. Authenticity assessment of beef origin by principal component analysis of matrix-assisted laser desorption/ionization mass spectrometric data[J]. Analytical and Bioanalytical Chemistry，2011，400（7）：1865-1871.

[33] Marzban G，Puehringer H，Dey R，et al. Localization and distribution of the major allergens in apple fruits[J]. Plant Science，2005，169（2）：387-394.

[34] Femandez-Rivas M，Gonzalez-Mancebo E，Rodriguez-Perez R，et al. Clinically relevant peach allergy is related to peach lipid transfer protein，Pru p 3，in the Spanish population[J]. Journal of Allergy and Clinical Immunology，2003，112（4）：789-795.

[35] Bencivenni M，Faccini M，Zecchi A，et al. Electrospray MS and MALDI imaging show that non-specific lipid-transfer proteins（LTPs）in tomato are present as several isoforms and are concentrated in seeds[J]. Journal of Mass Spectrometry，2014，49（12）：1264-1271.

[36] Botton A，Vegro M，de Franceschi F，et al. Different expression of *Pp-LTP1* and accumulation of Pru p 3 in fruits of two *Prunuspersica* L. Batsch genotypes[J]. Plant Science，2006，171（1）：106-113.

[37] Grassl J，Taylor N L，Millar A H. Matrix-assisted laser desorption/ionisation mass spectrometry imaging and its development for plant protein imaging[J]. Plant Methods，2011，7（1）：21.

[38] Ross J A，Kasum C M. Dietary flavonoids：bioavailability，metabolic effects，and safety[J]. Annual Review of Nutrition，2012，22：19-34.

[39] Yoshimura Y，Enomoto H，Moriyama T，et al. Visualization of anthocyanin species in rabbiteye blueberry *Vacciniumashei* by matrix-assisted laser desorption/ionization imaging mass spectrometry[J]. Analytical and Bioanalytical Chemistry，2012，403（7）：1885-1895.

[40] Zaima N，Goto-Inoue N，Hayasaka T，et al. Application of imaging mass spectrometry for the analysis of *Oryza sativarice*[J]. Rapid Communications in Mass Spectrometry，2010，24（18）：2723-2729.

[41] Taira S，Uematsu K，Kaneko D，et al. Mass spectrometry imaging：applications to food science[J]. Analytical Sciences，2014，30（2）：197-203.

[42] Cabral E C，Mirabelli M F，Perez C J，et al. Blotting assisted by heating and solvent extraction for DESI-MS imaging[J]. Journal of the American Society for Mass Spectrometry，2013，24（6）：956-965.

[43] Ha M，Kwak J H，Kim Y，et al. Direct analysis for the distribution of toxic glycoalkaloids in potato tuber tissue using matrix-assisted laser desorption/ionization mass spectrometric imaging[J]. Food Chemistry，2012，133（4）：1155-1162.

[44] Radu A I，Kuellmer M，Giese B. Surface-enhanced Raman spectroscopy（SERS）in food analytics：detection of vitamins B_2 and B_{12} in cereals[J]. Talanta，2016，160：289-297.

[45] Bakry R，Rainer M，Huck C W，et al. Protein profiling for cancer biomarker discovery using matrix-assisted laser desorption/ionization time-of-flight mass spectrometry and infrared imaging：a review[J]. Analytica Chimica Acta，2011，690（1）：26-34.

第3章　气相色谱/质谱联用技术及其在肉制品风味分析中的应用

3.1　GC/MS 技术概述

气相色谱检测技术是一种能对检测样品进行分离定性定量检测的传统技术，发明于 20 世纪 50 年代，通过半个多世纪的应用与发展，我国在工业、农业、食品行业等领域已广泛使用这种技术进行检测。但是由于气相色谱检测技术定性的能力较弱，所以通常对样品定性分析就会采用组分的保留特征进行，且其应用很不方便。随着计算机技术的不断发展，逐步出现了气相色谱质谱联用（gas chromatography mass spectrometry，GC/MS）技术。GC/MS 技术是由气相色谱仪、质谱仪及二者中间装置接口组成的。气相色谱和质谱都是通过气相分离来对物质进行分析的技术，二者对同一物质进行检测的灵敏度大致相同，其分析过程都是在气态条件下进行的，且二者对于实验样品的制备和预处理方法也比较相近。GC/MS 在结构上不用进行任何的改动，实验样品中的待测组分通过气相色谱进行分离后进入质谱仪进行分析，作为检测器的质谱仪起到确定各类化合物的官能团以及分子量的作用，然后通过标准谱库检索，从而较准确地对待测样品进行定性、定量分析检测[1]。在气质联用仪的数据库中，通常储存了近 30 万种化合物的标准质谱图，其主要的定性方法是通过检索库中的数据，对总离子色谱图进行分析可以得到任意一组分的质谱图，通过检索计算机中的数据库可以得到质谱图。从检索结果中可以分析出多种最可能的化合物，包括化合物的名称、分子量、基峰、分子式以及可靠程度等。故 GC/MS 技术具有分离效率高、灵敏度高、分析速度快、定量准确等特点，达到了单独使用色谱分析无法达到的检测效果[2]。目前，肉制品风味的研究备受各国学者的关注。如何收集检测肉制品产生的风味物质就成了关键的问题，气质联用技术脱颖而出。

3.2 GC/MS技术在肉制品风味分析中的应用

目前消费者对肉制品的消费量也逐年加大，对肉制品的营养价值、外观品质、风味感受的要求也不断提升。评价不同的动物种类肉品特征最重要的指标之一是风味，其次是肉的质地。肉制品风味直接影响了消费者的购买欲望[3]。挥发性物质是肉类制品风味特征的最主要的影响要素，具有肉类制品特殊气味的挥发性物质被称为肉类制品独特风味性化合物，主要包括含硫脂肪酸族，含氮、氧、硫的杂环化合物以及含羰基的挥发性物质[4]。而GC/MS技术作为一种检测分析技术在肉制品挥发性风味物质定性定量的研究中起到了技术支撑的作用。

在采集食品香气成分前，需要将食品进行预处理，包括下列一步或几步：研磨、均化、过滤或挤压。肉制品中的挥发性风味物质的提取方法有蒸馏法、液液萃取、顶空分析、同时整流萃取、固相微萃取（SPME）法等[5]。其中固相微萃取已被广泛应用于样品的前处理步骤中，对于挥发性以及半挥发性的有机样品使用该方法处理效果较好[6]。其与传统的萃取方法相比，具有集萃取、浓缩、解析、进样于一体的优点，该提取方法较灵敏、简单、高效、无需有机溶剂，且对微量、痕量的物质拥有极强的预富集能力，其与GC/MS联用已广泛用于肉制品特征性风味物质的组分分析中[7, 8]。

在不同的肉制品中风味物质的来源和组成成分复杂多样。肉制品特异性风味与原料特性有关，如品种、年龄、饲养因素、屠宰因素、温度等，同时也与加工工艺密不可分[9]。目前肉制品中检测到的挥发性香气成分达千余种，主要包括醛类、酮类、醇类、酚类、呋喃和吡嗪等，这些物质主要来源于美拉德反应、脂肪氧化、氨基酸及硫胺素的降解等过程[10]。

3.2.1 在猪肉制品中的应用

GC/MS技术在猪肉制品风味物质检测方面已经得到广泛的应用。许鹏丽等[11]采用GC/MS技术检测广式腊肠风味物质成分，共检测出11种挥发性风味物质，其中主要是乙醇、乙酸乙酯、丁酸乙酯和己酸乙酯，且这4种物质占总挥发物的88.85%，实验表明优质和变质广式腊肠中不饱和脂肪酸含量均高于饱和脂肪酸含量，广式腊肠产生异味的原因可能为饱和脂肪酸含量增加。Corral 等[12]采用 GC/MS 技术研究盐浓度减少对缓慢发酵香肠中风味物质的影响，检测到 95 个化合物，其中 20 种醛、11 种烷酮、13 种酮、1 种吡嗪、8 种含硫化合物、8 种酸、17 种醇类、10 种酯、6 种芳烃和 1 种萜烯，并指出食盐的减少会影响缓慢发酵香肠生产的质量，尤其会降低香气、口感、多汁性和整体质量。赵冰等[13]采用 GC/MS 技术对不同等级金华火腿挥发性风味物质进行了分析，在对特级火腿的检测中测出了 27 种挥发性风味物质，其中含 4 种碳氢化合物，相对含量为 27.47%；4 种醛类物质，相对含量为 25.51%；3 种内酯类物质，相对含量为 10.89%；4 种酮类物质，相对含量为 10.44%；3 种酸类物质，相对含量为 7.35%；5 种醇类物质，相对含量为 6.96%；2 种酯类物质，相对含量为 5.68%；其他物质 2 种，相对含量为 5.70%，且实验确定了不同等级金华火腿的主要风味形成物质。Flores 等[14]采用 GC/MS 技术在德巴利氏酵母属对风干发酵香肠风味物质及感官品质影响的研究中，共检测出 75 种挥发性风味物质，其中有 12 种醛、10 种醇、9 种酮、12 种酸、14 种酯、14 种碳氢化合物、2 种含硫化合物和 2 种呋喃类化合物，且表明乳酸菌和葡萄球菌通过抑制酸败的过程和生成有助于提高香肠香气的乙基酯对最终的风味和感官质量有积极影响。

3.2.2　在牛肉制品中的应用

对嫩度较好的牛肉质量的研究表明，在牛肉食用中风味和多汁性是影响消费者满意度的最重要的因素[15]。与其他品种肉的风味比较，牛肉的风味被研究得更加广泛，Maarse 等[16]在所著的书中列出了熟牛肉中有 880 种挥发性成分，包括含硫化合物、呋喃类、硫化物、醛类、酮类和其他杂环化合物[17]。Watanabe 等[18]使用 GC/MS 技术研究宰后成熟对熟牛肉中挥发性化合物的影响，共鉴定出 69 种化合物。其中 17 种为含氮杂环化合物（包括 12 种吡嗪类化合物、1 种吡啶和 4 种吡咯化合物）、7 种含硫杂环化合物、8 种含氧杂环化合物、4 种碳环化合物和 33 种非芳香化合物，如醛、醇、酮、脂肪酸和烃类化合物，实验表明宰后成熟不仅对熟制牛肉口味很重要，而且对熟制牛肉的香气也起到重要影响。Ma 等[19]采用 GC/MS 技术通过响应曲面法分析牛肉中香气物质，得到 24 种风味物质，其中包括 11 种醛类、2 种酮类、2 种呋喃类、4 种氮硫化合物、1 种烷类、3 种醇类、1 种萜类物质。实验结果表明，对熟牛肉挥发性风味化合物平衡顶空进样浓度的研究中，提取温度被认为是最关键的影响因素。牛乐宝等[20]采用 GC/MS 技术在对不同工艺条件对卤牛肉中挥发性风味物质研究的实验组样品中共检测到 44 种风味化合物，其中烃 15 种、酮类 2 种、醇类 4 种、醛类 6 种、酸类 11 种、酯类 1 种、含硫含氮及杂环化合物 5 种。Lee 等[21]在使用代谢组学方法测定牛肉风味主要相关的挥发性物质（美拉德反应产物还原型谷胱甘肽）的实验中，采用多样分析，结合 GC/MS 技术和感官评价等方法，确定了挥发性化合物和谷胱甘肽美拉德反应产物的感官属性之间的可能关键因素，实验表明，基于代谢组学的多样性分析方法可用来鉴定牛肉风味关键的挥发性物质。Stetzer 等[22]使用 GC/MS 技术对年龄变化和经过强化处理对牛的不同部位肌肉的风味和挥发性物质的影响进行研究，发现牛肉风味活性挥发物包括壬醛、戊醛、3-羟基-2-丁酮、2-戊基呋喃、1-辛烯-3-醇、丁酸、戊醛和己酸以及脂质过氧化有关化合物等，其受各种不同肌肉的强化处理和年龄变化的影响，且识别和量化了牛肉风味活性的挥发性化合物和感官特性。

3.2.3 在羊肉制品中的应用

羊肉由于它独特的天然的风味物质，普遍受到消费者的欢迎[23]。同时羊肉也具有低脂肪、高蛋白、低胆固醇等特点，但由于有一种特殊的膻味，常引起部分消费者的不适[4]。烹饪羊肉中的脂肪是香气成分的主要来源，其中支链脂肪酸对羊肉香气起到主要的作用[24, 25]。Zhan 等[26]在对羊骨蛋白酶解对羊肉香气风味的影响的研究中，采用 GC/MS 技术发现了超过 100 种挥发性风味物质，其中醇类 10 种、醛类 26 种、酮类 8 种、噻吩类 4 种、噻唑类 3 种、烷类 9 种、羧酸类 12 种、呋喃类 3 种、酯类 4 种、嗪类 5 种、吡咯类 2 种、烯烃类 2 种、酚类 2 种、含硫化合物 3 种、吡喃类 1 种和 7 种未知化合物，实验结果表明，水解度是肉味香精制备过程中的一个重要的指标。张同刚等[27]对手抓羊肉加工工艺进行优化，在挥发性风味物质检测中发现了 54 种挥发性物质，其中烃类 18 种、杂环类化合物 5 种、醛类 9 种、酯类 6 种、醇类 5 种、酮类 6 种、酸类 2 种、醚类 3 种。对手抓羊肉主要风味物质进行分析得出，其产生主要挥发性物质的途径是美拉德反应和脂肪氧化降解。Madruga 等[28]在用 3 种常用技术提取山羊肉的挥发性风味物质的实验中，使用 GC/MS 技术发现了 203 种风味物质，其中占绝大多数的 155 种风味化合物是脂质氧化形成的，包括 39 种醛类、42 种碳氢化合物、26 种酮类、21 种醇类、10 种羧酸类、9 种呋喃类、6 种酯类和 2 种酚类物质。通过美拉德反应形成的挥发性化合物占其中的一小部分，一共有 48 种，包括含氧、氮和硫的杂环化合物，如 13 种吡嗪类、5 种噻吩类、4 种噻唑类、3 种吡咯类、2 种吡啶类，以及非杂环化合物，如斯特雷克醛类、烷烃类、羟基酮和 10 种脂肪族硫化物。且在熟制羊肉风味物质组成中首次报道了其中的 159 种物质。

3.2.4　在鱼肉中的应用

鱼肉中挥发性成分复杂，种类繁多，对鱼肉的风味起着重要的作用；近年来分析仪器的快速发展与普及，促进了对鱼肉中挥发性成分的提取与分析研究[29]。Tao 等[30]用 GC/MS 技术对人工养殖暗纹东方鲀的熟肉制品中气味化合物的结构特征进行研究，发现了 68 种挥发性风味物质，包括 23 种醛类、10 种醇、9 种酮、17 种含氮或含硫化合物和芳香族化合物、3 种酸、3 种烷烃、3 种酯类。同时确定源自挥发性化合物醛类、芳烃类、醇类、含氮和含硫化合物的 31 种活性物质是熟制人工养殖暗纹东方鲀的关键风味影响物质。Iglesias 等[31]采用 GC/MS 技术对冷冻养殖金头鲷鱼主要挥发性风味物质研究发现，意大利鱼样品挥发性化合物的数量最多的主要为烃类、萜类和芳香族化合物，且 1-戊烯-3-醇是在新鲜的鱼类中最丰富的化合物，其次在意大利鱼肉样品中是已醛、1-辛烯-3-醇，在西班牙鱼肉样品中是已醛和 2-乙基已醇。实验证明可以将长期的冷冻贮存期的挥发性分布变化，以及其与评价脂质氧化的化学指标的相关性和能被识别的标记化合物之间的比较，来作为质量指标以区分冻融的新鲜鱼样品。Iglesias 等[32]用 GC/MS 技术测定鱼肌肉氧化的挥发性化合物并确定了 79 个化合物，其中 16 个被选为代表鱼肉脂质氧化的化合物作为潜在的标记，以评估鱼肌肉的脂质氧化，实验证明可通过挥发性化合物的分析成功地显示鱼肌肉的氧化变质。Song 等[33]分析了鲣鱼、西班牙鲭、日本比目鱼、鲤鱼 4 种鱼类肝脏和肌肉组织中的挥发性成分，实验发现 4 种鱼的样品中肝组织含有比肌肉组织更多的挥发物质，且在质量和数量上都不同于肌肉组织。实验还检测出了之前从未发现的丁基羟基甲苯，并推测这种物质可能是通过食物链进入鱼体内的食品添加剂。

3.3 GC/MS 技术的应用前景

肉制品中的挥发性风味物质成分复杂多样，不同的加工方法产生的挥发性风味物质成分及含量不同。但并非所有的挥发性成分都参与肉制品的香气构成，所以 GC/MS 技术在肉制品中的应用有较好的前景，进一步应该研究如何找到并归类出不同肉制品的挥发性风味物质成分的指纹信息。从 GC/MS 技术本身来说，可以进一步深入研究如何能更有效地把气相色谱与质谱的优点发挥出来，例如，若发现新的接口技术能更好地达到流动相在色谱与质谱中的转换，那么对 GC/MS 技术必然又是一个新的突破。

参 考 文 献

[1] 盛龙生，苏焕华，郭丹滨. 色谱质谱联用技术[M]. 北京：化学工业出版社，2006：1-6.

[2] 蔡迪韦. 气相色谱质谱联用在食品检验中的应用[J]. 生物技术，2015，(1)：10-11.

[3] Matsuishi M，Igeta M，Takeda S，et al. Sensory factors contributing to the identification of the animal species of meat[J]. Food Science，2004，69：S218-S220.

[4] 尹长安. 不同品种绵羊肉中主要风味物质的研究[J]. 肉类工业，2007，(4)：30-31.

[5] 高向阳，高晓平，宋莲军，等. 现代食品分析[M]. 北京：科学出版社，2012：137-139.

[6] 傅若农. 固相微萃取（SPME）的演变和现状[J]. 化学试剂，2008，30（1)：13-22.

[7] 马继平，王涵文，关亚风. 固相微萃取新技术[J]. 色谱，2002，20（1)：16-20.

[8] Kataoka H，Lord H L，Pawliszyn J. Applications of solid phase microextraction in food analysis[J]. Journal of Chromatography A，2000，880（1-2)：35-62.

[9] 顾媛. 荣昌猪肉品理化特性及膻味物质研究[D]. 重庆：西南大学，2010.

[10] 喻倩倩，朱亮，孙承锋，等. 顶空固相微萃取-气质联用分析烧肉中挥发性风味成分[J]. 食品工业，2014（7)：251-255.

[11] 许鹏丽，肖凯军，郭祀远. 广式腊肠风味物质成分的 HS-GC-MS 分析[J]. 现代食品科技，2009，25（6)：699-703.

[12] Corral S，Salvador A，Flores M，et al. Salt reduction in slow fermented sausages affects the generation of aroma active compounds[J]. Meat Science，2013，93（3)：776-785.

[13] 赵冰，张顺亮，李素，等. 不同等级金华火腿挥发性风味物质分析[J]. 肉类研究，2014，28（9)：7-12.

[14] Flores M，M-Asuncion D，Toldrá F，et al. Effect of *Debaryomyces* spp. on aroma formation and sensory quality of dry-fermented sausages[J]. Meat Science，2004，68（3)：439-446.

[15] Robbins K，Jensen J，Ryan K J，et al. Consumer attitudes towards beef and acceptability of enhanced beef[J]. Meat

Science，2003，65（2）：721-729.

[16] Maarse H，Visscher C A. Volatile Compounds in Food：Qualitative and Quantitative Data [Suppl 3 and cumulative index] [M]. Zeist：TNO，Biotechnology and Chemistry Institute，1992.

[17] Cerny C，Grosch W. Evaluation of potent odorants in roasted beef by aromaextract dilution analysis[J]. Zeitschrift fur Lebensmittel Untersuchung und Forschung，1992，194（4）：322-325.

[18] Watanabe A，Kamada G，Imanari M，et al. Effect of aging on volatile compounds in cooked beef[J]. Meat Science，2015，107（9）：12-19.

[19] Ma Q L，Hamid N，Robertson J，et al. Optimization of headspace solid phase microextraction（HS-SPME）for gas chromatography mass spectrometry（GC-MS）analysis of aroma compounds in cooked beef using response surface methodology[J]. Microchemical Journal，2013，111（14）：16-24.

[20] 牛乐宝，贾俊静，曹振辉，等. 不同工艺条件对卤牛肉中挥发性风味物质影响的研究[J]. 肉类研究，2008，（1）：56-58.

[21] Lee S M，Kwon G Y，Kim K O，et al. Metabolomic approach for determination of key volatile compounds related to beef flavor in glutathione-Maillard reaction products[J]. Analytica Chimica Acta，2011，703（2）：204-211.

[22] Stetzer A J，Cadwallader K，Singh T K，et al. Effect of enhancement and ageing on flavor and volatile compounds in various beef muscles[J]. Meat Science，2008，79（1）：13-19.

[23] Banskalieva V，Sahlu T，Goetsch A L. Fatty acid composition of goat muscles and fat depots：a review[J]. Small Ruminant Research，2000，37（3）：255-268.

[24] Wong E，Nixon L N，Johnson C B. Volatile medium chain fatty acids and mutton flavour[J]. Agricultural and Food Chemistry，1975，23（3）：495-498.

[25] Young O A，Braggins T J，Smith M E，et al. Sheep Meat Odour and Flavour[M]. London：Blackie Academic & Professional，1998：101-130.

[26] Zhan P，Tian H L，Zhang X M，et al. Contribution to aroma characteristics of mutton process flavor from the enzymatic hydrolysate of sheep bone protein assessed by descriptive sensory analysis and gas chromatography olfactometry[J]. Journal of Chromatography B，2013，921-922（6）：1-8.

[27] 张同刚，刘敦华，周静. 手抓羊肉加工工艺优化及挥发性风味物质检测[J]. 食品与机械，2014，30（2）：192-195.

[28] Madruga M S，Elmore J S，Dodson A T，et al. Volatile flavour profile of goat meat extracted by three widely used technique[J]. Food Chemistry，2009，115（3）：1081-1087.

[29] 刘玉平，陈海涛，孙宝国. 鱼肉中挥发性成分提取与分析的研究进展[J]. 食品科学，2009，30（23）：447-450.

[30] Tao N P，Wu R，Zhou P G，et al. Characterization of odor-active compounds in cooked meat of farmed obscure puffer（*Takifugu obscurus*）using gas chromatographye mass spectrometrye olfactometry[J]. Food and Drug Analysis，2014，22（4）：431-438.

[31] Iglesias J，Medina I，Bianchi F，et al. Study of the volatile compounds useful for the characterisation of fresh and frozen-thawed cultured gilthead sea bream fish by solid-phase microextraction gas chromatography-mass

spectrometry[J]. Food Chemistry，2009，115（4）：1473-1478.

[32] Iglesias J, Medina I. Solid-phase microextraction method for the determination of volatile compounds associated to oxidation of fish muscle[J]. Journal of Chromatography A，2008，1192（1）：9-16.

[33] Song X A，Hirata T，Kawai T，et al. Volatile compounds in the hepatic and muscular tissues of common carp，japans flounder，Spanish mackerel and skipjack[J]. Developments in Food Science，2004，42（4）：209-222.

第 4 章　气相色谱-离子迁移谱技术及其在食品真实性鉴别中的应用

出于追求更高的商业利润，国内外重大的食品欺诈事件时有发生，例如，从国内的“三聚氰胺事件”和“地沟油”到欧洲的“马肉风波”和“橄榄油掺假”。这些欺诈行为不仅使消费者对社会诚信体系和政府食品质量监管能力失去信心，甚至可能会造成重大的食品安全事故和带来巨大的经济损失。食品欺诈对象和方式多种多样，欺诈对象主要包括油脂、蜂蜜、乳类、肉类、酒类、水产品、咖啡以及香料等，欺诈方式主要包括稀释、擅自添加违禁物质以及产品、标签和产地假冒等[1, 2]，因此解决食品欺诈问题任重而紧迫。

常见的食品真实性鉴别方法包括感官法、理化分析、DNA 指纹法、电泳法、同位素分析法、色谱法和光谱法等[3-5]。这些方法虽有各自的优势但大多存在不足之处。感官评价和理化分析简单易行，是食品质量评估最传统的方法，但感官评价需要专门培训，易出现评价疲劳和个体差异，同时不适用于大规模监控；理化分析结果往往不够全面且易产生化学污染。DNA 指纹技术操作快速简单，自动化程度高，但对样品的 DNA 的完整性有着较高的要求，适用范围有限[6]；电泳法使用成本低且操作简单，但图谱结果复杂不易分析，且易发生不同蛋白间特异性图谱重叠，结果不准确[7]；同位素分析准确快速，特别适用于溯源分析，但其对设备的防护要求较高且往往需要结合气相色谱和元素分析等[3, 8]；色谱技术包括气相色谱和液相色谱等，这类技术使用成本较低、分析速度快、灵敏度高且选择性和可重复性好，但往往样品前处理复杂，不适用于基质很复杂的样品[3]；光谱法包括红外光谱法和拉曼光谱法等，这类技术具有灵敏性高、分析速度快、特征性强和可无损检测等优点，但也需要理化分析作为辅助，对光谱分析人员要求高，同时仪器昂贵不易推广[9]。

相比以上技术，气相色谱-离子迁移谱（gas chromatography-ion mobility spectrometry，GC-IMS）作为一种可以检测挥发性化合物的技术在食品真实性鉴别中的主要优势为：①分析快速（5～10min），灵敏度高（最小检测值达 ppt～ppb，1ppt 为 10^{-12}，1ppb 为 10^{-9}），选择性好；②无需预处理和富集浓缩［如固相微萃取（SPME）］，进样方式简单，能够保证分析基质真实成分；③操作简单，仪器质量轻，续航时间长，便于携带，适用于实验室和户外实验分析[10]；④无需真空条件，常压下即可完成测定，使用成本相对较低；⑤检测过程不需要有机溶剂辅助，对环境友好无污染；⑥数据结果稳定且处理简单，同时能转化为可视化指纹图谱，特别适用于对比样品间风味成分差异。凭借以上优势，GC-IMS 近年来逐渐在食品真实性鉴别分析中掀起了一股热潮。本章将主要介绍 GC-IMS 技术的类型、结构、原理和分析方法，并针对其在各类食品真实性鉴别中的应用进行综述，同时提出当前该技术的不足和发展前景。

4.1 GC-IMS 技术概述

IMS 技术是一项痕量化合物表征技术，该技术具有优良的灵敏性能和敏锐的反应速率，已在公共安全、军事、制药、医学临床和环境检测等领域广泛应用[11, 12]。但对于食品这样基质复杂的样品，IMS 分析通常会出现离子竞争、离子聚集和分辨度下降，进而出现假阳性[10]。因此，IMS 常与色谱仪（GC 和液相色谱）和质谱（mass spectrum，MS）联用来提高其分离和分析鉴定性能。关于 GC-IMS 的首次出现可以追溯到 1970 年，早期围绕 GC-IMS 的研究主要是关于色谱柱的，前后更换了多种色谱柱，直到键合相毛细管柱的出现才真正解决了 GC 的问题（如溶剂残留和分离效率低等）[13, 14]。1982 年，Baim 和 Hill 报道了设计的新型 GC 与 IMS 接口，他们的创新不仅解决了由流速不同而带来的漂移管中保留时间以及峰宽扩展的问题，更引领 GC-IMS 的研究进入迁移率测量的时代[15]。在 20 世纪末随着仪器方面的进步，如新的漂移管材料和电离源的出现以及新型色谱柱的应用，GC-IMS 技术进入现代成熟发展阶段，并广泛应用在危险物检测、环境监测和医学研究等领域。近年来，GC-IMS 开始逐渐应用到食品领域，如酒龄鉴别[16]、产地溯源[17]、工艺优化[18]、生产监测[19]、分级和掺假检测[20, 21]、异味分析[22]和微生物代谢分析[23]等。

4.1.1 GC-IMS 的类型和结构

GC-IMS 在发展历程中出现了多种类型：①手持式 GC-IMS，其具有体积小、便于携带的特点，特别适用于现场监测。②集束毛细管柱（multicapillary column，MCC）联用 IMS 设备，使用 MCC 替代常规单个毛细管柱，极大地提高了色谱柱的分析速度。目前食品领域中主要使用的 GC-IMS 型号是由德国 G.A.S.公司研发生产的 FlavourSpec®，如图 4.1（a）和（b）所示，其属于 MCC-IMS，能够通过

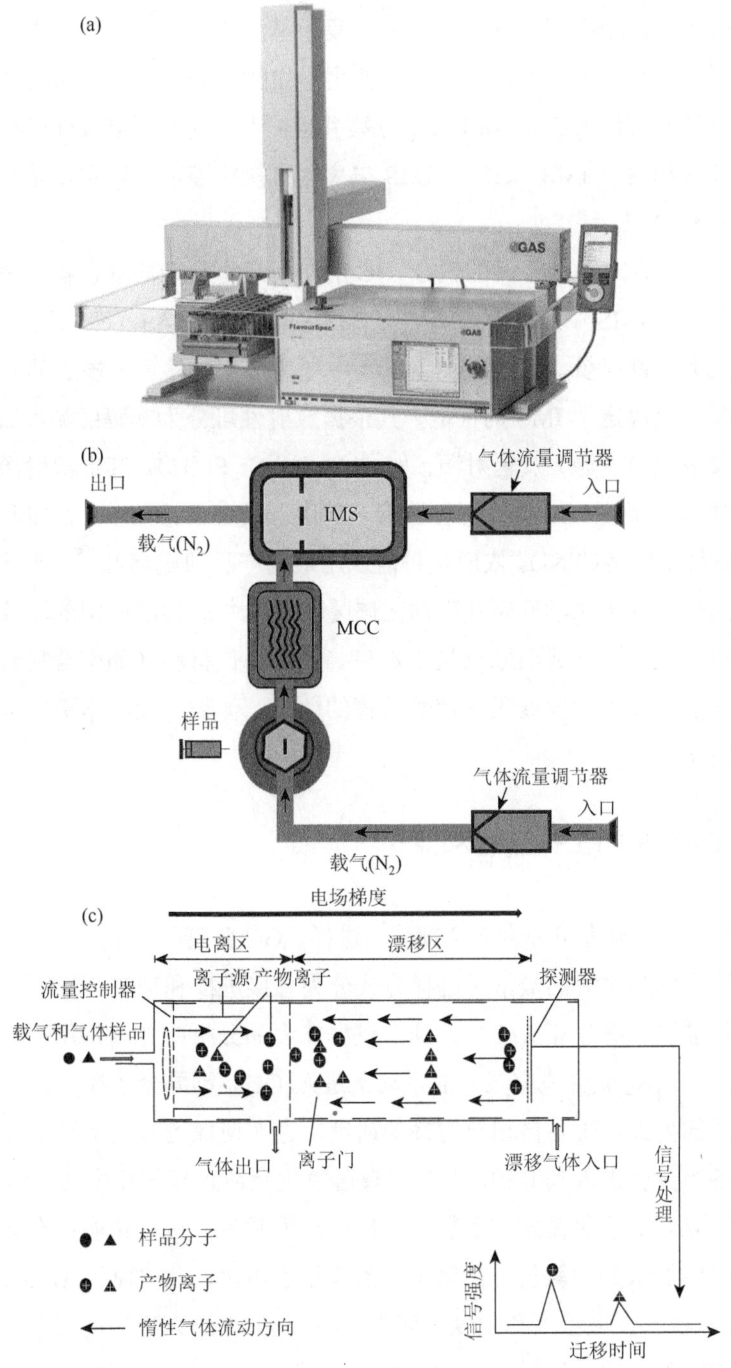

图 4.1　FlavourSpec®和 IMS 装置

（a）FlavourSpec®的图片；（b）FlavourSpec®的内部组件；（c）IMS 的基本结构[9]

顶空（headspace，HS）进样对液态和固态复杂基质样品中痕量挥发性风味物质进行快速分析。③热裂解 GC-IMS，其主要用于生物大分子分析，可将大分子热解为小分子气体，再经 GC 和 IMS 二次分离并检测[13]。④GC-双极性 IMS，其具有共用的电离区和两个 IMS，GC 与 IMS 电离区直接相连，能够实现正负离子模式下的同时检测[14]。

GC-IMS 是 GC 与 IMS 间的耦合。GC 的作用是将复杂的混合物分离为单独组分以减少分子在 IMS 中竞争性电离[24]。IMS 的结构如图 4.1（c）所示，主要包括气路、电离源、漂移管、信号检测器，其中电离源和漂移管是核心部分[11]。电离源在很大程度上决定了 IMS 的性能，其根据放射性可分为非辐射源（如电喷雾离子源和电晕放电离子源）及辐射源（如 ^{241}Am、^{63}Ni 和 ^{3}H）。其中辐射源几乎能电离所有化学物质而使 IMS 的选择性降低，但由于具有设计简单、稳定和持久的特点，放射源尤其是镍（^{63}Ni），依旧是目前应用最为广泛的电离源[25]。漂移管是 IMS 中最关键组件，离子化学反应几乎都在该区域完成[26]。传统商用的漂移管由陶瓷和金属环组件组成，其成品笨重且成本高。新型替代材料（如聚合材料）的出现以及微电子加工技术的发展正在使漂移管的性能、体积以及成本更加满足生产以及科研的需求。

4.1.2 GC-IMS 的工作流程和原理

GC-IMS 工作流程可分为五个部分：进样、GC 分离、分子电离化、离子分离和离子检测。GC-IMS 的最常见进样方式分为直接进样和顶空进样[25]。直接进样常用在环境监测和医学相关研究；顶空进样在食品分析中尤为常用，收集到的分析气体在载气（N_2 或合成空气）的带动下进入 GC。不同分子在 GC 中的极性以及吸附性质的差异产生各自相异的移动速度，进而使保留时间不同。经 GC 初步分离后的各组分会进入到 IMS，并在电离区发生负或正离子化模式，如图 4.1（c）所示。下面以正离子化模式（在食品分析中最为常见）进行说明：在无样品分子时，电离区中的水分和氮气会在离子源的作用下电离产生 $H_3O^+(H_2O)_m(N_2)_n$，其中 m 和 n 取决于反应温度和湿度；而当样品分子 M 进入电离区后会与其发生质子转移反应得到单体，如反应（4.1）所示，随着分子 M 浓度的增加会继续反应得到二聚体［反应（4.2）］、三聚体和四聚体等，最终的离子产物与漂移管中温度、湿度以及样品分子的大小、结构和偶极性相关[27, 28]。

$$M + H_3O^+(H_2O)_m(N_2)_n \longrightarrow MH^+(H_2O)_{m-1}(N_2)_n + 2H_2O \tag{4.1}$$

$$M + M^+MH + ?(H_2O)_m(N_2)_n \longrightarrow M_2H^+(H_2O)_{m-1}(N_2)_n + H_2O \tag{4.2}$$

在电离后，离子经周期闭合离子门进入漂移区并向探测器运动，在这个过程中，由于受到电场的加速作用以及逆向漂移气体分子碰撞的减速作用，离子最终以稳定的移动速度到达探测器并产生微安级的电流。因此，信号强度用电压单位表示[29]。离子迁移率系数（K）是鉴定离子种类的重要依据，在低电场下（＜1000V/cm），漂移气体压力和温度一定时，K 只与离子的质量、电荷和碰撞截面积相关；而在高电场下，迁移率不仅与离子本身的性质相关，还取决于电场强度，这一规律是在强场非对称波形离子迁移谱中离子分离的原理[30]。K 的计算过于复杂，通常以约化离子迁移率 $K_0[cm^2/(V \cdot s)]$作为鉴定分析物的参数，其计算方法如式（4.3）所示[10]。

$$K_0 = \frac{L}{Et_D} \times \frac{p}{p_0} \times \frac{T_0}{T} \tag{4.3}$$

式中，L 代表漂移长度（cm）；E 代表电场强度（V/cm）；t_D 代表漂移时间（s）；p 代表漂移管内压力（hPa）；p_0 代表标准压力（1013.2 hPa）；T 代表漂移管温度（K）；T_0 代表标准温度（273.2 K）。

4.1.3　GC-IMS 的分析方法

分析物通过 CG-IMS 分析会得到三个参数：GC 保留时间、IMS 迁移时间以及信号强度［图 4.2（a)］。根据保留时间可得到保留指数，结合迁移时间，查询它们在数据库中对应的物质进行二次定性；基于信号强度，常常采用外标法对物质进行绝对定量，也可直接计算峰体积进行相对定量。此外，CG-IMS 分析数据还可进一步转化为特征性指纹图谱［图 4.2（b)］，样品所含挥发性有机物（volatile organic compounds，VOCs）组分的种类和含量差异“直观可视”[31]。

但与此同时，GC 和 IMS 间的耦合大大增加分析物的识别信息量，其中包含着大量的冗余且复杂的数据信息，这通常需要进行复杂的化学计量学方法分析[32]。该分析方法能够对数据进行降维简化、判别和预测，以及揭示不同变量的相互关系。另外根据分析特点，化学计量学方法主要可分为 3 大类：①判别

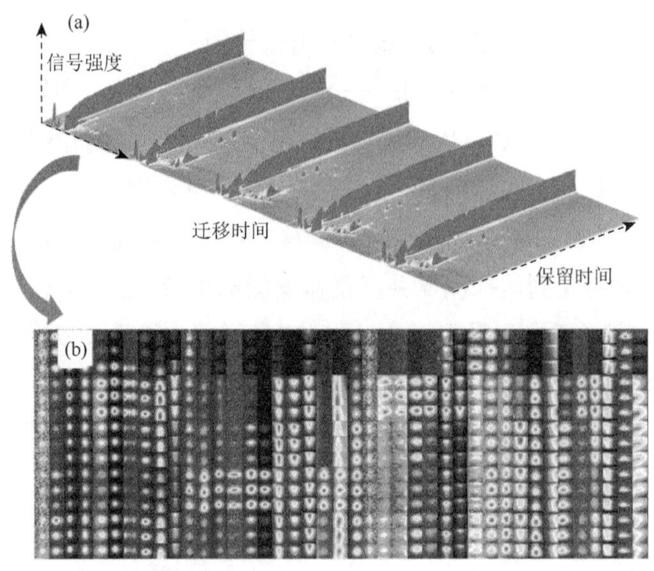

图 4.2　GC-IMS 的三维 VOCs 图谱和特征性指纹图谱

（a）GC-IMS 三维 VOCs 图谱；（b）GC-IMS 指纹图谱（每个点代表一个 VOC；点的色度代表含量）

分析，又称为监督模式识别方法，如偏最小二乘判别分析（partial least squares discriminant analysis，PLS-DA）、正交偏最小二乘判别分析（orthogonal partial least squares discriminant analysis，OPLS-DA）、线性判别分析（linear discriminant analysis，LDA）、Fisher 线性判别分析（Fisher linear discriminant analysis，FLDA）、二次判别分析（quadratic discriminant analysis，QDA）、*k* 最近邻（*k*-nearest neighbors，*k*NN）算法和支持向量机（support vector machine，SVM），该方法首先需要将已知类别的样品作为训练集使计算机拥有判别能力，然后才能对未知样品分类定性；②探索性分析，又称为非监督模式识别方法，如主成分分析（principal component analysis，PCA）和聚类分析（clustering analysis，CA），该方法不需要训练集，而是基于样品数据本身的特点将样品分类鉴别；③回归预测，如偏最小二乘回归（partial least-squares regression，PLS-R），该方法基于因变量与自变量间的关系常用于预测分析[4, 33]。如表 4.1 所示，在食品真实性鉴别中，与 GC-IMS 技术结合的化学计量学方法多种多样（主要为前两类中的 PLS-DA、OPLS-DA、LDA、*k*NN 和 CA 等），但其具体应用一般都遵循以下流程：通过 GC-IMS 分析得到样品风味物质指纹图谱，然后以谱图所有风味物质（即非靶向）或部分特征风味物质（即靶向）的含量为变量，并结合上述的化学计量学方法进行判别定性或定量分析。靶向和非靶向分析各有优缺点，其中非靶向分析更为全面，分析判别结果更为可靠，但其数据预处理复杂、耗时；靶向分析仅选择部分特征VOCs组成为分析对象，分析速度快，但靶向物质的选择比较烦琐，且可能丢失重要靶向物质。

表4.1 GC-IMS技术在食品真实性鉴别中的应用

研究对象		研究分类	化学计量学方法	参考文献
肉类	伊比利亚火腿	饲养方式及品种鉴别	OPLS-DA	[32]
	羊肉	掺假鉴别	PCA	[34]
	羊肉	产地溯源	PCA	[35]
	猪肉	贮藏期判别	PCA、*K*均值聚类分析	[36]
植物油	橄榄油	等级区分	PCA、LDA、*k*NN、SVM	[37]
	橄榄油	产地溯源	DA、*k*NN	[17]
	花生油、菜籽油	掺假鉴别	CA、PCA	[21]
	芝麻油、菜籽油、山茶油	种类区分	PCA、*k*NN	[38]
	葵花籽油	精炼程度鉴定	PCA、*k*NN、QDA、FLDA	[39]
蜂蜜	不同植源蜂蜜	掺假鉴别	OPLS-DA	[32]
	不同植源蜂蜜	植源区分	PCA、LDA、*k*NN、PLS-DA	[40]
	不同蜂源蜂蜜	蜂源区分	PCA、PLS-DA	[41]
其他	黄酒	产地溯源	PCA、LDA	[42]
	黄酒	贮藏期判别	PCA、LDA、*k*NN	[43]
	陈皮	贮藏期判别	PCA	[44]
	陈皮	产地溯源	PCA	[45]
	乌龙茶	产地溯源、品种鉴别	PCA、OPLS-DA	[46]
	水蜜桃	产地溯源	PCA	[47]
	青稞	品种鉴别	PCA、Fisher线性判别分析	[48]
	咖啡	产地溯源	PCA	[49]
	咖啡	品种鉴别	PCA	[50]
	鸡蛋	新鲜度鉴定	PCA、OPLS-DA	[51]
	奶粉	掺假鉴别	PCA	[52]

4.2 GC-IMS 在食品真实性鉴别中的应用

近年来 GC-IMS 已在肉类、植物油、蜂蜜、酒类、水果、咖啡和鸡蛋等多种食品真实性鉴别中得到应用，涉及分级与种类区分、品种鉴别、掺假鉴别、产地溯源、贮藏期判别和精炼程度鉴定等方面（表 4.1）。

4.2.1 肉类

肉制品是人们日常饮食中不可或缺的部分，但近年来不断有肉制品掺假事件曝光，肉类产品的真实性正越来越受到人们的重视[53]。伊比利亚猪在西班牙和葡萄牙具有重要的经济价值，其饲养方式可分为散养且以橡子和草为食或圈养且以饲料为食，两种饲养方式的猪所产火腿间的质量和价格差距很大（前种火腿的质量和价格均较高）[30]。因而为了防止标签欺诈，关于伊比利亚猪火腿的区分技术研究一直备受关注。GC-IMS 作为一种快速灵敏的风味检测技术，在鉴别不同饲养方式和品种的伊比利亚猪所产火腿中具有出色应用效果。Arroyo-Manzanares 等[29]在研究 GC-IMS 的两种数据分析方法（非靶向和靶向）对不同喂养方式（橡子和饲料）伊比利亚猪所产火腿的区分结果中得出，非靶向分析分类正确率为 90%，而靶向分析分类正确率为 100%。随后，该团队又探究了 GC-IMS 的无损采样方法对不同饲养方式和品种所对应火腿的区分效果。使用无菌一次性不锈钢针头收集火腿脂肪样品，采用 OPLS-DA 对饲养方式及品种进行区分，正确分类率分别为 91.7%和 100%[33]。此外，GC-IMS 还适用于肉类掺假鉴定，对于分别掺入猪肉和鸡肉的羊肉进行鉴别，当两种肉添加量分别超过 5%和 10%时，一些特征 VOCs 含量可被检测到发生变化。同时 PCA 分析可将不同掺假肉样明显区分[35]。由于新疆地域辽阔，不同地区自然和生产条件及饲养环境迥异，因而不同产区羊肉的风味也存在很大的差异。通过 GC-IMS 技术建立不同产区羊肉的特征指纹图谱库，将图谱库数据与统计分析结合可以快速判别样品产地和掺假信息[36]。此外，出售“僵尸肉”和“过期肉”一直是市场上冒充正常冷冻肉的常见欺诈方式。基于 GC-IMS 获得不同冻藏时间的猪肉表层脂肪 VOCs 并结合化学计量学方法，可对样品进行良好的归类，且相对感官和理化分析判别，GC-IMS 技术更适用于冷冻猪肉大批量快速检测以及品质深入分析[37]。由上可知，GC-IMS 在肉类真实性鉴别中的主要应用为饲养方式鉴别、品种区分、产地溯源、掺假鉴定和贮藏期判别。

4.2.2　植物油

食用植物油是食品领域中造假频率最高、造假方式最复杂的食品之一[1]。特级初榨橄榄油（extra virgin olive oil，EVOO）是地中海饮食的基本组成，以营养、健康和美味而享誉全球，被誉为是“液态黄金”。橄榄油除了 EVOO，还包括普通橄榄油（olive oil，OO）和低级初榨橄榄油（lampante olive oil，LOO）等，EVOO 相对于其他等级橄榄油，品质和价格相差很大[54]。EVOO 的传统分级方法，如感官评价和化学参数分析（如游离酸度和过氧化值）等费时耗力还会产生污染。如表 4.2 所示，GC-IMS 由于快速、精确和“绿色”的分析优势近年来成为在橄榄油分级的研究热点。早在 2011 年，Garrido-Delgado 等[55]便开始了利用 GC-IMS 对 EVOO 的分级研究，将 GC-IMS（离子源为氚）用于区分 EVOO、OO 和油橄榄果渣油（olive pomace oil），同时比较了电离源为紫外（ultraviolet，UV）的 IMS 的分级效果。基于 UV-IMS 正确分级率为 86.1%，而基于 GC-IMS 的正确分级率为 100%。随后，不同的学者从气相色谱柱的类型（GC 和 MCC）、温度控制程序（升温程序和恒温程序）、数据分析方法（靶向和非靶向指纹分析）、化学计量学方法、数据融合和特定目标物分析等多个角度，研究 GC-IMS 对 EVOO 的分级效果，并进行验证和优化，这些实验结果表明基于 GC-IMS 技术的最高正确分级率均能达 88%以上，有的甚至为 100%[55, 56]。

表 4.2　GC-IMS 在橄榄油真实性鉴别中的应用

年份	研究分类	主要研究内容	主要研究结果
2011[55]	分级	比较基于 UV-IMS 与 GC-IMS 对橄榄油的分级效果	适当的电离源和 IMS 的预分离能够提高橄榄油分类率，UV-IMS 正确分类率为 86.1%，GC-IMS 的正确分类率为 100%
2015[57]	分级	探究 GC 或 MCC 与 IMS 联用对橄榄油分级的影响	基于 GC-IMS 和 MCC-IMS 的正确分类率分别为 92%和 87%；但 MCC 的分析速度比 GC 更快
2017[17]	产地溯源	评估带有程序升温的 GC-IMS 对产于西班牙和意大利的 EVOO 的判别效果	LDA 和 *k*NN 分类模型对产地正确分类率分别为 98%和 92%，相对于恒温 GC-IMS，带有程序升温的 GC-IMS 能够从橄榄油样品中得到更好的 VOCs 组分非靶向分析分辨率

续表

年份	研究分类	主要研究内容	主要研究结果
2018[56]	分级	比较带有升温程序和传统恒温的 GC-IMS 对橄榄油风味成分表征和分级效果	带有升温程序的 GC-IMS 能够成功地对橄榄油分类且能更好地分离橄榄油中的挥发性有机化合物，特别是在使用 60m 毛细管柱时
2018[58]	掺假鉴别	基于 GC-IMS 结合 PCA 鉴别区分 EVOO 与其他油类，以及判别其他油类在 EVOO 中的掺假量	PCA 可以将 EVOO 与果渣油和其他植物油进行区分，并可判别其他油类在 EVOO 中的掺假鉴别率低至 5%
2019[20]	分级	比较基于 GC-IMS 的靶向和非靶向指纹分析对两个年份产的橄榄油分级效果	两种方法对第一年的样本分类效果差异不明显；但是，对于第二年的样品，靶向分析分类率更高；结合两个年份样品数据而建立分类模型可使正确分类率达 90%以上
2018[38]	分级	运用具有程序升温的 GC-IMS 结合不同化学计量学工具（LDA、*k*NN 和 SVM 等）和感官评定对橄榄油分级	LDA、*k*NN 和 SVM 模型对样本的分类正确率分别为 83.3%、73.8%和 88.1%；GC-IMS 可支持感官分析对不同的橄榄油质量类别进行分类
2019[59]	产地溯源	探究衰减全反射红外光谱（attenuated total reflection infrared spectroscopy，ATR-IR）和 GC-IMS 低级数据融合对 EVOO 产地溯源的鉴别效果	GC-IMS 分析比 ATR-IR 分析能更好区分橄榄油的产地。同时数据融合能够提高分类模型的预测能力和稳定性
2019[60]	分级	将深度学习技术（人工神经网络）与 GC-IMS 相结合对橄榄油进行分级	深度学习技术与 GC-IMS 相结合能很好地对橄榄油等级进行区分，其正确分级率高于 *k*NN 和 SVM 等算法
2020[61]	分级	比较带有紫外检测的毛细管电泳（capillary electrophoresis with ultra violet，CE-UV）和带有紫外或荧光检测器的高效液相色谱对橄榄油分级效果，并评估了 CE-UV 和 GC-IMS 高级数据融合对橄榄油分级的影响	几种分析技术中，CE-UV 结合化学计量学方法能获得最佳的橄榄油分级效果，此外，CE-UV 与 GC-IMS 的数据融合能提高不确定样本分类的可靠性
2019[62]	分级	基于 GC-IMS 测定橄榄油中乙醇浓度，并将乙醇浓度结合化学计量法判别橄榄油等级	GC-IMS 对橄榄油中乙醇含量的分析速度比 GC 联用火焰离子化检测器或 MS 快；12 mg/kg 的乙醇可作为区分橄榄油的级别界限，但需要结合感官评定和化学计量法进一步精确分级

除了橄榄油的分级，GC-IMS 在 EVOO 的产地溯源和掺假检测也有应用。Gerhardt 等[17]运用带有程序升温的 GC-IMS 结合 LDA 和 *k*NN 对产于西班牙和意大利的 EVOO 正确分类率分别为 98%和 92%。另外，相对于常规恒温 GC-IMS，带有程序升温的 GC-IMS 能够提高非靶向 VOCs 的分辨率。当食品产于邻近的地理环境或食品掺假程度较低时，单一的真实性鉴别技术就可能导致判别结果不准确。Schwolow 等[59]将 ATR-IR 和 GC-IMS 数据进行低级融合，并将其用于 EVOO 产地（希腊、意大利和西班牙）溯源。结果表明，与单独基于 GC-IMS

和 ATR-IR 获得的数据相比，低级数据融合可提高分类模型的预测能力和稳定性。向 EVOO 中掺入 OPO、榛子油、葵花籽油和菜籽油等是欺诈者的惯用手段。GC-IMS 技术结合 PCA 不仅可以很好区分 EVOO 与其他油类（油橄榄果渣油和其他种类植物油），还可有效判别其他油类在 EVOO 中的掺假情况（掺假鉴别率可达 5%）[58]。

除了在橄榄油中的应用，GC-IMS 在其他植物油的真实性鉴别中也有研究。GC 配合检测器表征脂肪酸是判别植物油掺假的常规技术，GC-IMS 技术与 GC 法相比，对掺假花生油（含有不同比例菜籽油）具有更高判别能力：GC 法可检测出的掺假限值为 5%；而基于 GC-IMS 的风味数据结合 PCA 和 CA 能够判别的掺假限值为 1%[21]。此外，Chen 等[38]创新地运用大津法阈值分割和彩色差分法对三种油样（芝麻油、菜籽油和山茶油）GC-IMS 图谱的二维矩阵进行了特征峰自动选择和可视化对比，并结合 PCA 和 *k*NN 建立分类模型。结果表明，校正集和预测集的正确识别率分别为 100%和 98.24%。植物油的品质和价格不仅与其种类相关，还与精炼程度有着重要关系[63]。陈通等[39]基于 GC-IMS 构建了不同葵花籽油精炼程度指纹图谱，并通过化学计量法（PCA、*k*NN、QDA 和 FLDA）对有效靶向 VOCs 进行分析，结果表明其对不同精炼程度油样的识别率高达 97.30%。

4.2.3　蜂蜜

蜂蜜食用历史悠久，可作为天然甜味剂和调味剂，此外还具有较高的营养、保健和药用价值[64]，因此深受人们的青睐。但目前纯蜂蜜生产成本较高，且存在巨大的供需缺口，因而“假蜂蜜”事件屡禁不止。

目前 GC-IMS 在蜂蜜真实性鉴别中的应用主要围绕掺假鉴定、植源与蜂源区分，因此依然还有许多蜂蜜欺诈方式有待研究。蜂蜜掺假方式主要有两种，一种是向高价蜂蜜中掺加低价蜜或杂花蜜来冒充单花蜜，另一种是向纯蜂蜜中添加糖浆（如淀粉糖浆和果葡糖浆）[65]。Arroyo-Manzanares 等[31]通过非靶向 GC-IMS 数据分析对三种蜂蜜样品（不同植物来源的纯蜂蜜、掺有甘蔗糖浆的蜂蜜和掺有玉米糖浆的蜂蜜）进行了研究，分析了掺假物对蜂蜜样品风味图谱变化的影响，并建立了 OPLS-DA 掺假判别模型。该模型对纯蜂蜜与掺假蜂蜜的鉴别成功率为

97.4%，两种掺杂物含量的鉴别成功率为 93.8%。同时研究者使用该方法分析了 9 种市售蜂蜜样品，其中 7 种为掺假蜂蜜，这也直接反映了蜂蜜市场行业掺假的严重性。此外，与目前常用的蜂蜜真伪鉴别技术核磁共振氢谱（^{1}H-nuclear magnetic resonance，^{1}H-NMR）相比，GC-IMS 结合 PCA-LDA、*k*NN 和 PLS-DA，不仅与 ^{1}H-NMR 对不同植物来源的蜂蜜区分效果基本相当，而且更加快捷简单[40]。冬蜜和乌桕蜜分别为冬季和夏季不同植物来源的蜂蜜，前者为优质蜂蜜，后者品质较差，但目前尚无有效区分两者的方法。Wang 等[66]采用 GC-IMS 特征图谱数据结合 PCA 和 PLS-DA 对冬蜜、乌桕蜜和掺假样品进行了有效的区分，同时采用火山图分析和变量投影重要性指标分析等进一步确定两种蜂蜜的最终标记物（苯甲醛二聚体和苯乙醛二聚体为冬蜜标记物；苯乙酸乙酯二聚体为乌桕蜜标记物）。另外，在靶向分析中，研究者得出通过分析潜在标记物的响应差异也可鉴别出掺假蜂蜜。随后，该团队采用类似的方法对中华蜜蜂和意大利蜜蜂产的蜂蜜（两种蜂蜜价格通常相差 2～8 倍）进行了非靶向鉴别，同时结合 HS-SPME-GC-MS 对两种蜂蜜的靶向标记物进行了定性和定量分析：中华蜜蜂产的蜂蜜标记物为 1-壬醇、1-庚醇和乙酸苯乙酯；意大利蜜蜂产的蜂蜜标记物为苯甲醛、庚醛和苯乙醛，这些标记物的浓度可作为判别两种蜂蜜的依据[41]。

4.2.4 其他

除了上述食品，GC-IMS 技术在茶叶、水果、酒类、陈皮、鸡蛋和咖啡等食品的真实性鉴别中也有所应用，涉及产地溯源、品种鉴别、贮藏期判别和掺假鉴别等。由于每种食品相关文献和应用方向相对较少，以下论述从应用方向进行展开。受区域环境和加工条件的影响，在一些特定区域形成了具有地理标志的产品，与同类产品相比，其价格和受欢迎度通常均具绝对优势。但市场上常常会出现大量相关假冒产品，严重损害消费者和生产商的利益。元素分析和同位素检测是产地溯源常用方法，GC-IMS 分析与其相比能够得到相当或更好的产地溯源效果。Jin 等[46]比较了稳定同位素示踪技术和 GC-IMS 技术对铁观音和大红袍乌龙茶的区分效果，以及大红袍乌龙茶产地溯源效果。结果表明，两种技术对两种乌龙茶的区别效果相差不大，但对于大红袍乌龙茶的产地溯源，GC-IMS 技术更为灵敏，准确率为 86.7%。同时，Pearson 相关分析表明稳定同位素比与 VOCs 之间显著相关。尹向前[67]以“大红袍”花椒为研究对象，运用矿质元素测定技术和 GC-IMS 技术对不同产地的样品进行分析，两种技术结合不同化学计量学方法均得到不错的鉴别效果（两种方法正确溯源率均大于 82%）。此外，GC-IMS 技术可很好地对黄酒[42]、陈皮[45]和水蜜桃[47]产地进行溯源，并可对不同地源的生、熟咖啡豆粉进行区分[49]。与产地类似，食品原料的品种也是影响产品风味、营养以及价格的重要因素之一。GC-IMS 技术能无损、快速地判别咖啡[50]和青稞[48]的品种。众所周知，诸如白酒和陈皮等食品，贮藏时间越长，其品质和价格越高。GC-IMS 谱图因具有“直观可视”的特点，可对比不同贮藏时间样品，如黄酒[43]、白兰地[16]和陈皮[44]的风味图谱，快速准确发现与贮藏时间相关的特征风味物质，并判别或预测其贮藏时间。此外，GC-IMS 在鸡蛋新鲜度和奶粉掺假鉴别方面也有应用。Cavanna 等[51]基于 GC-IMS 非靶向 VOCs 构建了鸡蛋 OPLS-DA 新鲜度预测模型，通过样本验证其预测能力，得出正确分类率为 97%。与法定方法（测定乳酸和琥珀酸浓度）相比，该方法可适用于工厂中非新鲜鸡蛋批次的快速鉴别。在关于羊乳粉掺假研究中，采用 GC-IMS 技术结合 PCA 可实现对羊奶粉、牛奶粉以及掺假羊奶粉的正确分类[52]。

4.3　结语与展望

GC-IMS 作为新兴食品质量与安全检测技术，具有操作简单、高效、环保、便携、灵敏和经济的优势，符合当下对食品真伪检测技术的要求，具有广阔的应用前景。但目前该技术在食品真实性鉴别领域的应用还主要集中在肉类制品、植物油、蜂蜜、酒类、水果、咖啡和茶叶等，尤其是前两类，应用方向也主要集中在分级、品种和种类鉴别、掺假鉴别、溯源分析和贮藏期判别等方面。因此无论在研究对象还是鉴别方向等方面，GC-IMS 在食品真实性鉴别中还有很大空间。

一方面，建立已知样品 VOCs 数据库对于 GC-IMS 真实性鉴别至关重要。构建数据库时，已知样品的样本量要尽量多且具有代表性。另一方面，对于靶向分析，特征物质的选择很关键，不能丢失重要靶向物质。此外，GC-IMS 在食品真实性鉴别中的应用还有以下几点待提升：首先，IMS 现有数据库依然不够完整，不能支持 GC-IMS 对大量未知 VOCs 的全面定性，进而可能影响对一些重要 VOCs 的进一步研究；其次，高效灵敏是 GC-IMS 技术真实性鉴别的基础，为了更好地检测复杂基质的成分，GC-IMS 可以与 GC 或 MS 进行三维耦合，即 GC-GC-IMS 或 GC-IMS-MS；再次，GC-IMS 对风味组分具有极低的检出阈值，但目前以破坏性取样为主，对于珍贵的样品，如火腿，这种取样方式无疑会造成较大的经济损失，因而 GC-IMS 的微量取样或无损检测也有待进一步研究；最后，GC-IMS 与核磁和质谱等其他鉴别技术的数据融合鲜有报道，但数据融合或许更有助于鉴别具有相似风味图谱的食品。

参考文献

[1] Hong E Y，Lee S Y，Jeong J Y，et al. Modern analytical methods for the detection of food fraud and adulteration by food category[J]. Journal of the Science of Food and Agriculture，2017，97（12）：3877-3896.

[2] 李丹，王守伟，臧明伍，等. 国内外经济利益驱动型食品掺假防控体系研究进展[J]. 食品科学，2018，39（1）：320-325.

[3] 刘怡君，刘娜，张雨萌. 食品鉴伪技术研究进展[J]. 食品工业科技，2016，37（22）：374-383，393.

[4] Medina S，Perestrelo R，Silva P，et al. Current trends and recent advances on food authenticity technologies and chemometric approaches[J]. Trends in Food Science & Technology，2019，85：163-176.

[5] Danezis G P，Tsagkaris A S，Camin F，et al. Food authentication：techniques，trends & emerging approaches[J]. TrAC Trends in Analytical Chemistry，2016，85：123-132.

[6] 宋君，雷绍荣，郭灵安，等. DNA 指纹技术在食品掺假、产地溯源检验中的应用[J]. 安徽农业科学，2012，40（6）：3226-3228，3233.

[7] Pesic M，Barac M，Vrvic M，et al. Qualitative and quantitative analysis of bovine milk adulteration in caprine and ovine milks using native-PAGE[J]. Food Chemistry，2011，125（4）：1443-1449.

[8] 翟宗德，吴小梅. 同位素分析技术在食醋质量鉴别中的应用[J]. 中国调味品，2012，37（11）：6-9.

[9] Lohumi S，Lee S，Lee H，et al. A review of vibrational spectroscopic techniques for the detection of food authenticity and adulteration[J]. Trends in Food Science & Technology，2015，46（1）：85-98.

[10] Vautz W，Franzke J，Zampolli S，et al. On the potential of ion mobility spectrometry coupled to GC pre-separation—a tutorial[J]. Analytica Chimica Acta，2018，1024：52-64.

[11] Armenta S，Alcala M，Blanco M. A review of recent，unconventional applications of ion mobility spectrometry（IMS）[J]. Analytica Chimica Acta，2011，703（2）：114-123.

[12] Karpas Z. Applications of ion mobility spectrometry（IMS）in the field of foodomics[J]. Food Research International，2013，54（1）：1146-1151.

[13] Kanu A B，Hill H H. Ion mobility spectrometry detection for gas chromatography[J]. Journal of Chromatography A，2008，1177（1）：12-27.

[14] 杨俊超，曹树亚，杨柳. 气相色谱与离子迁移谱仪联用的研究[J]. 现代仪器与医疗，2014，20（3）：20-24.

[15] Baim M A，Hill H H. Tunable selective detection for capillary gas chromatography by ion mobility monitoring[J].

Analytical Chemistry，1982，54（1）：38-43.

[16] Li S Y，Yang H F，Tian H H，et al. Correlation analysis of the age of brandy and volatiles in brandy by gas chromatography-mass spectrometry and gas chromatography-ion mobility spectrometry[J]. Microchemical Journal，2020，157：104948.

[17] Gerhardt N，Birkenmeier M，Sanders D，et al. Resolution-optimized headspace gas chromatography-ion mobility spectrometry（HS-GC-IMS）for non-targeted olive oil profiling[J]. Analytical and Bioanalytical Chemistry，2017，409（16）：3933-3942.

[18] Hu X，Wang R R，Guo J J，et al. Changes in the volatile components of candied kumquats in different processing methodologies with headspace-gas chromatography-ion mobility spectrometry [J]. Molecules，2019，24：3053.

[19] Halbfeld C，Ebert B E，Blank L M. Multi-capillary column-ion mobility spectrometry of volatile metabolites emitted by *Saccharomyces cerevisiae*[J]. Metabolites，2014，4（3）：751-774.

[20] Contreras M D M，Jurado-Campos N，Arce L，et al. A robustness study of calibration models for olive oil classification：targeted and non-targeted fingerprint approaches based on GC-IMS[J]. Food Chemistry，2019，288：315-324.

[21] Tian L L，Zeng Y Y，Zheng X Q，et al. Detection of peanut oil adulteration mixed with rapeseed oil using gas chromatography and gas chromatography-ion mobility spectrometry [J]. Food Analytical Methods，2019，12（10）：2282-2292.

[22] Márquez-Sillero I，Cárdenas S，Valcárcel M. Headspace-multicapillary column-ion mobility spectrometry for the direct analysis of 2，4，6-trichloroanisole in wine and cork samples[J]. Journal of Chromatography A，2012，1265：149-154.

[23] Jia S L，Li Y，Zhuang S，et al. Biochemical changes induced by dominant bacteria in chill-stored silver carp（*Hypophthalmichthys molitrix*）and GC-IMS identification of volatile organic compounds[J]. Food Microbiology，2019，84：103248.

[24] Wang S Q，Chen H T，Sun B G. Recent progress in food flavor analysis using gas chromatography-ion mobility spectrometry（GC-IMS）[J]. Food Chemistry，2020，315（15）：126158.

[25] 郝春莉. 气相离子迁移谱在食品风味分析中的应用[J]. 化学工程与装备，2015，225（10）：204-205，144.

[26] 葛含光，张民，崔颖，等. 离子迁移谱技术及其在食品检测中的应用[J]. 食品安全质量检测学报，2015，(2)：391-398.

[27] Eiceman G A. Ion-mobility spectrometry as a fast monitor of chemical composition[J]. TrAC Trends in Analytical Chemistry，2002，21（4）：259-275.

[28] Creaser C S，Griffiths J R，Bramwell C J，et al. Ion mobility spectrometry：a review. Part 1. Structural analysis by mobility measurement[J]. The Analyst，2004，129（11）：984.

[29] Arroyo-Manzanares N，Martín-Gómez A，Jurado-Campos N，et al. Target *vs* spectral fingerprint data analysis of Iberian ham samples for avoiding labelling fraud using headspace-gas chromatography-ion mobility spectrometry[J]. Food Chemistry，2018，246：65-73.

[30] 周晨曦，郑福平，孙宝国. 离子迁移谱技术在食品风味分析中的应用研究进展[J]. 食品工业科技，2019，40（18）：309-318.

[31] Arroyo-Manzanares N，García-nicolás M，Castell A，et al. Untargeted headspace gas chromatography-ion mobility spectrometry analysis for detection of adulterated honey[J]. Talanta，2019，205：120123.

[32] Martín-Gómez A，Arroyo-Manzanares N，Rodríguez-Estévez V，et al. Use of a non-destructive sampling method for characterization of Iberian cured ham breed and feeding regime using GC-IMS[J]. Meat Science，2019，152：146-154.

[33] Kamal M，Karoui R. Analytical methods coupled with chemometric tools for determining the authenticity and detecting the adulteration of dairy products：a review[J]. Trends in Food Science & Technology，2015，46（1）：27-48.

[34] 孟新涛，张婷，许铭强，等. 基于气相离子迁移谱的羊肉掺伪快速鉴别方法[J]. 新疆农业科学，2019，56（10）：1939-1947.

[35] 孟新涛，乔雪，潘俨，等. 新疆不同产区羊肉特征风味成分离子迁移色谱指纹谱的构建[J]. 食品科学，2020，41（16）：218-226.

[36] 王辉，田寒友，李文采，等. 基于顶空气相色谱-离子迁移谱技术的冷冻猪肉贮藏时间快速判别方法[J]. 食品科学，2019，40（2）：269-274.

[37] Gerhardt N，Schwolow S，Rohn S，et al. Quality assessment of olive oils based on temperature-ramped HS-GC-IMS and sensory evaluation：comparison of different processing approaches by LDA，*k*NN，and SVM[J]. Food Chemistry，2018，278：270-278.

[38] Chen T，Qi X P，Lu D，et al. Gas chromatography-ion mobility spectrometric classification of vegetable oils based on digital image processing[J]. Journal of Food Measurement and Characterization，2019，13（3）：1973-1979.

[39] 陈通，谷航，陈明杰，等. 基于气相离子迁移谱对葵花籽油精炼程度的检测[J]. 食品科学，2019，40（18）：312-316.

[40] Gerhardt N，Birkenmeier M，Schwolow S，et al. Volatile-compound fingerprinting by headspace-gas-chromatography ion-mobility spectrometry（HS-GC-IMS）as a benchtop alternative to ^{1}H NMR profiling for assessment of the authenticity of honey [J]. Analytical Chemistry，2018，90（3）：1777-1785.

[41] Wang X R，Rogers K M，Li Y，et al. Untargeted and targeted discrimination of honey collected by *Apis cerana* and *Apis mellifera* based on volatiles using HS-GC-IMS and HS-SPME-GC-MS[J]. Journal of Agricultural and Food Chemistry，2019，67（43）：12144-12152.

[42] 祁兴普，陈通，刘萍，等. 基于气相离子迁移谱黄酒产地识别的研究[J]. 食品工业科技，2019，40（22）：273-276，281.

[43] 黄星奕，吴梦紫，马梅，等. 采用气相色谱-离子迁移谱技术检测黄酒风味物质[J]. 现代食品科技，2019，35（9）：271-276，226.

[44] 梁天一，杨娟，董浩，等. 基于 GC-IMS 技术鉴别不同年份新会陈皮中的挥发性风味物质[J]. 中国调味品，2020，45（4）：168-173.

[45] Lv W S，Lin T，Ren Z Y，et al. Rapid discrimination of *Citrus reticulata* “Chachi” by headspace-gas chromatography-ion mobility spectrometry fingerprints combined with principal component analysis[J]. Food Research International，2020，131：108985.

[46] Jin J Y，Zhao M Y，Zhang N，et al. Stable isotope signatures versus gas chromatography-ion mobility spectrometry to determine the geographical origin of Fujian Oolong tea（*Camellia sinensis*）samples[J]. European Food Research and Technology，2020，246：955-964.

[47] 于怀智，姜滨，孙传虎，等. 顶空气相离子迁移谱技术对不同产地水蜜桃的气味指纹分析[J]. 食品与发酵工业，2020，46（16），：231-235.

[48] 赵卿宇，沈群. GC-IMS 技术结合化学计量学方法在青稞分类中的应用[J]. 中国粮油学报，2020，35（2）：165-169.

[49] 弘子姗，谭超，苗玥，等. 基于顶空气相色谱-离子迁移谱的不同产地咖啡挥发性有机物指纹图谱分析[J]. 食品科学，2020，41（8）：243-249.

[50] 杜萍，陈振佳，杨芳，等. 基于顶空气相色谱-离子迁移谱技术的生咖啡豆快速鉴别方法[J]. 食品科学，2019，40（24）：228-233.

[51] Cavanna D，Zanardi S，Dall'Asta C，et al. Ion mobility spectrometry coupled to gas chromatography：a rapid tool to assess eggs freshness[J]. Food Chemistry，2019，271：691-696.

[52] 杜文博. 气相离子迁移谱法在羊奶粉和驴肉鉴伪分析中的应用[D]. 保定：河北农业大学，2019.

[53] 王冬亮，何锦林，王文智，等. 分子生物学技术在肉制品鉴别的研究进展[J]. 食品工业，2016，37（2）：223-226.

[54] Meenu M，Cai Q，Xu B J. A critical review on analytical techniques to detect adulteration of extra virgin olive oil[J]. Trends in Food Science & Technology，2019，91：391-408.

[55] Garrido-Delgado R，Mercader-Trejo F，Sielemann S，et al. Direct classification of olive oils by using two types of ion mobility spectrometers[J]. Analytica Chimica Acta，2011，696（1-2）：108-115.

[56] del Mar Contreras M，Arroyo-Manzanares N，Arce C，et al. HS-GC-IMS and chemometric data treatment for food authenticity assessment：olive oil mapping and classification through two different devices as an example[J]. Food Control，2019，98：82-93.

[57] Garrido-Delgado R，Dobao-Prieto M D M，Arce L，et al. Determination of volatile compounds by GC-IMS to assign the quality of virgin olive oil[J]. Food Chemistry，2015，187：572-579.

[58] 李淑静，赵婷，葛含光，等. 气相色谱-离子迁移谱应用于橄榄油的掺假鉴别[J]. 食品研究与开发，2018，39（15）：109-116.

[59] Schwolow S，Gerhardt N，Rohn S，et al. Data fusion of GC-IMS data and FT-MIR spectra for the authentication of olive oils and honeys-is it worth to go the extra mile？[J]. Analytical and Bioanalytical Chemistry，2019，411（23）：6005-6019.

[60] Vega-Márquez B，Nepomuceno-Chamorro I，Jurado-Campos N，et al. Deep learning techniques to improve the performance of olive oil classification [J]. Frontiers in Chemistry，2020，7：929.

[61] Jurado-Campos N，Arroyo-Manzanares N，Viñas P，et al. Quality authentication of virgin olive oils using

orthogonal techniques and chemometrics based on individual and high-level data fusion information[J]. Talanta，2020，219：121260.

[62] del Mar Contreras M，Aparicio L，Arce L. Usefulness of GC-IMS for rapid quantitative analysis without sample treatment：focus on ethanol，one of the potential classification markers of olive oils[J]. LWT-Food Science and Technology，2019，120：108897.

[63] 柴杰，薛雅琳，金青哲，等. 精炼工艺对葵花籽油品质的影响[J]. 中国油脂，2016，41（2）：12-15.

[64] Meo S A，Al-Asiri S A，Mahesar A L，et al. Role of honey in modern medicine[J]. Saudi Journal of Biological Sciences，2017，24（5）：975-978.

[65] 相倩倩，张云权，王小花，等. 化学计量学方法在蜂蜜鉴伪中的应用研究进展[J]. 江苏农业科学，2020，48（8）：32-40.

[66] Wang X R，Yang S P，He J N，et al. A green triple-locked strategy based on volatile-compound imaging，chemometrics，and markers to discriminate winter honey and sapium honey using headspace gas chromatography-ion mobility spectrometry[J]. Food Research International，2019，119：960-967.

[67] 尹向前. 基于矿质元素与挥发性物质的“大红袍”花椒产地判别研究[D]. 临汾：山西师范大学，2019.

第 5 章　激光诱导击穿光谱技术及其在食品分析中的应用

激光诱导击穿光谱（laser-induced breakdown spectroscopy，LIBS）技术是一种原子发射光谱技术，利用激光照射被测物体表面，使微量样品发生灼烧，瞬间气化产生等离子体，通过检测等离子体光谱实现对物质成分的定性和定量分析。其已被广泛应用于矿产分析[1]、环境污染监测[2]、冶金[3]、生物制药[4]、太空探测[5]等领域。随着 LIBS 技术的发展，其近年来成为食品行业中的一种新兴的材料表征和鉴定分析技术[6]。通常用于食品检测的原子吸收光谱、电感耦合等离子体-原子发射光谱、X 射线荧光光谱等传统光谱分析技术，样品预处理过程较为复杂，检测过程中需要使用昂贵的化学试剂，且易产生有毒废物。而 LIBS 技术作为快速、微创的食品分析工具，具有样品预处理过程简单、环保高效、便携等特点，适合在食品生产现场进行快速检测分析[7]。基于 LIBS 技术的诸多优点，其在食品领域中的应用日益增加。本章主要介绍了 LIBS 技术的原理及其在食品分析中的应用，并对其未来的性能发展做出展望。

5.1　LIBS 技术概述

5.1.1　LIBS 技术的基本原理

LIBS 技术主要是通过脉冲激光器向样品发射高能脉冲，然后激光能量被样品吸收，随后样品表现出表面温度升高状态，当其温度升高至熔点时，少量样品发生熔融，随着温度继续升高，样品中能量存积逐渐增多，熔融状态的样品发生气化、雾化及电离，最终生成高温高压的等离子体。产生的这些等离子体包含样品中存在的原子、离子和自由电子，等离子体继续吸收激光后续的能量，导致其向外发生膨胀，最终在外部形成冲击波。当激光脉冲停止，等离子体开始冷却，膨胀速度也随之减小，其中的原子、离子和电子会逐渐损失能量。在这样的高温体系中，原子、离子等会被激发到不同的能级上，因而会发生由高能级到低能级的跃迁，产生很强的发射光谱[8, 9]，具体过程如图 5.1 所示。该等离子体谱线的波长和强度分别表示样品中元素组成及含量。

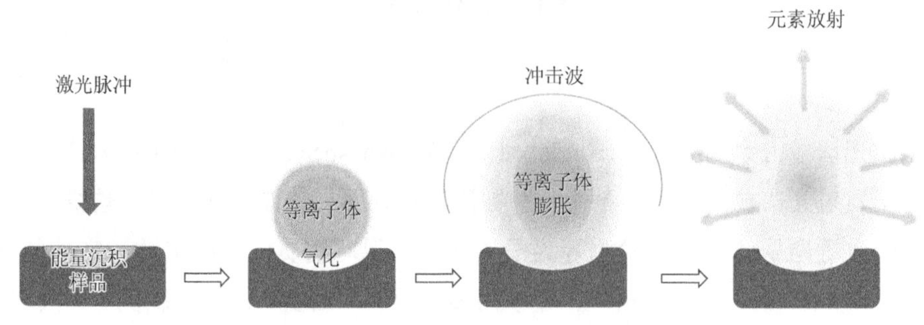

图 5.1　激光诱导击穿过程的示意图[9]

5.1.2　LIBS 系统

LIBS 系统如图 5.2 所示，它由脉冲激光器、等离子体光学采集系统、光谱仪、增强电荷耦合器件相机、计算机等组成。脉冲激光器主要作用是提供激发光源，将激光束汇聚在样品表面，进而激发样品发生能量沉积，逐渐烧灼、熔融，最终产生高温、高电子密度的等离子体；随后，光学采集系统采集等离子体的发射谱线，然后通过光纤把光学信号传导到光谱仪上，进行时间分辨或空间分辨；最后

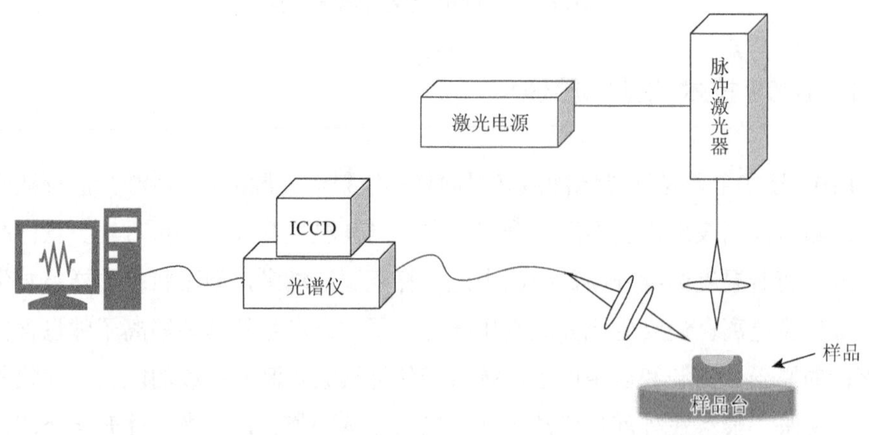

图 5.2　LIBS 系统示意图[10]

通过计算机进行成分分析。LIBS 技术能够实现元素的定性定量分析，主要是根据元素的谱线特征及元素的含量与信号强度成比例的关系完成的[10, 11]。

5.2 样品制备

食品组成成分复杂，为提高 LIBS 技术的检测准确度，需要对一些样品进行适当的预处理。与其他检测方法相比，LIBS 技术所需的样品制备过程较为简单，时间较短。

5.2.1 固体样品

由于样品的不均匀性会影响 LIBS 检测的准确度，通常将固体样品制成干燥的粉末，然后压制成颗粒进行检测[12]。制成粉末状态可以改善样品的粒度分布和微观均匀性，降低基质效应，获得更精准的测量结果，但在检测过程中松散的粉末表面会产生冲击波，导致焦点的散焦以及辐照度脉冲间的波动[13]。将其压制成颗粒后，可以提供更坚固、更均匀的样品表面[14]。当粉末不能形成黏性颗粒时，可使用黏合剂进行处理，改善颗粒的内聚力。黏合剂应选择自身不产生强烈基质效应的材料，并且不含任何分析物或干扰元素，以免影响检测结果[15]。

5.2.2 液体样品

液体样品不能直接进行 LIBS 分析，因为不仅液体表面的波纹、内部的气泡会对激光束和发射光产生影响，而且液体样品具有较短的等离子体持续时间，并且在检测过程中易发生液体飞溅、形成表面气溶胶等问题[16]。为了克服这些问题，可以将液体样品转化为固体状态进行检测，主要通过对液体进行冷冻或将少量溶液沉积到多孔固体基材上并在环境条件下干燥，还可以通过铝杆对液体进行静电场沉积[17]。此外，也可将液体旋涂在玻璃片上，使得激光束聚焦线处的液体具有均匀的厚度，通过优化测量条件，获得稳定的等离子体[18]。

5.2.3 气体样品

LIBS 技术应用在气溶胶样品中也是可行的，目前已经在环境科学领域得到了应用，主要用于监测工业废气中的重金属含量[19]。该技术的实现主要通过两种方法，直接方法是将激光脉冲准确聚焦在气体中，从而获得相应的等离子体；间接方法是通过过滤器等器具收集样品之后进行检测[20]。虽然该技术尚未在食品研究中进行应用，但是根据其应用情况分析，其具有在食品中检测气体样品的潜力。

5.3 LIBS 技术在食品分析中的应用

5.3.1 食品成分分析

食品的基本组成元素是食品分析的重要内容，也是对食品进行研究与改良的基础。在食品加工过程中，监测食品成分及品质的变化对其加工生产具有现实指导意义。与传统的食品成分分析方法相比，LIBS 技术具有简便、环保、高效等优点，近些年在食品分析中得到应用。

Abdel-Salam 等[21]利用 LIBS 技术评估母乳和不同市售婴儿配方奶粉中的营养元素，根据形成的 LIBS 光谱，计算了不同样品中 Mg、Ca、Na 和 Fe 四种重要营养元素的相对丰度，有利于对婴儿的营养需求做到详细了解，并益于开发接近母乳组成的配方奶粉。此外，LIBS 技术还可以在线监测产品的生产过程，Markiewicz-Keszycka 等[22]运用 LIBS 技术结合化学计量学方法验证其在无麸质面粉中的应用，结果表明该技术可以方便快捷地量化无麸质面粉中的 K、Mg 和灰分，确保微量营养素膳食平衡。通过 LIBS 技术所测定的元素与食品中大分子物质的相关性，该技术还可以实现对食品中水分、蛋白质等的定量分析。氢、氧的原子发射以及羟自由基的分子发射都可以作为水分的检测指标，Liu 等[23]以氰化物（CN）的光谱强度作为内标，检测到氧的光谱强度与干酪的水分含量（0.5%～45%）之间存在着良好的相关性（$R^2 = 0.99$），并准确测定了干酪中的水分含量。每种氨基酸都含有氮元素，因此每种蛋白质都具有恒定的氮含量，Sezer 等[24]建立了利用 LIBS 技术测定谷物中氮元素从而分析其中蛋白质含量的方法，并证明该方法比常规分析方法如凯氏定氮法和杜马法更加快速、可靠和环保。这些研究表明，LIBS 技术可以对食品成分进行定性和定量分析。

在食品的加工过程中，外源物质的添加至关重要，其含量控制及添加量优化一直作为食品行业的热点问题。Bilge 等[25]利用 LIBS 技术测定烘焙食品中 Na 的含量，发现 LIBS 的分析结果与莫尔法和原子吸收光谱法具有良好的一致性，证明该方法可以作为一种防止烘焙食品中 NaCl 超标的简便检测手段。此外，LIBS 技术还可以将外源物质进入食品基质的过程变得可视化。Dixit 等[26]通过 LIBS 技术监测牛肉腌制过程中食盐扩散过程，利用形成的光谱中 589.05 nm 处的 Na 发射峰对牛肉中的 NaCl 扩散进行成像。图 5.3 显示，随着腌制时间的延长，NaCl 不断向牛肉样品中扩散，表面食盐含量较高，信号较强，与样品中心形成 Na 浓度梯度。通过 LIBS 成像监测食盐在肉中的扩散过程，有利于工业生产中准确控制腌制肉制品的品质，对优化腌制时间、腌制温度以及食盐用量等方面具有巨大作用。以上研究表明，LIBS 技术可以有效地应用于食品成分分析方面，对食品中基本组成元素以及一些生物大分子和外源添加物质进行快速检测，对于食品的加工生产及产品开发具有重大意义。

图 5.3　腌制后的牛肉样品横截面图（色标代表 589.05nm 处 Na 发射峰的强度）[26]

（a）腌制 0h；（b）腌制 2h；（c）腌制 24h

5.3.2　食品掺假检测

掺假检测是食品工业面临的重要挑战，也是政府监管机构和消费者主要关注的问题。通常用于分析食品掺假的技术有近红外光谱、傅里叶变换红外光谱和拉曼光谱等，然而，这些方法中大多数对于 ppm（ppm 为 10^{-6}）级元素含量不够敏感，且检测成本相对较高，耗时且易造成浪费。LIBS 技术可以克服这些缺点，通过对样品中相关元素进行定性及定量分析，从而辨别样品的掺假程度。Bilge 等[27]的研究表明基于奶粉和乳清粉之间 K、P、Ca 和 Na 的含量差异，LIBS 技术可以定量测定脱脂奶粉中掺假的乳清粉。Temiz 等[28]利用 LIBS 技术检测了黄油中的掺假情况，黄油是一种高价的乳脂肪产品，是脂溶性维生素的丰富来源。黄油掺假主要是向其中添加低价的植物或动物脂肪，即制成人造黄油。但研究表明，黄油和人造黄油之间的组成元素具有显著差异，尤其是 Ca、Mg、K、Na、Zn、Cu 和 Fe 等元素的含量。此外，Casado-Gavalda 等[29]采用了 LIBS 技术联合化学计量学方法，通过间接检测碎牛肉中 Cu 含量来量化其中掺假肝脏的程度。碎牛肉是香肠、肉饼、肉丸和肉酱等产品的主要原料，但由于牛肉价格较高，经常发现向其中掺杂内脏以降低成本的行为。动物内脏的矿物质含量显著高于肌肉组织，尤其是牛肝中的 Cu 含量比瘦牛肉高出 100 倍。图 5.4 显示，碎牛肉与肝脏中的 Cu 含量具有显著差异，随着碎牛肉中掺杂的肝脏增多，Cu 含量显著增加，体现出该技术的灵敏性及提供物质分布空间信息的能力。以上研究表明，LIBS 技术可以通过检测样品中物质成分含量的差异对掺假做出判断，相较于之前的掺假检测方法，LIBS 作为一种快速、环保、便捷的检测新技术更加适合工业生产。

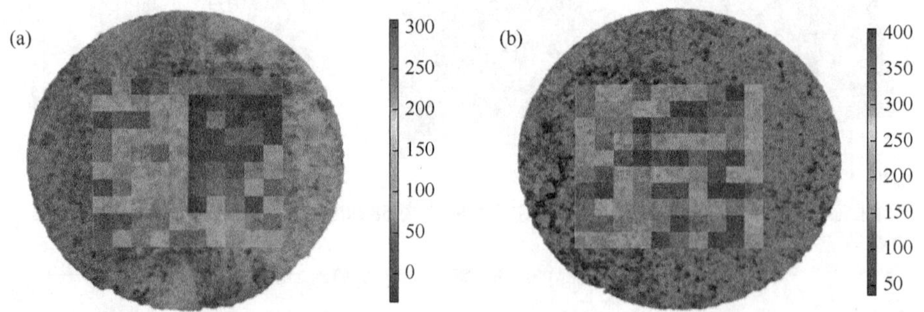

图 5.4　预测 Cu 含量的矿物映射分布图（色标表示以 ppm 干物质为单位的 Cu 含量）[29]

（a）左半部分为纯肝脏，右半部分为纯牛肉；（b）左半部分为牛肉中掺杂 70%肝脏，右半部分为牛肉中掺杂 30%肝脏

5.3.3　食品污染检测

由于农药的不合理使用，果蔬中的农药残留超标，危害人体健康。Kim 等[30]

采用 LIBS 技术对菠菜中的农药残留进行了检测，发现该技术可以快速区分出农药污染的样品，对农药污染的菠菜的错误分类率为 2%。Ma 等[31]利用 LIBS 技术在苹果表面进行毒死蜱检测（图 5.5），结果显示 P、S 和 Cl 的光谱信号峰比较容易识别，并且随着毒死蜱浓度的降低，三种元素的光谱强度显著下降。这三种元素可以作为检测毒死蜱的特征元素，并以此区分喷洒不同浓度毒死蜱的苹果。除农药残留外，重金属残留是食品分析中的重要问题。Hu 等[32]使用 LIBS 技术检测赣南脐橙中的 Cu 残留，将样品用 50～500 μg/mL 硫酸铜溶液进行预处理后，对橙皮进行检测，发现检测结果与原子吸收分光光度计的测定结果相关性良好，相对误差较小，证明了 LIBS 技术检测水果中重金属的可行性。后续研究可以利用 LIBS 技术直接分析天然水果中的重金属，探索果肉和果皮中重金属的分布情况。此外，微生物污染也是食品安全的一个重大问题。Multari

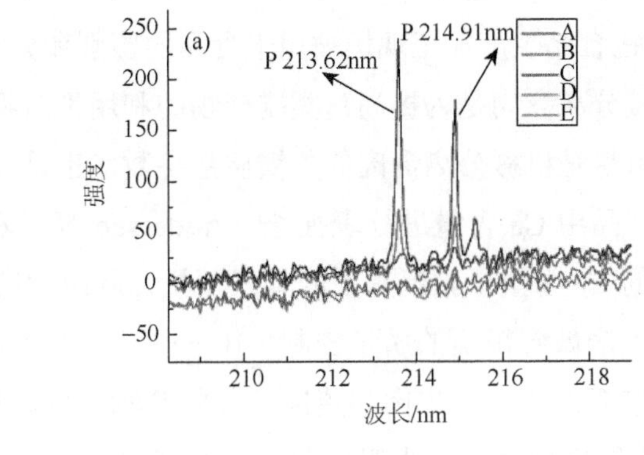

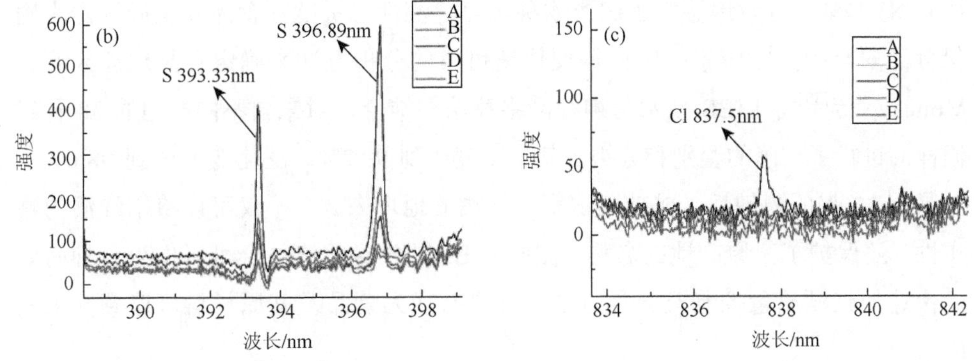

A：50%　B：5%　C：1%　D：0.1%　E：0

图 5.5　喷洒不同浓度毒死蜱的苹果的 LIBS 光谱图[31]

等[33]利用 LIBS 技术检测食物表面的微生物污染情况，结果表明 LIBS 技术可以检测到牛奶、肉类和生菜等产品中以及金属排水过滤器、砧板等器具上存在的大肠杆菌 O157：H7 和肠道沙门菌。Abdel-Salam 等[34]发现氰化物（CN）和碳（C_2）在 LIBS 光谱中产生的分子谱带与体细胞计数之间呈现良好相关性，而且这种线性关系可用于乳腺炎牛乳样品的鉴定和表征。相较于其他方法，LIBS 技术可简便、快捷地区分乳腺炎牛乳和正常牛乳，并且可应用于牧场对乳腺炎进行早期诊断。目前，用于食品污染检测的方法较为烦琐，无法提供实时评价结果，LIBS 不仅方便快捷，还具有便携功能[35]，在解决食品安全问题方面具有巨大潜力。

5.3.4　食品的鉴别分类及原产地保护

LIBS 技术可以在食品生产加工现场被用于食品的鉴别和分类，以提高工厂生产效率及效益。机械分离禽肉是为提高禽类副产物的利用价值将其进行机械去骨得到的肉，而骨残留量是机械分离禽肉的关键质量参数，也是其分类标准之一，通常骨残留量通过产品中 Ca 含量进行表征[36]。Andersen 等[37]利用 LIBS 在线监测机械分离禽肉中的 Ca 含量，验证其中的骨残留量，从而对机械分离禽肉准确进行分类，对产品生产做到精确的质量控制。Bilge 等[38]利用 LIBS 技术鉴定肉类物种，选用不同来源的猪肉、牛肉和鸡肉，并将其制成丸粒用于 LIBS 分析。从图 5.6 可以看出不同肉样品的元素组成及含量的差异，三种肉之间的辨别率可达到 83.37%，有效地鉴定了肉类物种。可追溯性已被欧洲食品安全局认定为确保食品安全的关键因素，因此需要快速可靠的分析方法来确定食品地理来源。Moncayo 等[39]将 LIBS 技术与神经网络算法相结合，对来自不同产地的 38 种红酒样品进行了准确的鉴别和分类，其灵敏度达到 99.2%，泛化能力达到 98.6%，并具有 100%的稳健性，成功地识别了红酒的地理来源，不仅可以鉴别红酒的真实性，还保护了其原产地的名称。因此 LIBS 与神经网络结合可以作为一种简单而快速的红酒质量控制及分类方法，并具有成为食品及其原材料可追溯性工具的潜力。

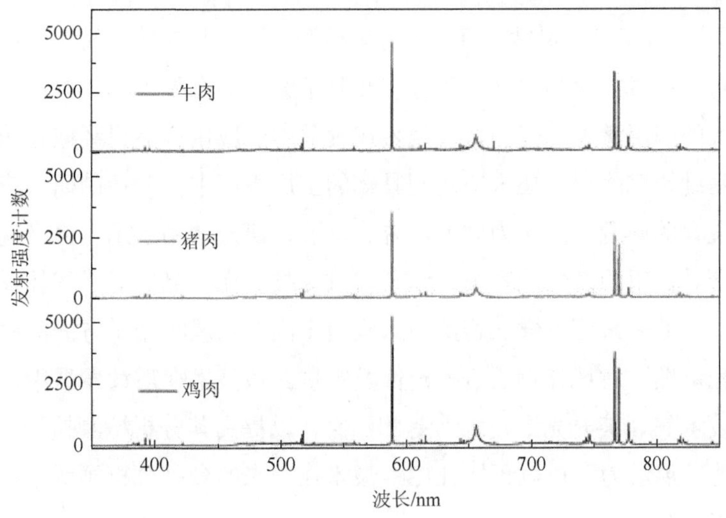

图 5.6　牛肉、猪肉及鸡肉的 LIBS 光谱图[38]

5.4　结语与展望

食品是一个复杂的基质，含有碳水化合物、脂质、蛋白质、水、矿物质、维生素等营养成分，而且每种食品的结构各不相同。不同的样品对激光的能量和功率密度要求不同，这就需要 LIBS 系统中具备高能量的激光光源[40]。另外，食品的组成具有不均匀性，而 LIBS 技术属于点分析方法，由于聚焦光束的小尺寸和小样品质量的蒸发，食品的这种组分和分布差异可能导致信号重现性差[41]。这可以对样品的不同区域的多个点进行检测，将不均匀性平均化。LIBS 技术在食品中的应用尚处于起步阶段，其对在复杂有机基质中的微量矿物元素和极低浓度的重金属的检测灵敏度较低，可以通过使用双脉冲或者进行等离子体空间限制增强信号，提高灵敏度[42, 43]。另外样品在进行检测时，易发生自吸收、基质效应和不同物质的发射光谱重叠等问题[8]，该技术如何在工业生产中广泛应用还需进行更深入的改进和优化研究。该技术一直在向便携方式发展，现如今已经研发出多款便携 LIBS 设备，主要分为背包式和提箱式两种，但由于设备体积的缩小带来许多弊端，激光器和光谱仪的应用性能达不到庞大的 LIBS 系统所具有的水平[35]。后续研究应着重于开发高性能的微型激光器和微型光谱仪，使便携式 LIBS 设备在具体食品生产中得到广泛应用。

LIBS是一种快捷、灵敏、可靠的元素检测技术，具有较为简单的样品制备过程，因此它可以成为食品生产过程控制和质量管理的在线检测工具，在食品工业中具有巨大的应用潜力。然而，该技术在食品中的应用虽然已经取得较大发展，但仍处于基础研究阶段，还未应用到具体的工厂生产中。今后的研究应着力于解决该技术现存的问题，并大力向便携方式发展，研发适用于工厂生产现场，对食品加工起指导作用的高性能系统。目前，LIBS技术在食品中对于气体样品的研究还未发现，因此未来可以尝试将此技术应用于肉制品风味物质方面的检测，根据其获得的光谱图，对风味物质进行定性及定量。该技术在后续发展中，还可以与拉曼光谱技术[44]、荧光光谱技术[45]等相结合，以提高其分析检测技能。基于其在食品行业的发展潜力，可以预知 LIBS 技术在未来的食品分析领域会有更大、更广泛的应用。

参 考 文 献

[1] 郑建平，陆继东，姚顺春，等. 激光诱导击穿光谱技术应用于煤质分析的研究综述[J]. 广东电力，2012，25（10）：13-17.

[2] 尹华亮，侯宗余，袁廷璧，等. 激光诱导击穿光谱技术在环境监测中的应用综述[J]. 大气与环境光学学报，2016，11（5）：321-337.

[3] Gruber J，Heitz J，Arnold N，et al. *In situ* analysis of metal melts in metallurgic vacuum devices by laser-induced breakdown spectroscopy[J]. Applied Spectroscopy，2004，58（4）：457-462.

[4] 刘晓娜，吴志生，乔延江. LIBS 快速评价产品质量属性的研究进展及在中药的应用前景[J]. 世界中医药，2013，8（11）：1269-1272.

[5] Sallé B，Lacour J L，Mauchien P，et al. Comparative study of different methodologies for quantitative rock analysis by laser-induced breakdown spectroscopy in a simulated Martian atmosphere[J]. Spectrochimica Acta Part B：Atomic Spectroscopy，2006，61（3）：301-313.

[6] 邵妍，张艳波，高勋，等. 激光诱导击穿光谱技术的研究与应用新进展[J]. 光谱学与光谱分析，2013，33（10）：2593-2598.

[7] Beldjilali S，Borivent D，Mercadier L，et al. Evaluation of minor element concentrations in potatoes using laser-induced breakdown spectroscopy[J]. Spectrochimica Acta Part B：Atomic Spectroscopy，2010，65（8）：727-733.

[8] Sezer B，Bilge G，Boyaci I H. Capabilities and limitations of LIBS in food analysis[J]. TrAC Trends in Analytical Chemistry，2017，97：345-353.

[9] 张永强. 激光等离子体特性及膨胀动力学研究[D]. 济南：山东师范大学，2007.

[10] Markiewicz-Keszycka M，Cama-Moncunill X，Casado-Gavalda M P，et al. Laser-induced breakdown spectroscopy

（LIBS）for food analysis：a review[J]. Trends in Food Science & Technology，2017，65：80-93.

[11] 赵南京，谷艳红，孟德硕，等. 激光诱导击穿光谱技术研究进展[J]. 大气与环境光学学报，2016，11（5）：367-382.

[12] Trevizan L C，Santos D，Jr，Samad R E，et al. Evaluation of laser induced breakdown spectroscopy for the determination of macronutrients in plant materials[J]. Spectrochimica Acta Part B：Atomic Spectroscopy，2008，63（10）：1151-1158.

[13] Gomes M S，Santos D，Jr Nunes L C，et al. Evaluation of grinding methods for pellets preparation aiming at the analysis of plant materials by laser induced breakdown spectrometry[J]. Talanta，2011，85（4）：1744-1750.

[14] de Carvalho G G A D，Santos D，Jr Gomes M D S，et al. Influence of particle size distribution on the analysis of pellets of plant materials by laser-induced breakdown spectroscopy[J]. Spectrochimica Acta Part B：Atomic Spectroscopy，2015，105：130-135.

[15] Jantzi S C，Motto-Ros V，Trichard F，et al. Sample treatment and preparation for laser-induced breakdown spectroscopy[J]. Spectrochimica Acta Part B：Atomic Spectroscopy，2016，115：52-63.

[16] Galbács G. A critical review of recent progress in analytical laser-induced breakdown spectroscopy[J]. Analytical & Bioanalytical Chemistry，2015，407（25）：7537-7562.

[17] Sobral H，Sanginés R，Trujillo-Vázquez A. Detection of trace elements in ice and water by laser-induced breakdown spectroscopy[J]. Spectrochimica Acta Part B：Atomic Spectroscopy，2012，78（6）：62-66.

[18] Ayyalasomayajula K K，Dikshit V，Fang Y Y，et al. Quantitative analysis of slurry sample by laser-induced breakdown spectroscopy[J]. Analytical & Bioanalytical Chemistry，2011，400（10）：3315-3322.

[19] Neuhauser R E，Panne U，Niessner R，et al. On-line monitoring of chromium aerosols in industrial exhaust streams by laser-induced plasma spectroscopy（LIPS）[J]. Fresenius Journal of Analytical Chemistry，1999，364（8）：720-726.

[20] Dutouquet C，Gallou G，Le B O，et al. Monitoring of heavy metal particle emission in the exhaust duct of a foundry using LIBS[J]. Talanta，2014，127：75-81.

[21] Abdel-Salam Z，Sharnoubi J A，Harith M A. Qualitative evaluation of maternal milk and commercial infant formulas via LIBS[J]. Talanta，2013，115（17）：422-426.

[22] Markiewicz-Keszycka M，Casadogavalda M P，Camamoncunill X，et al. Laser-induced breakdown spectroscopy（LIBS）for rapid analysis of ash，potassium and magnesium in gluten free flours[J]. Food Chemistry，2017，244：324-330.

[23] Liu Y，Gigant L，Baudelet M，et al. Correlation between laser-induced breakdown spectroscopy signal and moisture content[J]. Spectrochimica Acta Part B：Atomic Spectroscopy，2012，73（3）：71-74.

[24] Sezer B，Bilge G，Boyaci I H. Laser-induced breakdown spectroscopy based protein assay for cereal samples [J]. Journal of Agricultural & Food Chemistry，2016，64（49）：9459-9463.

[25] Bilge G，Boyacİ H，Eseller K E，et al. Analysis of bakery products by laser-induced breakdown spectroscopy[J].

Food Chemistry，2015，181：186-190.

[26] Dixit Y，Casado-Gavalda M P，Cama-Moncunill R，et al. Introduction to laser induced breakdown spectroscopy imaging in food：salt diffusion in meat[J]. Journal of Food Engineering，2017，216：120-124.

[27] Bilge G，Sezer B，Eseller K E，et al. Determination of whey adulteration in milk powder by using laser induced breakdown spectroscopy[J]. Food Chemistry，2016，212：183-188.

[28] Temiz H T，Sezer B，Berkkan A，et al. Assessment of laser induced breakdown spectroscopy as a tool for analysis of butter adulteration[J]. Journal of Food Composition & Analysis，2017，67：48-54.

[29] Casado-Gavalda M P，Dixit Y，Geulen D，et al. Quantification of copper content with laser induced breakdown spectroscopy as a potential indicator of offal adulteration in beef[J]. Talanta，2017，169：123-129.

[30] Kim G，Kwak J，Choi J，et al. Detection of nutrient elements and contamination by pesticides in spinach and rice samples using laser-induced breakdown spectroscopy（LIBS）[J]. Journal of Agricultural & Food Chemistry，2012，60（3）：718-724.

[31] Ma F，Dong D. A measurement method on pesticide residues of apples urface based on laser-induced breakdown spectroscopy [J]. Food Analytical Methods，2014，7（9）：1858-1865.

[32] Hu H Q，Huang L，Liu M H，et al. Nondestructive determination of Cu residue in orange peel by laser induced breakdown spectroscopy [J]. Plasma Science and Technology，2015，17（8）：711-715.

[33] Multari R A，Cremers D A，Dupre J A，et al. Detection of biological contaminants on foods and food surfaces using laser-induced breakdown spectroscopy（LIBS）[J]. Journal of Agricultural & Food Chemistry，2013，61（36）：8687-8694.

[34] Abdel-Salam Z，Abdelghany S，Harith M A. Characterization of milk from mastitis-infected cows using laser-induced breakdown spectrometry as a molecular analytical technique [J]. Food Analytical Methods，2017，10（7）：1-7.

[35] Rakovský J，Čermák P，Musset O. et al. A review of the development of portable laser induced breakdown spectroscopy and its applications[J]. Spectrochimica Acta Part B：Atomic Spectroscopy，2014，101（3）：269-287.

[36] 祝敏. 禽肉的机械分离及应用[J]. 肉类工业，2012（9）：45-47.

[37] Andersen M B S，Frydenvang J，Henckel P，et al. The potential of laser-induced breakdown spectroscopy for industrial at-line monitoring of calcium content in comminuted poultry meat[J]. Food Control，2016，64：226-233.

[38] Bilge G，Velioglu H M，Sezer B，et al. Identification of meat species by using laser-induced breakdown spectroscopy[J]. Meat Science，2016，119：118-122.

[39] Moncayo S，Rosales J D，Izquierdohornillos R，et al. Classification of red wine based on its protected designation of origin（PDO）using laser-induced breakdown spectroscopy（LIBS）[J]. Talanta，2016，158：185-191.

[40] 侯冠宇，王平，佟存柱. 激光诱导击穿光谱技术及应用研究进展[J]. 中国光学，2013，6（4）：490-500.

[41] Nunes L C，Braga J W B，Trevizan L C，et al. Optimization and validation of a LIBS method for the determination of macro and micronutrients in sugar cane leaves[J]. Journal of Analytical Atomic Spectrometry，2010，25（9）：1453-1460.

[42] Scaffidi J，Angel S M，Cremers D A. Emission enhancement mechanisms in dual-pulse LIBS[J]. Analytical Chemistry，2006，78（1）：24-32.

[43] Guo L B，Li C M，Hu W，et al. Plasma confinement by hemispherical cavity in laser-induced breakdown spectroscopy[J]. Applied Physics Letters，2011，98（13）：1459.

[44] Prochazka D，Mazura M，Samek O，et al. Combination of laser-induced breakdown spectroscopy and Raman spectroscopy for multivariate classification of bacteria[J]. Spectrochimica Acta Part B：Atomic Spectroscopy，2018，139：6-12.

[45] Wang K，Pu H，Sun D W. Emerging spectroscopic and spectral imaging techniques for the rapid detection of microorganisms：an overview [J]. Comprehensive Reviews in Food Science & Food Safety，2018，17（5）：256-273.

第6章　甘油二酯的制备及高效液相色谱对其的检测技术

甘油二酯（diacylglycerol，DAG）是甘油中的两个羟基与脂肪酸酯化后的产物，是一种存在于各种天然可食用油脂中的微量成分[1]，包括 1, 2（2, 3）-DAG 和 1, 3-DAG 两种同分异构体。动物和人体模型实验已经表明，尽管甘油二酯与甘油三酯的消化率和能量值相似，但它能够降低餐后血脂水平[2]，减轻体重和减少内脏脂肪的积累[3]，因此甘油二酯是一种健康油脂。近年来，甘油二酯被广泛公认为是一种预防肥胖和一些与生活方式有关的疾病的功能性油脂[4]。经美国食品药品监督管理局审查，DAG 油为安全食品成分。1999 年，日本将 DAG 油作为促进健康的烹调油加以生产。2005 年，DAG 烹调油在美国市场被推广[5]。不同纯度的 DAG 可以作为一种多功能添加剂应用于食品、医药和化妆品工业[6]。此外，甘油二酯作为各种油脂的天然组分，含量很少，其含量只有不到 10%。因此甘油二酯的制备及其定量检测非常重要。在甘油二酯定量检测中，高效液相色谱技术是最常用的技术之一。本章主要对甘油二酯的制备方法及高效液相色谱技术在其检测中的应用进行了综述，并比较了不同制备方法的优缺点。

6.1　甘油二酯的制备

目前合成甘油二酯的方法根据催化剂不同，主要有化学合成法、生物酶催化法和超声波辅助酶法[7]。

6.1.1　化学合成法

化学合成法是生产甘油二酯的传统方法，也是工业上生产甘油二酯的主要方法，其中研究最多的是甘油解法和直接酯化法，工业上普遍采用的是前者。

化学合成法通常在碱性催化剂和惰性气体的保护下进行，并大多需要高温处理，一般在 220～260℃的高温条件下。Yang 等[8]研究黄油甘油解制备甘油二酯，以黄油为原料，NaOH 作催化剂，结果表明在甘油的添加量为 16*w*/*w*（*w*/*w*，表示质量百分数，后同），NaOH 添加量为 0.1%（*w*/*w*），200℃和氮气保护的条件下，甘油解反应 2h 后，产物中的甘油二酯含量达到 40.3%，再经短程分子蒸馏纯化，甘油二酯的含量为 80%。Moquin 等[9]研究了 CO_2 超临界体系中菜籽油、甘油解制备甘油二酯，以菜籽油为原料，245℃、10MPa 压力下进行反应，甘油三酯能够高效转化，产物中甘油一酯的含量为 84%，而甘油二酯的含量仅为 15%，甘油二酯的得率较低。虽然化学合成法是一种传统的制备甘油二酯的方法，在工业生产上应用较多，但由于反应条件苛刻，大多需要高温处理，成本较高，副产物多，产品感官品质较差，且容易对环境造成污染等，其应用受到了一定的限制。

6.1.2　生物酶催化法

生物酶催化法是目前研究最多的制备甘油二酯的方法，这种方法主要采用脂肪酶作催化剂。生物酶催化法主要包括直接酯化法、油脂水解法和甘油解法等，其中甘油解法是目前工业上应用比较多的方法。

直接酯化法是脂肪酸和甘油在脂肪酶催化下合成甘油二酯。孟祥河等[10]研究了无溶剂体系中，脂肪酶 Lipozyme RMIM 催化甘油和亚油酸发生酯化反应合成 1, 3-甘油二酯，考察了温度、底物摩尔比对酯化反应的初速率、转化率和产物组成的影响，并对反应条件进行优化，在 60℃，亚油酸与甘油摩尔比 2∶1，0.01MPa 真空脱水的条件下，反应 8h，再经分子蒸馏纯化，得到的产品中甘油二酯可达 90%，其中 1, 3-甘油二酯产率可达 84.25%。此研究还对脱水对转化率的影响进行了研究，发现当采用真空脱水时，反应 24 h 后，转化率可达 90.98%，因此在合成 1, 3-甘油二酯的反应中除去生成的水分是十分必要的。

油脂水解法是将油脂水解生成脂肪酸和甘油的过程，是制取甘油二酯最简单的途径。吴克刚等[11]研究了脂肪酶催化花生油部分水解制备甘油二酯，考察了加酶量、反应温度、反应时间及水量对制备甘油二酯产量的影响。在酶添加量 20U/g（*w*/*w*）、水添加量 15%（*w*/*w*）、反应温度 40℃的优化条件下，水解 2.5h 后，甘油二酯的含量可达 57.84%。

甘油解法是通过甘油和油脂在催化剂的作用下发生醇解反应合成甘油二

酯，生产过程简单，副产物少，是合成甘油二酯的有效途径[12]。甘油解法是生产甘油二酯的比较经济的方法，是目前工业上采用比较多的方法。王卫飞等[13]研究了无溶剂体系中，固定化脂肪酶 Lipozyme RMIM 催化菜籽油、甘油解制备甘油二酯，在菜籽油与甘油摩尔比为 1∶1，酶添加量为 5%（*w/w*），反应温度 60℃的优化条件下，甘油解反应 8h 后，产物中的甘油二酯含量达到 57.5%，并比较了采用甘油预吸附的方式和采用游离甘油方式进行甘油解反应对 Lipozyme RMIM 的操作稳定性的影响，研究发现采用甘油预吸附的方式进行甘油解反应，固定酶的半衰期可达 22 次，而直接添加游离甘油的甘油解反应，固定酶的半衰期仅有 10 次，这说明甘油预吸附的方式能够减少酶活力的损失，提高了酶的重复利用性。

生物酶催化法具有反应条件温和、能耗低、对环境污染少、副反应少、所得产品色泽和风味较好等优点，但生物酶催化法反应速率慢，一般需 10 h 或更长时间才能反应完全[14]。

6.1.3 超声波辅助酶法

超声波对酶催化反应的影响是利用超声波传递的能量来产生新的化学反应产物或提高反应的速率和强化反应效果。超声波对酶催化反应的影响是主要通过机械传质作用、加热作用和空化作用这三种作用来影响体系中的传质和分子扩散[15]。适当的超声辅助不仅能够降低传质阻力[16]，增加酶与底物的接触概率，而且能够使蛋白质（酶）的构象发生改变，使其构象更加合理[17]，从而提高反应速率与产率，除此之外超声技术还具有效率高、易获得、价格低廉、不污染环境等优点，因此，将超声技术应用于酶催化反应中具有较好的应用前景。近年，国外有人研究利用超声波辅助酶法制备甘油二酯。Babicz 等[18]在无溶剂体系中，利用 Lipozyme TLIM 催化大豆油部分水解生产甘油二酯，在 55℃，加酶量 1%（*w/w*），搅拌速度 700r/min，没有超声辅助的条件下反应 6h，产量为 33%；而采用超声辅助的条件下只需反应 1.5h，甘油二酯产量就可达 40%，这说明超声作用能使反应在较短的时间内获得更高的产量。Goncalves 等[19]研究了超声辅助酶催化棕榈油水解，并考察了温度（30～55℃）、酶的添加量（棕榈油的 1%～2%）、机械搅拌（300～700r/min）和反应时间对水解反应的影响。研究表明固定化酶 PSIM 和 TLIM 在

30℃、300r/min 的条件下，反应 1.5h 后的水解效果最好，甘油二酯的产量分别为 34%和 39%。因此，在温和的条件下进行超声辅助，能够在较短的反应时间内获得较高的甘油二酯产量。但是国内关于超声辅助酶法制备甘油二酯的报道还比较少。

6.2　高效液相色谱技术在甘油二酯检测中的应用

目前，甘油二酯含量的检测技术主要有色谱技术（高效液相色谱、气相色谱和薄层色谱）、色质联用技术、核磁共振技术和近红外光谱技术等[20]。高效液相色谱技术是以液体为流动相，是一种液-液分配色谱法，其原理是：溶于流动相中的各组分经过固定相时，不同组分的分配系数不同，因此在固定相中滞留时间不同，导致先后从固定相中流出，从而实现物质的分离。高效液相色谱因其分辨率高、速度快、灵敏度高等优点而被广泛应用于物质的检测，也是目前甘油二酯含量的检测中应用最普遍的方法之一。

根据固定相和流动相相对极性的强弱，高效液相色谱法可分为正相高效液相色谱法和反相高效液相色谱法。正相色谱的固定相极性大于流动相的极性，适用于分离油溶性或水溶性的极性和强极性化合物；反相色谱的固定相极性小于流动相的极性，适用于分离非极性、极性或离子型化合物。

6.2.1　正相高效液相色谱技术在甘油二酯检测中的应用

钟南京等[21]比较了反相高效液相色谱-蒸发光散射检测和正相高效液相色谱-示差检测两种检测方法对甘油醇解大豆油反应产物检测的效果，结果表明两种方法均能定量检测甘油醇解产物。Wang 等[4]用正相高效液相色谱检测酶法甘油解大豆油的反应产物。采用 Phenomenex Luna（250mm × 4.6mm，5 μm）为色谱柱，采用示差折光检测器，以正己烷-异丙醇为流动相，经检测在最优条件下反应 24 h 后，大豆油转化率为 98.7%，甘油解产物中甘油二酯含量为 48.5%，经分子蒸馏纯化后甘油二酯的含量高达 96.1%。

6.2.2　反相高效液相色谱技术在甘油二酯检测中的应用

在油脂分析中反相高效液相色谱法的应用更加普遍，因为油脂的极性相对较小，使用反相柱的分离效果更好。Zhong 等[22]用反相高效液相色谱检测甘油解大豆油的反应产物。考察了机械搅拌、磁力搅拌和超声辅助三种方式，以及溶剂的添加量、反应温度、反应时间和超声波电源输入功率对甘油解反应的影响，采用 Merck RP-18（250mm×4.6mm，5μm）为色谱柱，采用梯度洗脱，流动相 A 相为乙腈-乙酸，B 相为二氯乙烷，发现温度为 50℃、丙酮作溶剂、超声功率 50W、超声频率 25kHz 的最优条件下，反应 1h 后，经检测反应产物中甘油二酯含量为 52.0%±2.2%。Cheong 等[23]用反相高效液相色谱检测酶催化棕榈油部分水解制备甘油二酯的反应产物。采用 Merck RP-18（250mm×4mm，5μm）为色谱柱，检测器为示差折光检测器，以丙酮-乙腈为流动相，使用响应面设计对反应条件进行了优化，含水量 50%，加酶量 10%（*w/w*），反应温度 65℃，反应 12h 后，经检测反应产物中甘油二酯含量为 32%。Liu 等[24]用反相高效液相色谱检测酶法催化大豆油甘油解制备甘油二酯的反应产物，选用 Merck RP-18（250mm×4.6mm，5μm）为色谱柱，采用梯度洗脱，流动相 A 相为乙腈-乙酸，B 相为二氯乙烷，发现无溶剂体系中，在最优条件下反应 12h，经检测上层脂质混合物中甘油二酯含量为 53.7%。

6.3　结语与展望

随着人们饮食观念的改变和生活水平的提高，甘油二酯被作为一种能够预防和治疗肥胖、高血脂等慢性非传染性疾病的功能性油脂，并被作为多功能添加剂，以不同的浓度广泛应用于食品、医药和化妆品工业，但甘油二酯在各种食用油中的含量非常少，因此甘油二酯的制备及其定量检测非常重要。传统的化学法合成甘油二酯反应条件苛刻，成本较高，副产物较多，产品感官品质较差，且后续处理容易对环境造成污染，使得化学合成法的应用受到了一定的限制；生物酶催化法具有反应条件温和、能耗低、对环境污染少、副反应少、所得产品色泽和风味较好等优点，但生物酶催化法反应速率慢，一般需 10 h 或更长时间才能反应完全；超声波辅助酶法不仅可以解决酶催化反应速率慢的问题，还可以提高酶催化反应的产率，因此，超声波辅助酶法是一种更有实际应用前景的制备甘油二酯的方法。但是国内关于超声波辅助酶法制备甘油二酯的报道还比较少，有待于进一步研究。

高效液相色谱技术是甘油二酯定量检测中最常用的技术，具有分辨率高、速度快、灵敏度高、色谱柱可反复使用等优点。其中反相高效液相色谱技术在甘油二酯的检测中分离效果更好。随着检测技术的不断改进，各种联用技术的出现，高效液相色谱技术在甘油二酯的定量检测中将得到更广泛的应用。

参 考 文 献

[1] Eom T K，Kong C S，Byun H G，et al. Lipase catalytic synthesis of diacylglycerol from tuna oil and its anti-obesity effect in C57BL/6J mice[J]. Process Biochemistry，2010，45（5）：738-743.

[2] Taguchi H，Nagao T，Watanabe H，et al. Energy value and digestibility of dietary oil containing mainly 1, 3-diacylglycerol are similar to those of triacyglycerol[J]. Lipids，2001，36：379-382.

[3] Maki K C，Davidson M H，Tsushima R，et al. Consumption of diacyglycerol oil as part of a reduced-energy diet enhances loss if body weight and fat in comparison with consumption of a triacylglycerol control oil[J]. American Journal of Clinical Nutrition，2002，76：1230-1236.

[4] Wang W F，Li Z X，Ning Z X，et al. Production of extremely pure diacylglycerol from soybean oil by lipase-catalyzed glycerolysis[J]. Enzyme and Microbial Technology，2011，49：192-196.

[5] Kristensen J B，Xu X，Mu H. Process optimization using response surface design and pilot plant production of dietary diacylglycerols by lipase-catalyzed glycerolysis[J]. Journal of Agricultural and Food Chemistry，2005，53：7059-7066.

[6] Fureby A M，Tian L，Adlercreutz P，et al. Preparation of diglycerides by lipase-catalyzed alcoholysis of triglycerides[J]. Enzyme and Microbial Technology，1997，20（3）：198-206.

[7] 刘宁，汪勇，赵强忠，等. 结构脂的构效关系及酶法制备的研究进展[J]. 食品工业科技，2012，33（10）：382-384.

[8] Yang T K，Zhang H，Mu H L，et al. Diacylglycerols from butterfat：production by glycerolysis and short-path distillation and analysis of physical properties[J]. Journal of the American Oil Chemists Society，2004，81（10）：979-987.

[9] Moquin H L，Temelli F，Sovová H，et al. Kinetic modeling of glycerolysis-hydrolysis of canola oil in supercritical carbon dioxide media using equilibrium data[J]. The Journal of Supercritical Fluids，2006，37（3）：417-424.

[10] 孟祥河，潘秋月，邹冬芽，等. 无溶剂体系中酶催化亚油酸、甘油生产 1, 3-甘油二酯工艺的研究[J]. 中国油脂，2004，2：47-50.

[11] 吴克刚，孙敏甜，柴向华. 酶法制备花生油甘油二酯研究[J]. 粮食与油脂，2012，8：16-19.

[12] Noureddini H，Harkey D W，Gutsman M R. A continuous process for the glycerolysis of soybean oil[J]. Journal of the American Oil Chemists Society，2004，81（2）：203-207.

[13] 王卫飞，宁正祥，徐扬，等. 酶法甘油解制备甘油二酯的研究[J]. 中国油脂，2012，37（5）：31-34.

[14] 张超，胡蒋宁，范亚苇，等. 响应面法优化酶催化紫苏籽油合成富含 α-亚麻酸甘油二酯的工艺条件[J]. 中国农业科学，2011，44：1006-1014.

[15] Sanderaon B. Applied sonochemistry：the use of power ultrasound in chemistry and processing[J]. Journal of

Chemical Technology and Biotechnology，2004，2（79）：207-208.

[16] Vulfson E N，Sarney D B，Law B A. Enhancement of subtilisin catalyzed interesterification in organic solvents by ultrasound irradiation[J]. Enzyme and Microbial Technology，1991，13（2）：123-126.

[17] Gebick L，Gekicki J L. The effect of ultrasound on heme enzymes in aqueous solution[J]. Journal of Enzyme Inhibition，1997，12（2）：133-141.

[18] Babicz I，Leite S G F，Souza R O M A，et al. Lipase-catalyzed diacylglycerol production under sonochemical irradiation[J]. Ultrasonics Sonochemistry，2010，17（1）：4-6.

[19] Goncalves K M，Sutili F K，Leite S G F，et al. Palm oil hydrolysis catalyzed by lipases under ultrasound irradiation—the use of experimental design as a tool for variables evaluation[J]. Ultrasonics Sonochemistry，2012，19：232-236.

[20] 孟祥河，章银军，毛忠贵. 甘油酯的分析方法[J]. 中国油脂，2004，29（1）：44-46.

[21] 钟南京，李琳，李冰，等. 甘油酯的液相色谱分析[J]. 现代食品科技，2012，1：123-126.

[22] Zhong N J，Li L，Xu X B，et al. Production of diacylglycerols through low-temperature chemical glycerolysis[J]. Food Chemistry，2010，122：228-232.

[23] Cheong L Z，Tan C P，Long K，et al. Production of a diacylglycerol-enriched palm olein using lipase-catalyzed partial hydrolysis：optimization using response surface methodology[J]. Food Chemistry，2007，105（4）：1614-1622.

[24] Liu N，Wang Y，Zhao Q Z，et al. Immobilisation of lecitase® ultra for production of diacylglycerols by glycerolysis of soybean oil[J]. Food Chemistry，2012，134：301-307.

第二篇　生物学技术在肉及肉制品检测中的应用

第 7 章　基于核磁共振的代谢组学技术及其在肉品科学研究中的应用

核磁共振（nuclear magnetic resonance，NMR）波谱分析具有高通量、重复性高、样品处理简单和分析时间短等优点，特别适用于分析食品这种复杂体系[1]。NMR 按照磁体强度可分为高场核磁共振（高分辨率）和低场核磁共振（低分辨率）。低分辨率 NMR 波谱技术在国内食品科学领域的研究已经相对成熟，本章不再赘述，而高分辨率 NMR 由于需要配备昂贵复杂的仪器，因此高分辨率 NMR 波谱分析技术在国内食品科学尤其肉品科学领域中的应用并不多见[2]。代谢组学是一门交叉学科，其将分析化学、有机化学、基因组学、表达组学、化学计量学和信息学等学科相互结合，分析组群指标而非单一指标，借助高通量检测和多元数据处理，具有整体观的思路，是对所有低分子质量代谢物（＜1500 Da）进行定性和定量分析的一种技术[3, 4]。而基于 NMR 的代谢组学技术主要应用于生物、医药尤其是中药的研究[5]。在食品科学与工程领域，有学者成功将该技术应用于食品鉴别、食品质量控制、食品加工和贮存、预测和鉴别食品味道等方面，Fotakis 等[6]利用 NMR 代谢组学技术鉴别了不同葡萄酒所用葡萄产地的不同，Ko 等[7]利用此技术分析了酱油在不同陈化年份的代谢特征，Ye 等[8]研究了加工对条斑紫菜产品的营养物质组成的影响，Wei 等[9]对多种咖啡豆的味道进行了预测；在肉品科学领域，也有学者进行了相关报道[10-12]。但是整体而言，基于 NMR 的代谢组学技术在肉品科学的应用较少。

因为基于 NMR 的代谢组学技术具有诸多优点，在食品领域前景宽广。本章将从 NMR 以及代谢组学的基本原理、基于 NMR 的代谢组学技术数据处理方法及其在肉品科学中的应用进行综述，并展望了此技术在研究动物福利对肉品质的影响和小分子代谢物对肉品质影响中的应用。

7.1 NMR 基本原理简介及 NMR 波谱解析

NMR 研究的对象是具有磁矩的一类特殊原子核，具有磁矩的原子核有自旋性质，具有一定的自旋量子数（I），$I=\frac{1}{2}N$，$N=0, 1, 2\cdots$（取整数），$I=1/2$ 的原子核在自旋过程中核外电子云呈均匀的球形分布，核磁共振谱线较窄，因此自旋量子数是 1/2 的核，如 ^{1}H、^{13}C 和 ^{31}P 是 NMR 的主要测试对象。无外加磁场时，核的自旋是无规则的。若将原子核置于外加磁场中，则核可以形成规则的自旋取向。外加磁场中，自旋量子数为 I 的核，共有 $2I+1$ 个自旋取向，每个自旋取向用磁量子数 m 表示，$m=I$，$I-1$，$I-2$，0，…，-1。以 ^{1}H 为例，磁量子数有两个值，$m=1/2$，$m=-1/2$，也就是说 ^{1}H 在外加磁场 B_0 中，核有两个自旋取向，$m=1/2$，自旋取向与外加磁场一致，能量较低；$m=-1/2$ 时，自旋取向与外加磁场方向相反，能量较高。在外加磁场中核发生的能级分裂是核磁共振的基础。当用特定频率的电磁波照射磁场中的 ^{1}H 核时，核的自旋取向就会由低能态跃迁到高能态[13, 14]。

在肉品科学主要应用三种 NMR 波谱，根据不同的元素可以分为核磁共振氢谱（^{1}H nuclear magnetic resonance，^{1}H NMR）、核磁共振碳谱（^{13}C nuclear magnetic resonance，^{13}C NMR）和核磁共振磷谱（^{31}P nuclear magnetic resonance，^{31}P NMR），这三种波谱分别可以检测含 H 化合物、含 C 化合物和含 P 化合物的组成和结构。下面以 ^{1}H NMR 为例简单解析 NMR 波谱，^{1}H NMR 波谱主要提供下列信息：①通过峰的数目得到标志分子中磁不等价质子的种类；②通过峰的强度（面积）可以得到每类质子的数目（相对）；③通过峰的位移（δ）得到每类质子所处的化学环境；④通过峰的裂分数得到相邻碳原子的质子数；⑤通过耦合常数（J）确定化合物的构型[13, 14]。

7.2 基于 NMR 的代谢组学技术数据处理方法

基于 NMR 的代谢组学技术所得的数据具有高维、小样本、高噪声等复杂特征，因此采用常规统计方法不能发现样品之间和各组之间的异同，通常采用以下两类分析方法：①非监督分析方法，包括主成分分析（PCA）和层次聚类分析

（hierarchical cluster analysis，HCA）法；②有监督分析方法，包括偏最小二乘判别分析（PLS-DA）、正交偏最小二乘判别分析（OPLS-DA）。一般而言，数据处理顺序都是先利用非监督分析法直观说明不同样品之间的差异；再利用有监督的分析方法扩大组间差异，但是需要通过排列实验来证明模型的有效性[15]。除此之外，机器学习算法诸如随机森林（random forests，RF）和支持向量机（support vector machine，SVM）也被应用到代谢组学的数据处理方法中[16]。

7.3　基于 NMR 的代谢组学技术在肉品科学研究中的应用

NMR 代谢组学技术具有整体观的思路，不再局限于分析某一个或者某几个化合物，在数据处理时需要运用多元统计分析，不仅从整体上区分不同样品，还能识别区分差异的特殊标志物。NMR 代谢组学已经被应用于确定原料肉产地、区分不同品种的原料肉、不同年龄肉畜的原料肉、不同饲料喂养对肉品质的影响、不同成熟时间的原料肉、不同辐照强度处理过的原料肉、不同储存时间和温度对肉品质的影响和解决肉制品掺假问题。

7.3.1　NMR 代谢组学研究宰前因素对肉品质的影响

影响肉品质的宰前因素主要包括：①遗传因素，物种、品种、性别和年龄；②营养因素，饲料的能量、组成和喂养方式；③宰前应激因素，宰前休息、宰前禁食和宰前淋浴；④原料肉的解剖学位置[17-19]。NMR 代谢组学已被部分学者采用以研究宰前因素对肉品质的影响。

原料肉产地不同导致肉制品和原料肉的 NMR 代谢组学数据不同，进而通过此技术确定原料肉产地。Shintu 等[20]利用魔角旋转核磁共振（magic angle spinning nuclear magnetic resonance，MAS-NMR）区分了来自于澳大利亚、巴西、加拿大、瑞士和美国的牛肉干。通过 PCA 分析数据确定了不同国家的牛肉干的差异性，并且确定了部分代谢物如肌肽、酪氨酸、肉毒碱和苯丙氨酸可以作为标志物区分不同国家的牛肉干，经有监督的多元统计分析模型验证，此研究中 80%的样品可以被准确地确定产地。Jung 等[21]也利用 NMR 代谢组学区分了来源于四个不同国家（澳大利亚、新西兰、韩国、美国）的牛肉，尽管样品数量有限，但是仍然显示出 NMR 代谢组学在此方面的潜力。

肉畜的品种、肌肉的解剖学位置和杂交种的亲本影响肉的品质。Ritota 等[22]利用 NMR 对契安尼娜牛、马雷玛纳牛、荷斯坦牛、美洲野牛四种牛的背最长肌、半腱肌提取物进行代谢组学分析。通过 PCA 和 PLS-DA 多元统计分析，可以辨别出每种牛的背最长肌和半腱肌的不同，并且确定了用于区分的代谢标志物。对于契安尼娜牛，代谢标志物包括甘氨酸、谷氨酰胺、甲硫氨酸、肌肽、肉毒碱、牛磺酸、乳酸、核苷酸、葡萄糖和脂肪酸；对于美洲野牛，代谢标志物包括缬氨酸、亮氨酸、异亮氨酸、谷氨酸、谷氨酰胺、丙氨酸和脂肪酸；对于马雷玛纳牛，代谢标志物包括缬氨酸、亮氨酸、异亮氨酸、谷氨酸、谷氨酰胺、甲硫氨酸、赖氨酸、精氨酸、乙酸盐、丙酮酸盐、羟丁酸盐、肉毒碱、牛磺酸、核苷酸、肌肽和脂肪酸。NMR 代谢组学技术不能区分荷斯坦牛的背最长肌和半腱肌。在更深入的研究中，将肌肉按照功能或者感官特性分类，NMR 代谢组学可以提供区分不同功能或者不同感官特性的肌肉的可靠信息。Straadt 等[23]利用 NMR 代谢组学技术研究了五种杂交猪。五种杂交猪种分别为 DLY（由杜洛克猪、约克猪和长白猪杂交）、ID（伊比利亚黑猪和杜洛克猪杂交）、ILY（伊比利亚黑猪、杜洛克猪和长白猪杂交）、MD（曼加利察猪和杜洛克猪杂交）、MLY（曼加利察猪、长白猪和约克猪杂交）。经代谢组学分析，DLY 肉样中肌肽和肌苷酸含量低于其余四种，但是肌苷的水平高于其余四种；不同杂交种的肉中氨基酸含量、种类不同。由于肉的理化成分以及性质决定着肉的感官特性，进而影响肉品质，因此在该研究中 Straadt 等[23]尝试将 NMR 代谢组学提供的代谢物信息与感官特性相联系来挖掘 NMR 代谢组学技术在此方向的潜力，但是 NMR 代谢组学提供的信息与肉的部分感官特性如滋味和风味没有明显的相关性。这可能是由于不同杂交猪的肉品质在风味和滋味方面没有明显的不同。但是与其他方面，如肉的嫩度和肌肽与代谢物信息有一定的相关性。

动物的年龄同样也可以对肉品质造成影响。Liu 等[24]研究了鸭的年龄对于肉品质的影响，鸭分别在孵化后 27 天、50 天、170 天、500 天进行屠宰，NMR 代谢组学分析结果显示甘氨酸、谷氨酸、谷氨酰胺、丙氨酸、延胡索酸、鹅肌肽、甜菜碱、牛磺酸和肌苷的含量与动物的年龄相关。虽然随着年龄的增长，鸭肉中的风味化合物呈现上升趋势，但是鸭肉的持水力、嫩度呈现下降趋势，综合考虑，研究者得出了屠宰年龄 50 天的鸭肉质的可接受度最高，这一结论也与之前的研究者得出的结论类似[25]。

一些生物活性物质如芝麻素具有抗氧化的能力，当添加至动物的饲料中时，可以调节动物的脂质代谢，从而影响肉品质[26]。Wagner 等[27]用 NMR 代谢组学技术研究了在大西洋三文鱼饲料中添加芝麻素对肉品质的影响，PCA 和 OPLS-DA 分析表明芝麻素添加量增多，对 *n*-6 脂肪酸与 *n*-3 脂肪酸比例影响越大，代谢物如葡萄糖、糖原、亮氨酸、缬氨酸、肌氨酸、肉毒碱、乳酸和核苷增加，这些代谢物与能量代谢相关，表明芝麻素影响三文鱼的能量代谢。

7.3.2　NMR 代谢组学研究宰后因素对肉品质的影响

影响肉品质的宰后因素主要有肉的存储温度、僵直后的成熟时间以及人工处理因素如电刺激等，此前已经有很多研究从宏观的角度研究了宰后因素对肉品质的影响[28-30]，近年来，NMR 代谢组学被应用于此研究方向。

肉的成熟影响着肉的嫩度和风味，这主要是因为动物屠宰后，组织蛋白酶和肌浆钙离子激活因子在熟化过程中降解了一些关键性蛋白质，破坏了原有肌肉结构，同时组织蛋白酶的水解产物改善了肉的风味[31]。为了对这些生化反应过程有更加详细的认识，研究人员应用了 NMR 代谢组学技术。Graham 等[32]研究了成熟时间为 3 天、7 天、14 天和 21 天的牛肉的区别，经 NMR 代谢组学分析，不同成熟时间的牛肉氨基酸含量不同，且随着成熟时间的增长，氨基酸含量增多，这是由于随着肉的成熟蛋白水解。

Shumilina 等[33]通过 NMR 代谢组学技术监测在 0℃和 4℃存贮的三文鱼代谢组所发生的变化，结果显示共有 31 种代谢物影响鱼的新鲜度和滋味，包括氨基酸、二肽、维生素、糖类、生物胺以及 ATP 的降解产物，确定了计算鱼的新鲜度（*K* 值）所必需的代谢物；发现生物胺与 *K* 值的关联性最强。Shumilina 等[11]还通过 NMR 代谢组学探究了三文鱼副产品在存储期间的质量变化，得到了相同的结论。

7.3.3　NMR 代谢组学在肉制品加工和肉制品安全问题中的应用

在肉制品加工过程中，不同的加工处理方式，对肉品质产生不同的影响，为了从分子层面识别不同的加工处理方式对肉品质的影响，近年来，NMR 代谢组学技术开始被应用。辐照技术是一种杀菌处理方式，Zanardi 等[10, 34]利用 NMR 代谢组学技术分析被辐照处理的牛肉，确定了含有脂肪的辐照食品标志物 2-十二烷基环己酮，但是在肉制品吸收辐射能量小于 8kGy 时，^{1}H NMR 检测不出 2-十二烷基环己酮。高压处理是一种常见的增强肉制品品质的方式，Yang 等[35]研究了高压处理对于卤肉产品质量的影响，通过 NMR 得到 26 种代谢物的信息，主要包括氨基酸类、糖类、有机酸类、核苷类以及它们的衍生物，通过 PCA 分析得出不同压力处理对代谢组的影响，最终得出 150MPa 是最经济的改善产品质量的方式。肉制品尤其是发酵类的风干肠，成熟时间决定着最终产品的组分及质量。Grossi 等[36]利用 NMR 代谢组学技术分析不同成熟时间的帕尔玛火腿中的游离氨基酸组分的变化，并进行了定量。Garcia-Garcia 等[12]通过西班牙风干肠在 0 天、2 天、4 天、7 天、11 天 NMR 代谢组数据，识别了发酵期和风干-成熟期在代谢组成分方面的不同，动态监测了蛋白质、脂质和 ATP 的水解。

动物食品掺假问题一直是人们关注的食品安全问题，已经有多种较为成熟的肉类掺假鉴别技术，如免疫分析法、色谱分析法和荧光定量 PCR 法[37]。NMR 代谢组学技术快速无损的特点获得研究人员的关注，并被成功地应用于此类研究中[2]。Jakes 等[38]利用 NMR 代谢技术以两种肉的氯仿提取物为样本区分了牛肉和马肉；无论是屠宰后的生鲜肉还是经过冻融的肉，均可以区分，这一结果表明冷冻处理不会对分析产生影响。区分两种肉的标志物为不饱和脂肪酸，马肉中的不饱和脂肪酸明显比牛肉中高，尤其是亚麻酸。此研究体现了 NMR 代谢组学技术应用在肉制品掺假问题中的潜力。虽然在此实验中，研究者利用的是 60 MHz 的低场谱仪，但是其研究思路与 NMR 代谢组学一致[38]。

7.4　结语与展望

研究已经证明 NMR 代谢组学在肉品科学领域具有很大的实用性以及应用潜力，其可以最大限度地保证样品不被损害，并可以实现连续的、动态的监测，因而得到更详细的信息。^{1}H NMR、^{13}C NMR 和 ^{31}P NMR 可以提供对肉品质影响最大的代谢物的信息，如乳酸、糖原，还有含磷的能量化合物，因而被成功应用于分析这几种代谢物影响肉品质的机理。动物的宰前管理、屠宰方式影响动物的应激反应，进而影响动物的代谢，因此，NMR 代谢组学技术可以在以后应用于动物福利问题当中，这正逐渐成为人们关注的热点。

NMR 代谢组学技术虽然在肉品科学研究中应用较少，但是其具有整体分析的效果，而且在识别小分子生物标志物方面具有很大的潜力，正逐渐成为肉品科学中的一门新的分析方法，目前虽然通过该技术识别了一些标志物，但是这些标志物只是应用在区分产地、品种、加工方式和贮存方式等方面，虽然有学者尝试建立起标志物与肉的食用品质的相关性，但效果并不理想，因而需要更进一步地探讨代谢物影响肉品质的机理。想要实现这一目标，则需要突破目前 NMR 技术和代谢组学技术的限制，因为目前经 NMR 识别的代谢物仍然是有限的，很多小分子代谢物并不能被识别，因此继续发展超高分辨率的 NMR 技术是必需的。有学者提出了 NMR 技术和质谱技术联用，用质谱技术弥补 NMR 技术对于低丰度代谢物检测能力不足的问题，同时，也有必要建立功能完整的代谢物数据库。

参考文献

[1] 李玮，贾婧怡，李龙，等. 核磁共振代谢组学技术鉴别天然奶油与人造奶油[J]. 食品科学，2017，38（12）：278-285.

[2] 刘威，刘伟丽，魏晓晓，等. 核磁共振波谱技术在食品掺假鉴别中的应用研究[J]. 食品安全质量检测学报，2016，7（11）：4358-4363.

[3] Nicholson J K，Lindon J C. Systems biology：metabolomics[J]. Nature，2008，455（7216）：1054.

[4] 陈黛安，叶央芳. 基于核磁共振的代谢组学技术在食品科学中的应用[J]. 食品与发酵工业，2016，42（3）：256-261.

[5] 李娟，张松，秦雪梅，等. 基于 NMR 代谢组学技术的款冬花生品与蜜炙品化学成分比较[J]. 中草药，2015，46（20）：3009-3016.

[6] Fotakis C，Christodouleas D，Kokkotou K，et al. NMR metabolite profiling of Greek grape marc spirits[J]. Food Chemistry，2013，138（2-3）：1837-1846.

[7] Ko B，Ahn H J，Berg F，et al. Metabolomic insight into soy sauce through ^{1}H NMR spectroscopy[J]. Journal of Agricultural and Food Chemistry，2009，57（15）：6862-6870.

[8] Ye Y，Yang R，Lou Y，et al. Effects of food processing on the nutrient composition of pyropia yezoensis products revealed by NMR-based metabolomic analysis[J]. Journal of Food & Nutrition Research，2014，2（10）：749-756.

[9] Wei F，Furihata K，Miyakawa T，et al. A pilot study of NMR-based sensory prediction of roasted coffee bean extracts[J]. Food Chemistry，2014，152（2）：363-369.

[10] Zanardi E，Caligiani A，Palla L，et al. Metabolic profiling by ^{1}H NMR of ground beef irradiated at different irradiation doses[J]. Meat Science，2015，103：83-89.

[11] Shumilina E，Slizyte R，Mozuraityte R，et al. Quality changes of salmon by-products during storage：assessment and quantification by NMR[J]. Food Chemistry，2016，211：803-811.

[12] Garcia-Garcia A B，Lamichhane S，Castejon D，et al. ^{1}H HR-MAS NMR-based metabolomics analysis for dry-fermented sasage characterization[J]. Food Chemistry，2018，240：514-523.

[13] Wong K C. Review of NMR spectroscopy：basic principles，concepts and applications in chemistry[J]. Journal of Chemical Education，2014，91（8）：1103-1104.

[14] 李丽华. 波谱原理及应用[M]. 北京：中国石化出版社，2016：125-185.

[15] Dona A C，Kyriakides M，Scott F，et al. A guide to the identification of metabolites in NMR-based metabolomics/metabolomics experiments[J]. Computational and Structural Biotechnology Journal，2016，14：135-153.

[16] Gromski P S，Muhamadali H，Ellis D I，et al. A tutorial review：metabolomics and partial least squares-discriminant analysis—a marriage of convenience or a shotgun wedding[J]. Analytica Chimica Acta，2015，879：10-23.

[17] Njisane Y Z，Muchenje V. Farm to abattoir conditions，animal factors and their subsequent effects on cattle behavioural responses and beef quality-a review[J]. Asian-Australasian Journal of Animal Sciences，2017，30（6）：755-764.

[18] 杨建成，徐日峰，胡建民. 影响猪肉品质因素的研究进展[J]. 湖北农业科学，2013，52（20）：4849-4852.

[19] 杜燕，张佳，胡铁军，等. 宰前因素对黑切牛肉发生率及牛肉品质的影响[J]. 农业工程学报，2009，25（3）：277-281.

[20] Shintu L，Caldarelli S，Franke B M. Pre-selection of potential molecular markers for the geographic origin of dried beef by HR-MAS NMR spectroscopy[J]. Meat Science，2007，76（4）：700-707.

[21] Jung Y，Lee J，Kwon J，et al. Discrimination of the geographical origin of beef by ^{1}H NMR-based metabolomics[J]. Journal of Agricultural and Food Chemistry，2010，58（19）：10458-10466.

[22] Ritota M，Casciani L，Failla S，et al. HRMAS-NMR spectroscopy and multivariate analysis meat characterisation[J]. Meat Science，2012，92（4）：754-761.

[23] Straadt I K，Aaslyng M D，Bertram H C. An NMR-based metabolomics study of pork from different crossbreeds and relation to sensory perception[J]. Meat Science，2014，96（2）：719-728.

[24] Liu C，Pan D，Ye Y，et al. ^{1}H NMR and multivariate data analysis of the relationship between the age and quality of duck meat[J]. Food Chemistry，2013，141（2）：1281-1286.

[25] Mazanowski A，Kisiel T，Gornowicz E. Carcass quality，meat traits and chemical composition of meat in ducks of paternal strains A44 and A55[J]. Animal Science Papers and Reports，2003，21（4）：251-263.

[26] Ikeda S，Kagaya M，Kobayashi K，et al. Dietary sesame lignans decrease lipid peroxidation in rats fed docosahexaenoic acid[J]. Journal of Nutritional Science and Vitaminology，2003，49（4）：270-276.

[27] Wagner L，Trattner S，Pickova J，et al. ^{1}H NMR-based metabolomics studies on the effect of sesamin in Atlantic salmon（*Salmosalar*）[J]. Food Chemistry，2014，147：98-105.

[28] 吕东坡，胡永金，朱仁俊，等. 宰后肉的嫩化机制及其影响因素[J]. 食品科学，2008，29（8）：704-709.

[29] 柳艳霞，高晓平，赵改名，等. 宰后因素对肌肉保水性的影响[J]. 安徽农业科学，2007，35（16）：4846-4848.

[30] Zhuang H，Savage E M，Lawrence K. Effect of 3 postmortem electrical stimulation treatments on the quality of

early deboned broiler breast meat[J]. Poultry Science，2010，89（8）：1737.

[31] 周光宏. 畜产品加工学[M]. 2 版. 北京：中国农业出版社，2002：64-67.

[32] Graham S F，Kennedy T，Chevallier O，et al. The application of NMR to study changes in polar metabolite concentrations in beef longissimus dorsi stored for different periods post mortem[J]. Metabolomics，2010，6（3）：395-404.

[33] Shumilina E，Ciampa A，Capozzi F，et al. NMR approach for monitoring post-mortem changes in Atlantic salmon fillets stored at 0℃ and 4℃[J]. Food Chemistry，2015，184：12-22.

[34] Zanardi E，Caligiani A，Padovani E，et al. Detection of irradiated beef by nuclear magnetic resonance lipid profiling combined with chemometric techniques[J]. Meat Science，2013，93（2）：171-177.

[35] Yang Y，Ye Y，Wang Y，et al. Effect of high pressure treatment on metabolite profile of marinated meat in soy sauce[J]. Food Chemistry，2018，240：662-669.

[36] Grossi A B，do Nascimento E S P，Cardoso D R，et al. Proteolysis involvement in zinc-protoporphyrin Ⅸ formation during Parma ham maturation[J]. Food Research International，2014，56：252-259.

[37] 张小莉，魏玲，李宝明，等. 肉制品掺假鉴别技术研究进展[J]. 食品安全质量检测学报，2014，5（10）：3190-3196.

[38] Jakes W，Gerdova A，Defernez M，et al. Authentication of beef versus horse meat using 60 MHz ^{1}H NMR spectroscopy[J]. Food Chemistry，2015，175：1-9.

第 8 章 基因组学技术在鉴定猪肉质量特性生物标志物及预测猪肉质量特性中的应用

我国是猪肉生产大国，但是随着生活水平的提高，人们对肉及肉制品的品质需求也在逐步上升。无论是猪鲜肉或者其各种加工产品（切片、烹制或发酵制品），猪肉都是在欧洲乃至全球范围内消费量最多的肉类。影响猪肉品质的因素很多，包括猪的品种、性别、饲养条件、饲料和宰前应激等，这些因素会影响宰后肉的 pH 值、蒸煮损失、滴水损失、汁液流失率、肌间脂肪含量、色泽、嫩度、多汁性和风味等，进一步影响猪肉与肉产品的加工特性及感官质量[1]，因此如何控制和提高猪肉及其肉制品的生产质量是当前肉类生产及加工企业一直面临的严峻问题。

基因组学主要研究的是基因组的功能，有关基因组及测序工具的发展使得功能性或表达性基因组学也得到了发展。利用基因组学可以在特定的序列上或使用特定的工具来同时分析数百或数千个基因的变化（单核苷酸多态性位点与芯片）、转录物（转录组学）、蛋白质（蛋白质组学）和代谢物（代谢物组学）。这些工具在近年来已经被应用于研究那些表达水平或表达丰度与人们所关注的显性性状（如肉品质量）有所关联的基因、蛋白质或代谢物上。目前以转录组学（transcriptomics）和蛋白质组学（proteomics）为核心内容的后基因组学，即功能基因组学（functional genomics）成为 21 世纪的研究重点[2]。近年来，在肉品科学中，利用基因组学的主要目的是识别肉类质量的生物标志物，再通过生物标志物来预测肉品的质量特性，从而使肉类产品在肉制品加工或销售流通过程中找到最适合的途径[3]。这种生物标志物是可量化的，并且可以在活体或刚死没多久的胴体中检测出来，具有高通量、速度快等优点。

利用基因组学技术可以对蛋白质或代谢物中数百个甚至数千个基因同时进行分析，因此一些特征蛋白质、mRNA 或者与肉的质量特征相关的代谢产物可以作为对应的生物标志物在猪肉中检测出来[4]。利用检测出的生物标志物可以对猪肉制品的质量进行评估和预测，基于这种快速检测方法的不断发展，可以更好地对胴体进行评估，进而减少经济损失。此外，还可以将其应用于改善动物的遗传选择和适应良种繁育体系以满足预期的质量水平。利用这种分子技术的最终目的是可以在猪肉制品生产链上对产品的质量进行更好的管理。

8.1 生物标志物定义及鉴别中常用的基因组学技术

8.1.1 生物标志物的定义

生物标志物（biomarker）是指可以标记系统、器官、组织、细胞及亚细胞结构或功能的改变或可能发生的改变的生化指标，是生物体受到严重损害之前，在不同生物学水平（分子、细胞、个体等）上因受环境污染物影响而异常化的信号指标。它可以对严重毒性伤害提供早期警报。这种信号指标可以是细胞分子结构和功能的变化，可以是某一生化代谢过程的变化或生成异常的代谢产物或其含量，可以是某一生理活动或某一生理活性物质的异常表现，可以是个体表现出的异常现象，可以是种群或群落的异常变化，也可以是生态系统的异常变化。换句话来说，生物标志物就是反映机体生物学进程及状态的标记[5]。

8.1.2 生物标志物鉴别中常用的基因组学技术

1. 蛋白质组学

对于蛋白质来说，为了测定蛋白质生物标志物的含量，需要一种可以同时分析肌肉样品中大量蛋白质的工具，这就是免疫斑点印迹（dot-blot）技术。Picard等[6]对三种猪的半膜肌和背最长肌进行嫩度的测定，并利用得到的结果建立了预测嫩度的方程。Picard 等[6]首先分别从半腱肌和背最长肌中提取出蛋白质，将提取出的蛋白质与靶向蛋白中的特异性抗体进行杂交。随后加入带有标志物的抗体，使标志物通过抗体和相应抗体的结合间接地交联于纤维素膜上。最后加入标志物与相应的底物后，标志物与底物作用形成不溶性产物，加入荧光染色剂后会呈现斑点状着色，从而判定结果。而在这之前，抗体的特异性以及使用的最佳条件需要通过蛋白质印迹法（Western blotting）来确定[7]，接着用测得的蛋白质相对含量建立方程式来预测肌肉的嫩度。值得注意的是，根据肌肉组织以及物种的不同，方程中所使用的蛋白质同样也有所不同。

2. 转录组学

对于转录物来说，在基因组中能够挑选出至少 3000 个涉及肌肉生物过程或肉品质量的基因（相当于 13409 个寡核苷酸探针），而目前蛋白质组学与转录组学的研究或科学出版物都集中在 DNA 芯片上[8]。DNA 芯片又称为基因芯片，基因芯片作为一种新技术，不仅准确、快速、高效，而且具有高通量等特点。基因芯片的测序原理是杂交测序方法，即通过与一组已知序列的核酸探针杂交进行核酸序列测定的方法。具体见图 8.1，在一块基片表面固定了序列已知的靶核苷酸的探针，当溶液中带有荧光标记的核酸序列 TATGCAATCTAG，与基因芯片上对应位置的核酸探针产生互补匹配时，通过确定荧光强度最强的探针位置，获得一组序列完全互补的探针序列，据此可重组出靶核苷酸的序列[9]。

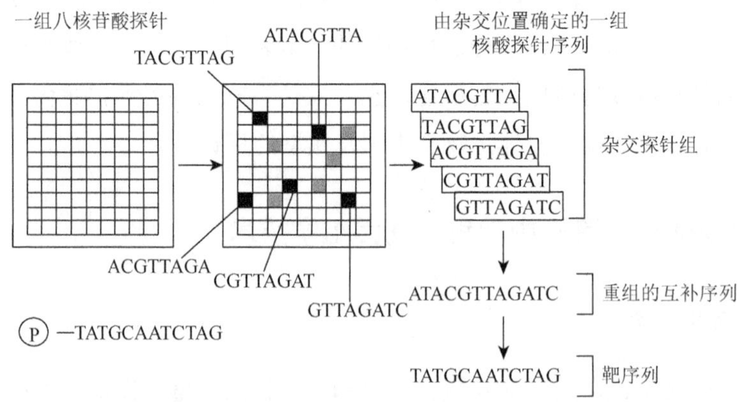

图 8.1　基因芯片的测序原理[9]

Bernard 等[10]挑选了大约 100 头猪作为样品，并利用基因芯片分析了饲养方式不同的同种猪的两个肌肉部分。结果证明了 *DNAJA1* 基因可能是猪肉韧性的生物标志物。他们还发现，有一组基因与猪肉的嫩度及剪切力之间存在着联系，这组基因属于热休克蛋白族，或存在于能量代谢或脂肪代谢途径中。Lomiwes 等[11]认为，在它们之中，一组属于热休克蛋白族的 4 种基因可以用来解释一些肉的嫩度变化，但是这些嫩度标记物或许只是对于某一群体而言。许多研究小组已经开始使用基因芯片技术来对猪肉或者牛肉的质量进行预测或者研究其对食用性质的影响[12]。

8.2 利用基因组学鉴定猪肉质量特性的生物标志物

同其他物种一样，猪肉的感官及质量特性也同样取决于动物的遗传因素、饲养和屠宰条件以及猪肉在加工过程中发生的复杂的物理化学变化。尽管许多生产厂商在生产及加工过程中尽可能避免这些影响猪肉质量的因素，但猪肉及其制品的质量特性的差异性仍然很高。通过在胴体上或者分割加工后的生物标志物可以提前预测以后的肉品质量，因此可以更好地对产品进行分级，减少损失，提高猪肉生产商的利益。目前，对于肉品质量的特征如蒸煮损失、肌间脂肪含量、PSE 肉以及剪切力的生物标志物的鉴定已经得到了广泛的研究。最近，一种基于实验设计诱导一个或多个肉品质量性状同时产生较高的个体差异的方法已经研制成功并且得到了广泛的应用。在猪肉中，对背最长肌的大部分研究已经完成，而一些研究已经开始考虑对半膜肌的研究。

8.2.1 PSE 肉的生物标志物

灰白（pale，soft，and exudative，PSE）肉是一种常见的猪肉的质量缺陷，它主要是由遗传或非遗传因素所产生的一种异常肉，PSE 发生会使肉的生理和生化机制发生一定改变，使猪肉产生不良的质量特性，如表面渗水过多、变色、质地变软等，因此通过鉴别 PSE 的生物标志物可以避免肉品加工行业的经济损失。Damon 等[13]利用转录组学分析宰后 20 min 的猪肉大腿肌样品，鉴别出猪肉宰后初期的生物标志物肌原纤维蛋白的基因编码上调，并且肌原纤维蛋白基因编码的上调也涉及肌动蛋白-肌球蛋白之间的相互作用以及肌节的完整性。同时，Damon 等[13]也分析出 PSE 肉内糖酵解途径中酶的基因编码上调也可以作为 PSE 肉的生物标志物。Laville 等[14]通过蛋白质组学的研究发现，在 PSE 肉中肌原纤维蛋白的溶解度较低，肌原纤维蛋白会产生一定程度的降解并产生小热休克蛋白，这些也可以作为 PSE 肉的生物标志物。有一种遗传因子称为氟烷基因（*hal*），常用 N 表示显性，用 n 表示隐性。当该基因型为 nn 时（即正常猪），猪极易出现应激综合征（PSS），是导致 PSE 肉形成的主要原因[15]。所以氟烷基因也可以作为 PSE 肉的生物标志物。但是 Laville 等[16]进一步研究发现与显性纯合子（NN）的猪相比，隐性纯合子（nn）遗传型的猪的半膜肌在雷诺丁受体基因（*RyR1*）基因座上也可以检测出其蛋白质溶解度降低、小热休克蛋白以及与氧化代谢有关系的蛋白质增多，这也说明了 PSE 缺陷可能与遗传因素有关，该研究可以得出小热休克蛋白可被作为宰后初期的有 PSE 缺陷的猪肉的生物标志物。

8.2.2 肉的嫩度的生物标志物

一般来讲，通过力学测量如剪切应力可以评定肌肉嫩度，或者由经过培训的专业人员进行感官评分来确定最适的肉的嫩度，但是目前常用的方法是将感官评定与力学测量所得的结果结合起来进行综合的评定[17]。随着基因组学、蛋白质组学、代谢组学、计算生物学以及生物化学等数门学科研究的深入，为了得到感官质量高的猪肉，可以将上述组学进行有机的结合，通过鉴定其生物标志物研究影响猪肉嫩度因素的内部机制，通过转录物、蛋白质或者代谢物的含量高低来分析肌肉组织嫩度的大小。

Picard 等[18]研究两组嫩度不同的猪肉样品中起主要作用的蛋白质的差异，将两组嫩度不同的猪肉样品中的蛋白质通过二维凝胶电泳进行分离，进而通过统计实验进行对比得到的 24 种蛋白质可能是嫩度的潜在生物标志物。这些蛋白质在糖酵解、氧化能量代谢、钙代谢、肌肉的微观结构、肌肉收缩、肌肉氧化、细胞凋亡、细胞保护中起到了一定的作用，进而影响了肉的嫩度。此结论在其他文献中也得到了证实，例如，Jia 等[19]证实了 Park7 和 PRDX6 为嫩度的生物标志物，Hollung 等[20]也证明了小清蛋白（parvalbumin）和膜联蛋白（annexin）V 与钙的代谢有关。

8.2.3 肌间脂肪的含量以及肉的剪切应力的生物标志物

肌间脂肪的含量在猪肉的食用品质及可接受性中起着重要的作用，而对于肌间脂肪含量的生物标记物的了解和鉴别，主要应用了转录组学、蛋白质组学和代谢组学的知识。D' Alessandro 等[21]结合差异蛋白质组学与定量代谢组学对肌间脂肪含量不同的两个物种的 Casertana 猪和大白猪进行分析时，发现那些参与糖酵解反应支路的酶，如甘油-3-磷酸脱氢酶（为甘油合成提供基质）会在背最长肌中加速脂肪的合成。Liu 等[22]研究来自相同遗传背景的两种猪，对比了 100 kg 背最长肌的肌间脂肪含量分别为 1.36%和 4.58%，这一研究结果表明了 mRNA 及蛋白质在基因上表达水平的差异对葡萄糖、脂质、蛋白质的代谢过程，以及细胞间的信息传递和应激反应都有一定的影响。Hamill 等[23]利用转录组学对不同实验组间肌间脂肪含量的差异进行了研究，结果表明了脂肪和蛋白质代谢、蛋白质的合成、细胞的结构和细胞的功能都与肌间脂肪含量有所关联，更加确立了肌间脂肪含量与各种代谢和细胞途径有关。

实际上，Liu 等[22]同样对肌间脂肪含量很高的猪的背最长肌进行了测定，得出了小清蛋白含量的减少对背最长肌中脂肪的合成会有一定消极的影响，并证实了脂肪细胞的发育对肌间脂肪含量的变化具有一定的重要性。同时，Damon 等[13]研究发现大量的脂肪酸结合蛋白质 4（fatty acid binding protein 4，FABP4）与肌肉脂肪细胞（adipocyte）的数量或者肌间脂肪含量具有较高的正相关性。这表明 FABP4 可以在猪肉中作为肌间脂肪含量的生物标志物。此外，Laville 等[24] 的研究表明与脂代谢有关的 FABP4 也在肌间脂肪含量较低但是具有较高剪切应力的猪肉中被发现，这与肌间脂肪含量与剪切应力之间呈现负相关性的结论相一致。Hamill 等[23]的研究表明在猪的背最长肌中，蛋白质合成基因表达的减少以及参与蛋白质降解的基因表达的增多同样与剪切应力的降低有关。

8.3　基因组学鉴别出的生物标志物预测猪肉的质量特性

许多研究为了同时分析不同物种或是生长环境中不同的猪的许多质量特性之间存在的差异性，结合生物学知识，利用生物标志物来研究多种猪肉质量特性之间的相关性及差异性。近期 Rohart 等[25]的研究表明，不同于肉品质量特性，一些潜在的经济效益特性（如瘦肉率、平均日采食量）可以在测试结束期（动物权重约为 110kg 体重）时通过动物在生长期（动物体重约 60kg）的代谢数据很好地进行预测。

对于肉品的质量特征，Lebret 等[26]实验发现将两种猪（法国本地的 Basque 和大白猪）饲养在不同的生长环境中，不同的生长环境同样会影响到猪肉的品质。关于背最长肌基因芯片转录分析结果显示，不同物种之间的肌肉生理机能和肉品质量性状的不同与代谢过程、骨骼肌结构和组织、细胞外基质、溶酶体以及蛋白水解作用的差异有关。Lebret 等[27]在 Basque 猪中进行了进一步的研究，结果表明，相对于传统饲养，现今饲养体系导致了参与控制肌肉结构以及热反应（小热休克蛋白）的基因的过度表达。联系到其质量特性的差异，上述这些数据可以作为鉴别猪肉加工和感官质量特性的生物标志物。

Lebret 等[27]从更广范围选取不同物种和不同生长环境的 50 头猪，鉴别与它们的加工特性和感官质量包括极限 pH 值、滴水损失、亮度值（L^*）、红度值（a^*）、色相（h^*）、肌间脂肪含量、剪切应力和嫩度等相联系的生物标志物。研究结果表明基因芯片表达与肉品质量特性之间建立了多达数千种联系，其中与 a^*值的联系有 140 种左右，与嫩度的联系达到 2892 种。之后，Lebret 等[27]从中挑选出 40 个具有高度相关系数值或者与生物过程相关的基因。RNA 的逆转录（RT）和 cDNA 的聚合酶链式扩增反应（PCR）相结合的技术，即 RT-PCR 技术，是更为精确的一种检测同一样品中它们之间的联系的分子生物学技术，因此 Damon 等[28]进一步利用 RT-PCR 技术鉴别出 113 种与质量特性存在联系的转录物，通过建立多元线性回归模型进行分析，分析结果表明，3～5 个基因可以用来解释多达 59%的肉品质量特性的变化，因此这 3～5 个基因可以作为上述质量特性的生物标志物。Lebret 等[29]挑选了 100 只商业杜洛克猪、长白猪、约克夏猪进行研究，结果表明检测到 19 项转录物与质量特性之间存在联系（$R^2 \leqslant 0.24$），包括 6 项与极限 pH 相联系的转录物，5 项与 L^*相联系的转录物，4 项与滴水损失相联系的转录物，1 项与肌间脂肪含量相联系的转录物，1 项与嫩度相联系的转录物，其中在这些生物标志物中碳酸酐酶Ⅲ（CA3）与肌间脂肪含量成反比，FBJ 小鼠骨肉瘤病毒癌基因同源物（FOS）涉及钙的传输及转录，并且与极限 pH、滴水损失、L^*、h^*呈负相关性，因此这些转录物皆可作为特定质量特性的生物标志物。Pierzchala 等[30]同样选取和 Lebret 等[29]的实验一致的商业杜洛克猪、长白猪和约克夏猪来进行猪肉质量的生物标志物的外部鉴定实验。但在鉴定生物标志物之前，通过转录组学对比实验设计，测定了新鲜猪肉的工艺品质。得到的结果为 2 项与滴水损失相联系的转录物，3 项与极限 pH 相联系的转录物，1 项与 a^*相联系的转录物，2 项与 L^*相联系的转录物，但是他们的研究中同一质量特性涉及的基因与 Lebret 等[29]的实验结果有所不同，因此生物标志物不同。

和质量特性相关的肌肉蛋白组被考虑用作宰后初期的猪的生物标志物。Pierzchala 等[30]分析背最长肌样品中的蛋白质组，发现分析结果中的峰或峰组与肉品质量特征之间存在一定的关系，尤其是滴水损失和极限 pH 与峰或峰组之间存在着最高的相关性。这一研究结果表明，测定蛋白质组生物标志物来预测肉品质量的预测精度要高于测定单一的蛋白质的生物标志物。然而，te Pas 等[31]认为，要想进一步测定蛋白质的基础峰值模式，需要开发出更方便、成本更低、更加快速的方法（如试纸条）来量化这些生物标志物。

8.4　结语与展望

基因组学具有高通量、操作简便、特异性强、灵敏度高和可预测性等诸多优点，现有研究已经证明了可以通过转录组学和代谢组学等方法将与猪肉质量特性有关的生物标志物鉴别出来。利用生物标志物对肉制品质量的预测可以更好地发展猪肉产业和更好地控制产品质量，但仍需进一步改善其预测能力（转录组标记）或量化方法（蛋白质组标记）。因此，今后的研究应致力于基于验证和鉴定肉品质量等级（如猪肉质量等级）和感官质量的转录组生物标志物的发展，这样可以为评定肉质等级提供更为方便、快速、价廉的方法。而对生物标志物鉴定的最终的目的是在对胴体进行分级或是屠宰初期对胴体进行感官和加工质量的预测，从而提高猪肉生产商的利益，减少损失。

参考文献

[1] 孔保华，韩建春. 肉品科学与技术[M]. 2版. 北京：中国轻工业出版社，2011.

[2] 殷朝敏，雷靖行. 基因表达系列分析技术在真菌功能基因组学中的应用[J]. 生物技术通报，2011，33（1）：25-28.

[3] D'Alessandro A，Rinalducci S，Marocco C，et al. Love me tender：an omics window on the bovine tenderness network[J]. Journal of Proteomics，2012，75（14）：4360-4380.

[4] 谢志修. 生物技术在食品检测方面的应用[J]. 生物技术通报，2010（1）：68-72，77.

[5] 吴晓薇，黄国城. 生物标志物的研究进展[J]. 广东畜牧兽医科技，2008，30（12）：3405-3409.

[6] Picard B，Micol D，Cassar-Malek I，et al. Meat and fish flesh quality with proteomic applications[J]. Animal Frontiers，2012，2（4）：18-25.

[7] Guillemin N，Cassar-Malek I，Hocquette J，et al. La maitrise de la tendreté de la viande pig：identification de marqueurs biologiques[J]. INRA Productions Animal，2009，22（4）：331-344.

[8] Hocquette J F，Bernard-Capel C，Vidal V，et al. The GENOTEND chip：a new tool to analyse gene expression in muscles of pig for pork quality prediction[J]. BMC Veterinary Research，2012，32（3）：18-35.

[9] 邹宗亮，王志清，王升启. 基因芯片技术研究进展[J]. 高技术通讯，2000，24（16）：314-318.

[10] Bernard C，Cassar-Malek I，Le Cunff M，et al. New indicators of pork sensory quality revealed by expression of specific genes[J]. Journal of Agricultural and Food Chemistry，2007，55（13）：5229-5237.

[11] Lomiwes D，Farouk M M，Wiklund E，et al. Small heat shock proteins and their role in meat tenderness：a review[J]. Meat Science，2014，96（1）：26-40.

[12] Hiller B，Hocquette J F，Cassar-Malek I，et al. Dietaryn-3 fatty acid effects on gene expression in pig longissimus muscle as assessed by microarray/q RT-PCR methodology[J]. British Journal of Nutrition，2012，108：858-863.

[13] Damon M，Louveau I，Lefaucheur L，et al. Number of intramuscular adipocytes and fatty acid binding protein-4 content are significant indicators of intramuscular fat level in crossbred Large White×Duroc pigs[J]. Journal of Animal Science，2006，84（5）：1083-1092.

[14] Laville E，Sayd T，Sante-Lhoutellier V，et al. Characterisation of PSE zones in semimembranosus pig muscle[J]. Meat Science，2005，70（1）：167-172.

[15] 董佩佩，刘志军，贾俊静. 影响猪肉品质的基因及研究进展[J]. 饲料研究，2010，（1）：46-48.

[16] Laville E，Sayd T，Terlouw C，et al. Differences in pig muscle proteome according to HAL genotype：implication for meat quality defects[J]. Journal of Agricultural and Food Chemistry，2009，57（11）：4913-4923.

[17] Chriki S，Renand G，Picard B，et al. Meta-analysis of the relationships between pork tenderness and muscle characteristics[J]. Livestock Science，2013，155（2-3）：424-434.

[18] Picard B，Gagaoua M，Micol D，et al. Inverse relationships between biomarkers and pig tenderness according to contractile and metabolic properties of the muscle[J]. Journal of Agricultural and Food Chemistry，2014，62（40）：9808-9818.

[19] Jia X，Veiseth-Kent E，Grove H，et al. Peroxiredoxin-6-A potential protein marker for meat tenderness in pork longissimus thoracis muscle[J]. Journal of Animal Science，2009，87（7）：2391-2399.

[20] Hollung K，Veiseth E，Jia X，et al. Application of proteomics to understand the molecular mechanisms behind meat quality[J]. Meat Science，2007，77（1）：97-104.

[21] D'Alessandro A，Marocco C，Zolla V，et al. Meat quality of the longissimus lumborum muscle of Casertana and Large White pigs：metabolomics and proteomics intertwined[J]. Journal of Proteomics，2011，75（2）：610-627.

[22] Liu J，Damon M，Guitton N，et al. Differentially-expressed genes in pig longissimus muscles with contrasting levels of fat，as identified by combined transcriptomic，reverse transcription PCR，and proteomic analyses[J]. Journal of Agricultural and Food Chemistry，2009，57（9）：3808-3817.

[23] Hamill R M，McBryan J，McGee C，et al. Functional analysis of muscle gene expression profiles associated with tenderness and intramuscular fat content in pork[J]. Meat Science，2014，92（4）：440-450.

[24] Laville E，Sayd T，Terlouw C，et al. Comparison of sarcoplasmic proteomes between two groups of pig muscles selected for shear force of cooked meat[J]. Journal of Agricultural and Food Chemistry，2007，55（14）：5834-5841.

[25] Rohart F，Paris A，Laurent B，et al. Phenotypic prediction based on metabolomic data for growing pigs from three main European breeds[J]. Journal of Animal Science，2012，90（13）：4729-4740.

[26] Lebret B，Denieul K，Damon M. Muscle transcriptome profiles highlight biomarkers of pig production system and

high meat quality[C]. Izmir：59th ICOMST，2013.

[27] Lebret B，Ecolan P，Bonhomme N，et al. Influence of production system in local and conventional pig breeds on stress indicators at slaughter，muscle and meat traits and pork eating quality[J]. Animal，2015，9（8）：1404-1413.

[28] Damon M，Wyszynska-Koko J，Vincent A，et al. Comparison of muscle transcriptome between pigs with divergent meat quality phenotypes identifies genes related to muscle metabolism and structure[J]. PLoS ONE，2012，7（3）：33-39.

[29] Lebret B，Denieul K，Vincent A，et al. Identification by transcriptomics of biomarkers of pork quality[J]. Journées De La Recherche Porcine En France，2013，45：97-102.

[30] Pierzchala M，Hoekman A J，Urbanski P，et al. Validation of biomarkers for loint meat quality（*M. longissimus*）of pigs[J]. Journal of Animal Breeding and Genetics，2014，131（4）：258-270.

[31] te Pas M F W，Kruijt L，Pierzchala M，et al. Identification of proteomic biomarkers in *M. Longissimus* dorsi as potential predictors of pork quality[J]. Meat Science，2013，95（3）：679-687.

第 9 章　DNA 条形码技术及其在肉及肉制品中的应用

条形码技术是实现销售时点系统（POS）、电子数据交换（EDI）、电子商务及供应链管理的技术基础，是在计算机应用基础上产生和发展的一种可以自动识别的鉴定技术，可实现对信息的自动扫描，能够有效、快速、准确地采集数据。同黑白相间的商品条形码相似，Hebert 等[1]于 2003 年在生物学领域提出来的“DNA 条形码”也用于“身份识别”，只不过 DNA 条形码技术基于 DNA 水平存在于动植物和微生物中。DNA 条形码与其他的分子测序技术相比，优点在于扩大了应用范围和提高了标准化水平。本章从 DNA 条形码技术的原理出发，介绍其在肉品物种鉴别中的应用，分析比较其与其他生物分子测序技术的优劣，对 DNA 条形码技术未来进一步的创新和发展提供依据。

9.1　DNA 条形码技术原理

DNA 条形码技术主要是指一段能够代表本物种的、有足够变异的、标准的、易扩增且相对较短的 DNA 片段，利用腺嘌呤（A）、胸腺嘧啶（T）、胞嘧啶（C）和鸟嘌呤（G）4 个碱基在基因中的排列顺序来识别物种，与 DNA 条形码数据库的基因进行比较能够准确鉴定区分各物种和物种间亲缘关系。DNA 条形码以分子生物学为基础，选择能够扩增绝大多数动物物种的线粒体基因为目的基因[2]，进行基因扩增和测序。线粒体基因由于是母系遗传的单倍体，没有内含子，没有等位基因重组，且比核基因进化速度快，为最佳的 DNA 鉴定目标。对于大多数动物物种，提取线粒体 DNA 上的一段蛋白质编码基因，长度约 650 碱基对（bp）的区域编码细胞色素 c 氧化酶亚基Ⅰ（cytochrome c oxidase subunit Ⅰ，COⅠ），该 DNA 序列变异性大、易扩增、相对保守、具有系统进化信息，采用聚合酶链式反应（PCR）特异性扩增 COⅠ基因序列并进行测序。比对条形码数据库 BOLD 或者 GenBank 里的基因信息[1]，利用 DNAstar、DNAMAN 等软件对线粒体 COⅠ

基因序列进行分析，计算不同物种的碱基组成及种间遗传距离和种内遗传距离，不同物种的种间距离明显大于种内距离，分别利用邻接法和最大简约法绘制系统进化树，在系统发育树中，推测具有一定相关性的个体聚集在一起，系统发生树的特征在于通过特性相关的个体聚集成簇推断其为同一物种，从而与其他物种区别开，并且每个簇被假定为代表一个独立的物种，根据同源性关系，从而确定生物标本。DNA 条形码已成功地用于鉴定食品中的物种，包括肉类和海鲜[3]，在食品认证和食品追溯中有着广泛的应用。

9.2 DNA 条形码技术在肉品物种鉴别中的应用

DNA 条形码技术的最大优势在于能实现分子数据的快速采集。基于形态学特征鉴别物种耗时且许多情况下如在亲缘物种间的鉴定也是不准确的，在要求精确度较高的一些情况时必须采用基于分子生物学水平上的鉴定。首先，在受损伤不完整的生物体中，基于器官或者组织（如胃提取物）的基因片段来鉴别生物类别，DNA 条形码成为食品工业、法医科学、防止非法贸易及偷猎和保护濒危物种（如渔业、树木和森林）中的重要工具。其次，由于生物生长发育的各个时期的外观形态不同，常用的检测方法难以将其很好地区分，可能将处于幼龄期和处于成熟期的同一物种未匹配及一些隐存种（cryptic species，形态相近而难以鉴别）造成混淆，而 DNA 条形码能很好地解决具有多态性生命周期或者有显著表观性差异的物种。

9.2.1 DNA 条形码技术在海洋鱼类中的应用

DNA 条形码成功地应用到鱼类及鱼肉类制品。为确保海鲜产品的安全性、真实性和质量，欧洲食品法律对从捕鱼船只或者水产养殖场到消费者餐桌整个食品链，实施质量管理和加工产业链控制的原则[4]。保证产品真实性对消费者健康方面有着重要的意义，特别是针对含有物种特异性过敏原的鱼类[5, 6]，这些鱼类大多来自欧洲以外的一些地区，可能是对污染水域缺乏控制[7]，导致鱼体内的病原体和重金属积累。甲基汞中毒主要是由于鱼的消费，这种金属的生物链积累可能会增加人心肌梗死和神经损伤的风险[7]。另外，消费者必须通过权威的食品认证来进行食品消费，否则可能会影响信教者的宗教习俗，例如，鲶鱼有鳍但没有可以去除的鳞，所以鲶鱼并非被所有穆斯林所接受，因此食用鲶鱼会增加穆斯林误食教规禁食肉类的风险[8]。

目前市场上加工或者预处理的鱼类产品尤其是当形态特征已被删除时很难进行鉴定，海鲜标签必须包括商业名称、学名、地理区域、制造方法以及作为产品是否先前已经冻结。根据物种间的序列相似关系，DNA 条形码技术可将海产品鉴定到种属水平。Wong 等[9]对市场上的海产品进行检测，发现随着物种 DNA 数据库的不断完善和检测技术的不断发展，物种匹配度已达到 97%以上，产品与标签不符率约为 25%。基于食用鱼肉制品的可追溯性，DNA 条形码将成为法医鉴定的有力工具[10]。线粒体的 COX1 区域基于物种特异性和种间距离的差异能够很好地区分鱼类（98%的海洋物种和 93%的淡水物种能够被成功鉴定）[11]。

李新光等[12]用 DNA 条形码技术对市场上的冻鳕鱼片和烤鱼片样品进行鉴定，结果表明市场上的冻鳕鱼片存在将“白鳕鱼”标识为价格较低的“银鳕鱼”的现象；烤鱼片样品与其标签存在一半以上的不符，其中还有黑鳃兔头鲀等体内含有毒素的鱼类，可造成人体中毒情况。用 COⅠ序列的相似度将不同品种的鳕鱼与其易混淆鱼进行区分。Ward 等[13]用 COⅠ基因中的 655 bp 片段对北大西洋、地中海和澳大利亚南部海域的鱼类进行比较，除海鲂（*Zeus faber*）和大西洋叉尾带鱼（*Lepidopus caudatus*）有明显的种内差异及可能存在隐存种外，其他 87%的鱼类种内差异都很小。纬度差异会导致北极地区鲑科鱼类依据形态难以辨别，同一物种生长发育的不同阶段也难以区分。Filonzi 等[7]用 DNA 条形码技术对市场上鱼类的 COⅠ基因和细胞色素 b（Cyt b）基因进行直接测序，结果表明 32%的样品与标签不符，这些替代的物种中有 26%的样品存在着严重的商品欺诈，主要是由来自非洲尼罗河的罗非鱼取代地中海石斑鱼。王敏等[14]应用 DNA 条形码技术鉴别深圳批发市场和超市零售鱼肉制品的种类来源，判别其产品标签是否正确。该研究调查的 77 份鱼肉制品均能扩增出特异性条带，经过序列比对后相似度均在 98%以上，28 份样品与产品标签标示不符，“错贴”率高达 36.36%，其中所有标示“龙利鱼”的商品都是低价的“巴丁鱼”。这说明 DNA 条形码技术可以精准地对各种冻鱼、鱼片以及鱼柳样品进行鉴定，可用于鱼肉制品的来源物种鉴定。DNA 条形码在海鲜食品中得到广泛的应用，特别是在深加工食品中，传统的鉴定方法鉴别困难，基于 DNA 的分子鉴定可以有效地鉴别不同物种。

9.2.2　DNA 条形码技术在鉴别掺假肉制品中的应用

野味因具有低脂肪、低胆固醇、高蛋白、味道鲜美和口感好等特点[15]，其消费量一直在增加，其在商业市场中有着极高的经济价值，错贴标签的情况时有发生，原因可能是许多不法商家为牟取经济利益将较低价值的肉混入到较高价值的野生肉中进行的商业欺诈，肉产品在屠宰、加工、运输过程中处理不当造成的交叉污染，跨物种杂交物种性状相似度极高造成的 DNA 鉴别困难，野牛肉和牦牛肉制品就存在这样的情况[16]。

Quinto 等[17]对美国市场上肉制品的细胞色素 c 氧化酶亚基 I 的 658 碱基对进行鉴定，与 BOLD 和 GenBank 生命条形码数据库进行比对，研究表明 18.5%的样品存在错贴标签的可能，确定有 9.3%的样品非法含有受保护的濒临灭绝的物种。对美国和土耳其的非野生肉类产品（包括香肠、碎肉、肉丸、腌肉和干肉制品等）进行调查，其中贴错标签率分别为 16.6%[18]和 22.0%[19]。研究发现贴错标签可能是由于缺少市场的产品监控，商家追求高利润而在产品中掺假[20]。在目前的研究中非野生肉类产品贴错标签比例低于北美 Wong 等[9]报道的海鲜制品的 25%。

消费者利用食品标签来帮助他们选择想要的产品，无论是出于宗教目的（标明清真食品认证标记则不含有猪肉）、是否含有过敏原、食品安全，还是公平贸易的原因，消费者都有权利了解自己所购买的产品是否符合要求，以及自己是否受到商业欺诈。在南非的一个研究测试加工肉制品实验中发现，68%的样品并没有在包装标签上声明其含有的物种[21]。此外，一家法国公司供应的牛肉千层面中，检测显示其中含有 80%～100%的马肉[22]。这并不是无意的由于加工设备处理造成的交叉污染或者是屠宰运输过程中的偶然情况，这是明显的商业欺诈行为。同样，在爱尔兰调查测试多个牛肉汉堡、碎牛肉产品和意大利腊肠，发现 37%的产品包含未申报的马肉和 85%的产品包含未标明的猪肉[23]。当然如果样品与实际标签存在少量不符，也不排除只是偶然，在碎肉中常见多个物种的存在，实际表明，有极大的可能性是由于这些零售商在加工出售各物种的肉制品时共用一台设备，未及时进行适当的清洁而造成交叉污染[20]。

Kane 等[24] 通过在线肉类分销商获得了来自澳大利亚并且标记为袋鼠的混合

品种样品，与 GenBank 进行比较，结果显示与西部灰袋鼠遗传相似度为 96%。实时荧光定量 PCR 表明样品中混合有牛肉，包含牛肉与袋鼠肉。袋鼠碎肉制品价格为牛肉的二倍，存在极大的可能性是通过混合成本较低的牛肉替代昂贵的袋鼠肉而获得高的利润。Kane 运用 DNA 条形码和实时 PCR 结合技术又对美国市场在售的碎肉制品进行鉴定，结果显示 21%的样品存在错标现象，其中一个样品和标签完全不符，碎肉制品中包含牛肉、羊肉、火鸡肉、猪肉和美国禁止食用的马肉；从样品的购买渠道看，从当地肉品经销商购买的样品错标率达 18%，当地超市的错标率仅为 5.8%，而从网上零售商购得的样品错标率达 35%。由此不难看出，商品的购买渠道越正规，出现的错标现象就越少，也说明了在食品市场中食品溯源对于食品认证的重要性。

DNA 条形码技术也应用于设计简单的教学实验，谢莉萍等[25]利用 PCR 扩增从样品中提取 DNA 片段，再结合琼脂糖凝胶电泳进行分离鉴定，根据 DNA 分子量的大小与 GenBank 数据库信息进行测序比对，从而快速鉴定出肉品成分。

9.3　基于 DNA 分子水平上鉴定肉及肉制品的其他方法

基于 DNA 的检测技术应用最广最普遍，优势在于 DNA 分子较稳定，能耐压耐热，序列保守性强，能够用于加工产品的检测。方法主要有限制性片段长度多态性聚合酶链式反应（PCR-RFLP）、实时荧光定量 PCR（real-time fluorescence quantitative polymerase chain reaction）、多重 PCR（multiplex PCR）和变性梯度凝胶电泳（DGGE）等。

变性梯度凝胶电泳技术具有分辨率高、加样量小、重复性好、节约时间等优点，被用于微生物等领域分类鉴定。梁慧珍等[26]提取线粒体中的 16S rRNA 基因进行 PCR 扩增，构建 DGGE 鉴定参考阶梯，猪牛羊及鸡鸭鹅各种 DNA 扩增条带在凝胶中迁移不同距离而被清晰分开。但电泳图中条带易受 DNA 浓度和 PCR 延长反应程度[27]的影响，可能需要进行 TA 克隆测序。

实时荧光定量 PCR 技术结合光谱技术具有高精确定量、PCR 高灵敏性和 DNA 杂交的高特异性优点，直接探测 PCR 中荧光信号的变化，对特定区段扩增产物进行定量分析，不需电泳或 PCR 后处理步骤。朱燕等[28]用实时荧光定量 PCR 技术研究中国黄牛背最长肌中 *capnl* mRNA 表达量与宰后 3 天的牛肉嫩度相关性。然而，实时 PCR 测定具有比常规 PCR 使用更昂贵物种特异性引物和探针的缺点[29]，昂贵的仪器设备和受过训练的专业人士也限制了该技术的使用[30]。

Safdar 等[31]运用多重 PCR 技术，对市场上的牛、绵羊、山羊和鱼类肉用饲料同时进行筛选，对饲料样品的热处理和杀菌条件进行评价，每个物种检测限为 0.01%。Kitpipit 等[32]选择细胞色素 c 氧化酶 I 以及 12S rRNA 基因运用多重 PCR 技术进行引物设计，能同时识别猪肉、羊肉等六种常食用的肉类品种。该方法能同时测定多个物种，经济快速、可重复性好且特异性高。

9.4　问题与展望

DNA 条形码技术能够提供规范的物种鉴别方法，但仍存在一定的局限性，仅适用于肉类成分单一、加工条件比较温和的肉制品的鉴别[3]。肉制品在加工过程中的高温高压、灭菌、酸碱度的改变等条件可引起样品模板 DNA 断链或降解，用 PCR 扩增 DNA 片段时增加不同肉类品种交叉反应的可能性[33]，并且许多制品中还加入油、盐及各种添加剂，导致 DNA 提取率降低或者抑制 PCR 反应，影响 DNA 鉴定物种的准确性[34]。在这些情况下，常规的方法主要有物种特异性 PCR 技术、多重 PCR 技术、实时荧光定量 PCR 技术等，与 DNA 条形码技术相结合可以克服仅能识别单一物种的缺陷，在鉴定领域也取得了广泛的应用。此外，DNA 条形码技术还可以和形态学、生态学等其他特征结合使用[35, 36]。

DNA 标记可检测有机材料中的微量成分，可检测生物中低浓度、低含量的掺假物，DNA 分子标记和基于 PCR 的方法已迅速成为食品监管领域最常用的工具，这些非连续的分子标记物有随机扩增多态性 DNA（RAPD）标记、扩增片段长度多态性（AFLP）标记。DNA 条形码在植物中也有着广泛的应用，主要是在中草药资源鉴定、生态学鉴定、法医鉴定等方面，DNA 条形码在微生物领域也展开研究，尤其是在真菌类群上[37]。DNA 条形码技术也用于增加我们对物种关系、种属界限的认识，对社区生态进程和网络框架进行评估，对生物多样性开展有效保护及发现新物种或隐存种等。此外，地方和国家支持 DNA 条形码应用于对濒危物种和商业用途的动植物的鉴定。DNA 条形码也能为刑事案件、自然灾害和人为灾害提供有用的依据。DNA 条形码技术利用先进的电子信息技术和遗传学技术，将更快速、低廉地鉴别已知的物种、检索有关它们的信息及以前所未有的速度发现并命名新物种[38]，成为识别生物多样性的一个重要的新工具[39]，它提供了比传统的分类工作[40]更快速、准确的分类方法。随着 DNA 条形码技术的不断发展，可供参考的数据信息越来越多，最终将建成生命物种多样性全球数据库[41]。DNA 条形码技术对传统的物种系统分类产生巨大的冲击，只需将收集到的 DNA 序列片段与国际数据库中的物种片段直接比对，与所属物种自行匹配即可[42, 43]。

参 考 文 献

[1] Hebert P D N，Ratnasingham S，de Waard J R. Barcoding animal life：cytochrome *c* oxidase subunit 1 divergences among closely related species[J]. Proceedings of the Royal Society of London B：Biological Sciences，2003，270：S96-S99.

[2] 莫帮辉，屈莉，韩松，等. DNA 条形码识别 Ⅰ. DNA 条形码研究进展及应用前景[J]. 四川动物，2008，(2)：303-306.

[3] Hellberg R S R，Morrissey M T. Advances in DNA-based techniques for the detection of seafood species substitution on the commercial market[J]. Journal of the Association for Laboratory Automation，2011，16 (4)：308-321.

[4] Di Pinto A，Marchetti P，Mottola A，et al. Species identification in fish fillet products using DNA barcoding[J]. Fisheries Research，2015，170：9-13.

[5] Rona R J，Keil T，Summers C，et al. The prevalence of food allergy：a meta-analysis[J]. Journal of Allergy and Clinical Immunology，2007，120 (3)：638-646.

[6] Sharp M F，Lopata A L. Fish allergy：in review[J]. Clinical Reviews in Allergy & Immunology，2014，46 (3)：258-271.

[7] Filonzi L，Chiesa S，Vaghi M，et al. Molecular barcoding reveals mislabelling of commercial fish products in Italy[J]. Food Research International，2010，43 (5)：1383-1388.

[8] Changizi R，Farahmand H，Soltani M，et al. Species identification reveals mislabeling of important fish products in Iran by DNA barcoding[J]. Iranian Journal of Fisheries Sciences，2013，12 (4)：758-768.

[9] Wong E H K，Hanner R H. DNA barcoding detects market substitution in North American seafood[J]. Food Research International，2008，41 (8)：828-837.

[10] Barbuto M，Galimberti A，Ferri E，et al. DNA barcoding reveals fraudulent substitutions in shark seafood products：the Italian case of "palombo" (*Mustelus* spp.) [J]. Food Research International，2010，43 (1)：376-381.

[11] Ward R D，Hanner R，Hebert P D N. The campaign to DNA barcode all fishes，FISH-BOL[J]. Journal of Fish Biology，2009，74 (2)：329-356.

[12] 李新光，王璐，赵峰，等. DNA 条形码技术在鱼肉及其制品鉴别中的应用[J]. 食品科学，2013，34 (18)：337-342.

[13] Ward R D，Costa F O，Holmes B H，et al. DNA barcoding of shared fish species from the North Atlantic and

Australasia：minimal divergence for most taxa，but *Zeus faber* and *Lepidopus caudatus* each probably constitute two species[J]. Aquatic Biology，2008，3：71-78.

[14] 王敏，刘莊，黄海，等. DNA 条形码技术在深圳鱼肉制品鉴定中的应用[J]. 食品科学，2015，36（20）：247-251.

[15] Fajardo V，González I，Rojas M，et al. A review of current PCR-based methodologies for the authentication of meats from game animal species[J]. Trends in Food Science & Technology，2010，21（8）：408-421.

[16] Verkaar E L C，Nijman I J，Boutaga K，et al. Differentiation of cattle species in beef by PCR-RFLP of mitochondrial and satellite DNA[J]. Meat Science，2002，60（4）：365-369.

[17] Quinto C A，Tinoco R，Hellberg R S. DNA barcoding reveals mislabeling of game meat species on the US commercial market[J]. Food Control，2016，59：386-392.

[18] Service F W. Endangered and threatened wildlife and plants；endangered status for Gunnison Sage-Grouse[J]. Federal Register，1989，78：2486-2538.

[19] Hsieh Y H P，Woodward B B，Ho S H. Detection of species substitution in raw and cooked meats using immunoassays[J]. Journal of Food Protection，1995，58（5）：555-559.

[20] Service F W. Endangered and threatened wildlife and plants；endangered status for Gunnison Sage-Grouse[J]. Federal Register，1989，78：2486-2538.

[21] Cawthorn D M，Steinman H A，Hoffman L C. A high incidence of species substitution and mislabelling detected in meat products sold in South Africa[J]. Food Control，2013，32（2）：440-449.

[22] Bánáti D. European perspectives of food safety[J]. Journal of the Science of Food and Agriculture，2014，94（10）：1941-1946.

[23] Walker M J，Burns M，Burns D T. Horse meat in beef products—species substitution 2013[J]. Journal of the Association of Public Analysts，2013，41：67-106.

[24] Kane D E，Hellberg R S. Identification of species in ground meat products sold on the US commercial market using DNA-based methods[J]. Food Control，2016，59：158-163.

[25] 谢莉萍，徐广锐，谢军，等. 应用 PCR 方法鉴别猪肉和牛肉[J]. 生物学通报，2015，50（6）：47-49.

[26] 梁慧珍，崔丽华，张春辉，等. PCR-DGGE 技术及其在食品行业中的应用[J]. 酿酒科技，2008，（10）：89-91.

[27] Satokari R M，Vaughan E E，Akkermans A D L，et al. Bifidobacterial diversity in human feces detected by genus-specific PCR and denaturing gradient gel electrophoresis[J]. Applied and Environmental Microbiology，2001，67（2）：504-513.

[28] 朱燕，罗欣，徐幸莲，等. 中国黄牛背最长肌中 *capnl* mRNA 表达与嫩度的关系[J]. 南京农业大学学报，2006，29（2）：89-93.

[29] Safdar M. Multiplex analysis of animal and plant species origin in feedstuffs and foodstuffs by modern PCR techniques：qualitative PCR and real time PCR[D]. Istanbul：Fatih University，2013.

[30] Heid C A，Stevens J，Livak K J，et al. Real time quantitative PCR[J]. Genome Research，1996，6（10）：986-994.

[31] Safdar M，Junejo Y. A multiplex-conventional PCR assay for bovine，ovine，caprine and fish species identification in feedstuffs：highly sensitive and specific[J]. Food Control，2015，50：190-194.

[32] Kitpipit T，Sittichan K，Thanakiatkrai P. Direct-multiplex PCR assay for meat species identification in food products[J]. Food Chemistry，2014，163：77-82.

[33] Hird H，Chisholm J，Sánchez A，et al. Effect of heat and pressure processing on DNA fragmentation and implications for the detection of meat using a real-time polymerase chain reaction[J]. Food Additives and Contaminants，2006，23（7）：645-650.

[34] Primrose S，Woolfe M，Rollinson S. Food forensics：methods for determining the authenticity of foodstuffs[J]. Trends in Food Science & Technology，2010，21（12）：582-590.

[35] Smith V S. DNA barcoding：perspectives from a “partnerships for enhancing expertise in taxonomy”（PEET）debate[J]. Systematic Biology，2005，54（5）：841-844.

[36] Hebert P D N，Penton E H，Burns J M，et al. Ten species in one：DNA barcoding reveals cryptic species in the neotropical skipper butterfly Astraptes fulgerator[J]. Proceedings of the National Academy of Sciences of the USA，2004，101（41）：14812-14817.

[37] 张宇，郭良栋. 真菌 DNA 条形码研究进展[J]. 菌物学报，2012，31（6）：809-820.

[38] Ali M A，Gyulai G，Hidvegi N，et al. The changing epitome of species identification–DNA barcoding[J]. Saudi Journal of Biological Sciences，2014，21（3）：204-231.

[39] Edwards D，Horn A，Taylor D，et al. DNA barcoding of a large genus，*Aspalathus* L.（Fabaceae）[J]. Taxon，2008，57（4）：1317.

[40] Gregory T R. DNA barcoding does not compete with taxonomy[J]. Nature，2005，434（7037）：1067.

[41] Schindel D E，Miller S E. DNA barcoding a useful tool for taxonomists[J]. Nature，2005，435（7038）：17.

[42] Ebach M C，Holdrege C. DNA barcoding is no substitute for taxonomy[J]. Nature，2005，434（7034）：697.

[43] Seberg O，Humphries C J，Knapp S，et al. Shortcuts in systematics？A commentary on DNA-based taxonomy[J]. Trends in Ecology & Evolution，2003，18（2）：63-65.

第 10 章　猪牛肉掺假鉴定技术及其特异性物质研究进展

目前原料肉的掺假问题是研究人员、消费者、肉类行业以及各方面决策者最关心的问题之一。近年来由于各种危害公众安全健康事件的爆发，如禽流感、猪流感和三聚氰胺等事件，人们对食物的要求已从单纯的好吃转变成要吃得放心、安全。一些生产者受利益的驱动，通过掺假来获得非法利润，如 2013 年在欧洲原料牛肉中检测到马肉、2013 年沃尔玛济南泉城分店销售的“五香驴肉”被检出含有狐狸和貉肉的成分、2015 年上海市查处鸡肉染色变牛肉事件。掺假的方法包括在食品中使用低价值原料替代高价值的原料，减少高价值原料的使用量，使用成本较低的成分使得产品具有更好的外观，以及在产品中使用虚假或误导性标签。多数情况下，肉品掺假都是受商业利益的驱使，为了经济目的故意掺假。而这些掺假制品往往集中在熟食店里的熟食和包装熟食、香肠制品、汉堡饼、肉馅、宠物食品、罐头肉以及贴错标签的肉类产品[1-7]。

目前原料肉掺假鉴定技术主要基于核酸序列、蛋白质或多肽、脂肪和光谱的鉴定，其中基于脂肪和光谱鉴定，如三酰甘油分析[8]和近红外光谱[9]等技术使用较少。原料肉的不同加工方式是造成肉品掺假鉴定困难的关键问题，而与鉴定方法是基于 DNA 技术或蛋白质技术无关。因此通过 DNA 和蛋白质技术检测原料肉和加工肉制品中物种特异性物质可以鉴定是否为掺假肉。甚至还可以通过 DNA 分析鉴定特定的物种。虽然在肉产品中检测未声明的肉相对简单，但是掺假肉中掺假量的表示问题一直尚未解决，故可以通过质量/质量来表示其含量[10]。近十几年随着大众消费意识的提高以及宗教信仰问题的日益凸显，对原料肉和肉制品的安全以及肉类行业提出了更高的要求。许多学者致力于研究和开发新的技术和方法检测和鉴定物种的来源。通过不断完善技术手段、不断健全市场机制以及不断丰富理论创新能够为消费者提供健康、放心和安全的肉制品，并为食品监管机构对市场监管和抽样调查提供理论依据。

10.1 基于蛋白质的鉴定技术及鉴定出的特异性蛋白质

肉制品蛋白含量丰富，肌肉中除水分外主要成分为蛋白质，其中牛肉、羊肉、猪肉以及鸡肉蛋白质含量分别为 20.8%、20.3%、21.1%和 23.1%[11]。从营养角度来说，肉是必需氨基酸的重要来源，其中牛肉中亮氨酸、赖氨酸和缬氨酸含量比猪肉、羊肉稍高，而苏氨酸含量略低。且不同种类动物肌肉中组氨酸二肽比例差异较大，因此该差异可以用来进行物种鉴定[12]。目前基于蛋白质检测技术鉴定肉品特异性物质的方法有聚丙烯酰胺凝胶电泳法[13]、免疫印迹法[14]、高效液相色谱法[15]、酶联免疫吸附测定[16]以及采用蛋白质组学分析的方法[17]。

10.1.1 基于特异性蛋白质的鉴定技术

聚丙烯酰胺凝胶电泳法广泛应用于分离蛋白质的亚基和测定未知蛋白质的分子量。当向样品中加入 SDS 和 β-巯基乙醇后，蛋白质分子解聚成多肽链，和 SDS 结合生成蛋白质-SDS 胶束，而带有较多的负电荷，这就消除了蛋白质分子间的电荷和结构差异。利用蛋白质分子量大小不同在凝胶中迁移率的不同可以将蛋白质分开，该技术通常适用于熟制品如商业香肠制品[18]。

免疫印迹法是将凝胶电泳的高分辨率和免疫学分析的高特异性相结合的一种高敏感度、高分辨率的检测技术。利用凝胶电泳的分离筛效应将混合的蛋白质分离，再利用抗原-抗体相互作用，识别特定蛋白质，然后经过显影识别结合抗体的抗原。免疫印迹法是常用的检测蛋白质的特性、表达情况以及分布范围的技术，通常对加热/高压灭菌的肉样品进行物种测定，故可选用商业试剂盒中的抗体对加热/高压灭菌的肉样品进行鉴定[19, 20]。

肉制品中蛋白质的检测并不局限于免疫测定，还包括高效液相色谱法（high performance liquid chromatography，HPLC）。高效液相色谱法是色谱法的一个重要分支，以液体为流动相，采用高压输液系统，将具有不同极性的单一溶剂或不同比例的混合溶剂、缓冲液等流动相泵入装有固定相的色谱柱，在柱内各成分被分离后，进入检测器进行检测，从而实现对试样的分析。通过液相色谱的方法已经检测并绘制了多种蛋白质的图谱[21, 22]。从已知的材料来看，高效液相色谱法用于反刍动物，主要集中在动物特定的组氨酸肽、肌肽、鹅肌肽的检测，而且鲸肌肽的检测可以达到 0.5%或更高的灵敏度[23, 24]。

酶联免疫吸附测定（enzyme-linked immunosorbent assay，ELISA）采用抗原与抗体的特异反应将待测物与酶连接，然后通过酶与底物产生颜色反应，产物的量与标本中受检物质的量相关，因此可以通过判断颜色的深浅进行定性或定量分析。测定的对象可以是抗体，也可以是抗原。ELISA 技术的一般优点是可以在现场用于物种测定，并且可以在约 15min 内获得结果[20]。

蛋白质组定义为一个基因组、一种生物或一种细胞或者组织在某一特定时期所表达的全套蛋白质[25]。蛋白质组学集中于动态描述基因调节，对基因表达的蛋白质水平进行定量测定，鉴定疾病、药物对生命过程的影响，以及解释基因表达调控的机制。

10.1.2　牛肉中鉴定出的特异性蛋白质

牛肉肌红蛋白含量高，且鲜切面氧合速率慢，故而肉色深[12]。Kim 等[14]通过蛋白标记，特异性鉴定出牛肌钙蛋白的 85 个氨基酸为精氨酸，而猪肌钙蛋白在此处为赖氨酸。此外，Montowska 等[26]比较六种动物肌球蛋白轻链 1、2 和 3，发现其在牛肉、猪肉和火鸡肉中的所在位点均不相同，肌球蛋白轻链 2 出现重叠，且各物种的肌球蛋白轻链 2 分子量和等电点差异很大，因此可以通过标记牛肉肌球蛋白轻链 1、2 和 3 鉴定出牛肉和猪肉。同样 Montowska 等[27]在对牛肉进行蛋白质组学分析时，在双向电泳图谱中标记出了一个编号为 B476 的点，通过与火鸡双向电泳图谱中 T587 的点比较发现，两者均为血清白蛋白，且两者分子量类似，但是等电点不同，牛肉的血清白蛋白等电点为 5.88，而火鸡血清白蛋白等电点为 5.56。Negishi 等[28]研究了牛肉中肌钙蛋白的特性，发现肌钙蛋白 C、I 和 T 的分子质量分别为 19500 Da、23300 Da 和 40400 Da。

10.1.3　猪肉中鉴定出的特异性蛋白质

猪肉虽然深受广大消费者喜爱，但是对于伊斯兰教和犹太教教徒而言是不能食用的[29]。Liu 等[30]利用猪肌钙蛋白 I 作为抗原，通过夹心酶联免疫分析法制作了两种特异性抗体 MAbs 8F10 和 5H9，能够检测出牛肉中的猪肉，且最低检测值为 0.1%。而 Sarah 等[31]通过液质联用鉴定出熟猪肉的四条特异性多肽（EVTEFAK、LVVITAGAR、FVIEIR 和 TVLGNFAAFVQK）。Lametsch 等[32]通过标记 18 个双向电泳差异点，最终确定了 9 种蛋白质作为猪肉宰后变化的标识物，包括 3 种结构蛋白（肌动蛋白、肌球蛋白重链、肌钙蛋白 T）和 6 种代谢蛋白（糖原磷酸化酶、肌酸激酶、磷酸丙酮酸水合酶、肌激酶、丙酮酸激酶和二氢硫辛酰胺转琥珀酰酶）。此外，Kim 等[14]等通过标记牛肉和猪肉的肌浆蛋白电泳条带发现了一条猪肉特有的条带，经过鉴定为葡萄糖六磷酸异构酶。

10.2　基于核酸的鉴定技术及鉴定出的特异性核酸序列

10.2.1　基于特异性核酸的鉴定技术

荧光定量 PCR 法是通过荧光染料或荧光标记的特异性探针，对 PCR 产物进行标记跟踪，实时在线监控反应过程，结合相应的软件可以对产物进行分析，计算待测样品模板的初始浓度。荧光染料是与双链 DNA 的小沟结合的染料。当与双链 DNA 结合时，荧光染料具有很强的荧光，而未结合的却没有，且荧光强度与双链 DNA 的量成比例。荧光探针结合在正向和反向引物之间，并且包含连接到 5′端的荧光团和连接到 3′端的猝灭剂。在 PCR 期间，Taq 聚合物的 5′外切核酸酶活性降解探针，并且荧光团和淬灭剂之间的紧密接近不再存在，从而发出荧光并利于随后的检测。该方法虽然价格昂贵，但是能准确鉴定物种，是一种特异性很强的鉴别方法。

随机扩增多态性 DNA（random amplified polymorphic DNA，RAPD）是建立在 PCR 基础之上的一种可对整个未知序列的基因组进行多态性分析的分子技术，其基本原理与 PCR 技术一致。RAPD 不仅可以用于家畜的检测，还可以用于珍稀动物的检测，而不需要预先了解 DNA 序列。该方法准确、快速、简单、方便，但属于非特异性反应，易受样品中其他物种 DNA 的干扰，因此不能进行混合样品的鉴别。

物种特异性 PCR 方法是针对不同物种的差异性序列设计引物，利用短的任意引物产生一系列扩增产物，从而达到从复杂基质中较为灵敏地将目的片段进行扩增并进行成分鉴别的目的。该方法的优点是无需对产物进行测序，且适用于混合样品的检测。多重 PCR 是聚合酶链式反应的修饰，其同时扩增许多不同的 DNA 片段，与简单 PCR 相比，其能够在短时间内快速检测多种物质。因此，它更便宜且省时省力。然而在同一个管中同时使用多个 PCR 引物可能会引起一些问题，如错误引物的 PCR 产物以及引物二聚体的增加。

PCR-限制性片段长度多态性（restriction fragment length polymorphism，RFLP）技术已经被用作鉴别物种特异性技术。PCR 扩增产物经过酶切和凝胶电泳可视化可作为单一物种的特有模式。RFLP 分析物种的分化依赖于限制酶识别的特定的酶切位点，且错误的结果可以在限制性酶切位点随机发生点突变，因此应该谨慎操作。事实上，限制性酶切位点的点突变可能是有利的，因为它可以区分关联比较密切的 DNA，如区分不同物种的牛[33]。

10.2.2　牛肉中鉴定出的特异性核酸序列

Feligini 等[34, 35]使用牛特异性 PCR 引物，以 CO Ⅰ 基因序列作为基础设计，对奶牛进行定性和定量鉴定。李杰等[36]应用牛和猪线粒体序列特异性引物进行 PCR 扩增，只有牛肉和猪肉基因组 DNA 样品能扩增出 214 bp 和 431 bp 的目的条带，其他肉品对照基因组 DNA 以及阴性对照均没有扩增产物出现。张国利等[37]以生鲜牛肉、煮熟牛肉、高压牛肉所提取 DNA 做 PCR 扩增，引物Ⅰ：5′-TGTACGAAGAAATGTGCGG-3′，位置 1641～1659；引物Ⅱ：5′-TCAATGCAAAGGACAAGCCTGC-3′，1837～1858；通过扩增均能得出 218 bp 的目的 DNA 条带，而猪、马、羊、鹿、骆驼等 15 种动物的 DNA 则不能扩增出该条带。Spychaj 等[38]以 CO Ⅰ 基因序列作为杂交对象，用 BTCOIF11 和 BTCOIR11 作为引物，引物序列分别为 5′-GAACTCTGCTCGGAGACGAC-3′和 5′-GGTACACGGTTCAGCCTGTT-3′，PCR 产物大小为 255 bp，成功鉴定出牛肉，且能 100%鉴定。Girish 等[39]通过分析线粒体 12S rRNA 基因序列可以确定肉种类。扩增 12S rRNA 基因的引物序列为正向 5′-CAACTGGGATTAGATACCCCACTAT-3′和反向 5′-GAGGGTGACGGGCGGTGTGT-3′。

10.2.3　猪肉中鉴定出的特异性核酸序列

Spychaj 等[38]以 CO Ⅰ 基因序列作为杂交对象，用 BTCOIF11 和 BTCOIR11 作为引物，引物序列分别为 5′-GGAGCAGTGTTCGCCATTAT-3′和 5′-TTCTCGTTTTGATGCGAATG-3′，PCR 产物大小为 294 bp，鉴定出猪肉且鉴定率为 100%。Saez

等[40]采取 RAPD-PCR 的方法，选择以 OPL-04 和 OPL-05 作为引物，引物序列分别为 5′-GACTGCACAC-3′和 5′-ACGCAGGCAC-3′。分析结果表明六组样品之间具有 82%的相似性，且至少共享了三组从约 1.0bp 至 0.6k bp 的强烈谱带，从而可以很清晰地将猪肉和其他肉分开。Mane 等[41]使用基于线粒体 16SrRNA 基因设计的种特异性引物对，成功地优化 PCR 测定以扩增从猪肉提取的 263bp DNA 片段。优化的 PCR 测定随后被验证其对从牛、水牛、绵羊、山羊、猪和鸡肉提取的 DNA 的特异性，发现引物对猪肉识别具有特异性，并且没有观察到交叉反应，在随后从热处理的肉和肉糜提取 DNA，PCR 扩增，没有发现热处理的不利影响。Man 等[42]采用物种特异 PCR 法，以 12SFW 和 12SR 作为引物，引物序列分别为 5′-CCACCTAGAGGAGCCTGTTCTATAAT-3′和 5′-GTTACGACTTGTCTCTTCGTGCA-3′，以 12S rRNA 作为目标基因，经过 PCR 扩增产生了针对猪肉香肠的 387bp 的条带，并且没有非特异性扩增产生的片段。

10.3 结　语

以上综述了研究人员近年来对猪肉和牛肉肉品源追溯鉴别所使用的方法以及鉴定的特异性物质。目前，各种基于蛋白质的鉴定技术，如免疫印迹和高效液相色谱技术，已经能很有效地鉴别大部分常规肉制品，但对于高温肉制品的掺假鉴定还存在不足之处。而大多数生物组织中存在的 DNA 分子在高温下相对高的稳定性使得它们成为用于食品鉴定测试的组分中最有利的分子。但是对基于 DNA 分析的方法还没有开发出专门用于检测物种的特异性物质，而且需进一步提高检测的灵敏度。希望在不久的将来能开发出用于肉类物种鉴定和物种掺假检测需要的具有高灵敏度、快速、价格低廉并且能够分析热加工和原料肉的鉴定技术。

参 考 文 献

[1] Ayaz Y，Ayaz N D，Erol I. Detection of species in meat and meat products using enzyme-linked immunosorbent assay[J]. Journal of Muscle Foods，2006，17（2）：214-220.

[2] Cawthorn D M，Steinman H A，Hoffman L C. A high incidence of species substitution and mislabelling detected in meat products sold in South Africa[J]. Food Control，2013，32（2）：440-449.

[3] Okuma T A，Hellberg R S. Identification of meat species in pet foods using a real-time polymerase chain reaction

（PCR）assay[J]. Food Control，2015，50：9-17.

[4] Hsieh Y H P，Woodward B B，Ho S H. Detection of species substitution in raw and cooked meats using immunoassays[J]. Journal of Food Protection，1995，58（5）：555-559.

[5] Flores-Munguia M E，Bermudez-Almada M C，Vazquez-Moreno L. A research note：detection of adulteration in processed traditional meat products[J]. Journal of Muscle Foods，2000，11（4）：319-325.

[6] Di Pinto A，Bottaro M，Bonerba E，et al. Occurrence of mislabeling in meat products using DNA-based assay[J]. Journal of Food Science and Technology，2015，52（4）：2479-2484.

[7] Rojas M，González I，Pavón M A，et al. Application of a real-time PCR assay for the detection of ostrich（*Struthio camelus*）mislabelling in meat products from the retail market[J]. Food Control，2011，22（3-4）：523-531.

[8] Szabó A，Fébel H，Sugár L，et al. Fatty acid reiodistribution analysis of divergent animal triacylglycerol samples–a possible approach forspecies differentiation[J]. Journal of Food Lipids，2007，14（1）：62-77.

[9] Alamprese C，Amigo M J，Casiraghi E，et al. Identification and quantification of turkey meat adulteration in fresh，frozen-thawed and cooked minced beef by FT-NIR spectroscopy and chemometrics[J]. Meat Science，2016，121：175-181.

[10] Ballin N Z，Vogensen F K，Karlsson A H. Species determination – can we detect and quantify meat adulteration？[J]. Meat Science，2009，83（2）：165-174.

[11] 江波，杨瑞金，钟芳，等. 食品化学[M]. 4 版. 北京：中国轻工业出版社，2013.

[12] 周光宏，李春保. Lawrie’s 肉品科学[M]. 北京：中国农业大学出版社，2009.

[13] Özgun-Arun O，Ugur M. Animal species determination in sausages using an SDS-PAGE technique[J]. Archive für Lebensmittelhygiene，2000，51：49-53.

[14] Kim G D，Seo J K，Yum H W，et al. Protein markers for discrimination of meat species in raw beef，pork and poultry and their mixtures[J]. Food Chemistry，2017，217：163-170.

[15] Giuseppe A，Giarretta N，Lippert M，et al. An improved UPLC method for the detection of undeclared horse meat addition by using myoglobin as molecular marker[J]. Food Chemistry，2015，169：241-245.

[16] Chen Y T，Hsieh Y. A sandwich ELISA for the detection of fish and fish products[J]. Food Control，2014，40：265-273.

[17] Lametsch R，Bendixen E. Proteome analysis applied to meat science：characterizing post mortem changes in porcine muscle[J]. Agricultural and Food Chemistry，2001，49（10）：4531-4537.

[18] Montowska M，Pospiech E. Species identification of meat by electrophoretic methods[J]. Acta Scientiarum Polonorum Technologia Alimentaria，2007，6（1）：5-16.

[19] Kim S H，Huang T S，Seymour T A，et al. Development of immunoassay for detection of meat and bone meal in animal feed[J]. Journal of Food Protection，2005，68（9）：1860-1865.

[20] Muldoon M T，Onisk D V，Brown M C，et al. Targets and methods for the detection of processed animal proteins in animal feed stuffs[J]. International Journal of Food Science and Technology，2004，39（8）：851-861.

[21] Ashoor S H，Osman M A. Liquid chromatographic quantitation of chicken and turkey in unheated chicken-turkey

mixtures[J]. Journal of the Association of Official Analytical Chemists，1988，71（2）：403-405.

[22] Chou C C，Lin S P，Lee K M，et al. Fast differentiation of meats from fifteen animal species by liquid chromatography with electrochemical detection using copper nanoparticle plated electrodes[J]. Journal of Chromatography B，2007，846（1-2）：230-239.

[23] Aristoy M C，Toldra F. Histidine dipeptides HPLC-based test for the detection of mammalian origin proteins in feeds for ruminants[J]. Meat Science，2004，67（2）：211-217.

[24] Schonherr J. Analysis of products of animal origin in feeds by determination of carnosine and related dipeptides by high-performance liquid chromatography[J]. Journal of Agricultural and Food Chemistry，2002，50（7）：1945-1950.

[25] 钱小红，贺福初. 蛋白质组学：理论与方法[M]. 北京：科学出版社，2003：10-11.

[26] Montowska M，Pospiech E. Myosin light chain isoforms retain their species-specific electrophoretic mobility after processing，which enables differentiation between six species：2DE analysis of minced meat and meat products made from beef，pork and poultry[J]. Proteomics，2012，12（18）：2879-2889.

[27] Montowska M，Pospiech E. Species-specific expression of various proteins in meat tissue：proteomic analysis of raw and cooked meat and meat products made from beef，pork and selected poultry species[J]. Food Chemistry，2013，136（3-4）：1461-1469.

[28] Negishi H，Yamamoto E，Kuwata T. Separation and amino acid composition of three troponin components from bovine muscle[J]. Meat Science，1996，42（4）：31-42.

[29] Regenstein J M，Chaudry M M，Regenstein C E. The kosher and halal food laws[J]. Comprehensive Reviews in Food Science and Food Safety，2003，2（3）：111-127.

[30] Liu L，Chen F C，Dorsey J L，et al. Sensitive monoclonal antibody-based sandwich elisa for the detection of porcine skeletal muscle in meat and feed products[J]. Journal of Food Science，2006，71（1）：M1-M6.

[31] Sarah S A，Faradalila W N，Salwani M S，et al. LC-QTOF-MS identification of porcine-specific peptide in heat treated pork identifies candidate markers for meat species determination[J]. Food Chemistry，2016，199：157-164.

[32] Lametsch R，Roepstorff P，Bendixen E. Identification of protein degradation during post-mortem storage of pig meat[J]. Agricultural and Food Chemistry，2002，50（20）：5508-5512.

[33] Verkaar E L C，Nijman I J，Boutaga K，et al. Differentiation of cattle species in beef by PCR-RFLP of mitochondrial and satellite DNA[J]. Meat Science，2002，60（4）：365-369.

[34] Feligini M，Bonizzi I，Curik V C，et al. Detection of adulteration in Italian mozzarella cheese using mitochondrial DNA templates as biomarkers[J]. Food Technol Biotechnol，2005，43（1）：91-95.

[35] Feligini M，Alim N，Bonizzi I，et al. Detection of cow milk in water buffalo cheese by SYBR Green real-time PCR：sensitivity test on governing liquid samples[J]. Pakistan Journal of Nutrition，2007，6（1）：94-98.

[36] 李杰，乔绪稳，余兴龙，等. 快速鉴定猪肉和牛肉多重 PCR 方法的建立及初步应用[J]. 湖南畜牧兽医，2011（2）：13-15.

[37] 张国利，郑明光，周志江，等. PCR 鉴定牛肉方法的建立及初步应用[J]. 中国兽医学报，1996，16（2）：179-183.

[38] Spychaj A，Szalata M，Słomski R，et al. Identification of bovine，pig and duck meat species in mixtures and in meat products on the basis of the mtDNA cytochrome oxidase subunit Ⅰ（COⅠ）gene sequence[J]. Polish Journal of Food and Nutrition Sciences，2016，66（1）：31-36.

[39] Girish P S，Anjaneyulu A S R，Viswas K N，et al. Sequence analysis of mitochondrial 12S rRNA gene can identify meat species[J]. Meat Science，2004，66（3）：551-556.

[40] Saez R，Sanz Y，Toldra F. PCR-based fingerprinting techniques for rapid detection of animal species in meat products[J]. Meat Science，2004，66（3）：659-665.

[41] Mane B G，Mendiratta S K，TbvariA K，et al. Detection of pork in admixed meat and meat products by species-specific PCR technique[J]. Indian Journal of Animal sciences，2011，81（11）：1178-1181.

[42] Man Y B C，Aida A A，Raha A R，et al. Identification of pork derivatives in food products by species-specific polymerase chain reaction（PCR）for halal verification[J]. Food Control，2007，18（7）：885-889.

第 11 章　分子印迹传感器及其在肉品安全检测中的应用

随着人们生活水平的提高及对食品安全的关注，食品安全的检测已成为关乎人类健康的世界性挑战，尤其是在经济技术水平较低的发展中国家。中国是一个肉品大国，谈及食品安全必不可少的就要提到肉制品的安全问题。肉制品中的危害因素主要分为化学危害和生物危害两类。化学危害主要包括食品内源性的天然毒素（如组胺和河鲀毒素）、农药和兽药的残留（如乐果和氯霉素）、环境污染物（如三丁基锡）以及滥用的添加剂（如苏丹二号和三聚氰胺）等[1]；而生物危害是由真菌、细菌和病毒引起的各种污染[2]。目前关于肉类及肉制品中有害物质的检测已经有许多成熟的技术，如富集过程使用的固相萃取柱，检测过程使用的高效液相色谱、气相色谱、高效液相色谱-质谱联用和气相色谱质谱联用等[1]。然而，这些技术都有其固有的局限性，如传统固相萃取柱中使用的吸附剂通常对复杂基质中的特定分析物缺乏选择性，导致目的物萃取率较低。而气质和液质等仪器操作烦琐，存在检测成本高、检测耗时、需要实验室或特定的场所等问题，从而限制了它们的应用[3]。因此，寻找一种高效、灵敏和低成本，且具有重复及高特异性的检测方法成为肉类工业较为关注的问题。

分子印迹技术（molecular imprinting technology，MIT）是制备具有特殊空间结构的分子印记聚合物（molecularly imprinted polymer，MIP）的技术手段，MIT 是以需检测的目标分子为模板，选用最合适的功能单体与目标模板通过互补作用结合，最后在交联剂和引发剂的作用下进行聚合物的固定，从而在聚合物中形成具有特定三维空间结构的分子识别位点的过程[4]。通过分子印迹的聚合过程得到的分子印迹聚合物能够利用自身特有的空间结构，选择性地识别分析物中的模板分子。由于其互补的三维空间结构决定了该技术具备特异性识别能力，因此注定了 MIP 的应用价值[5]。MIP 具有广泛的应用性，已被应用在分离提纯、免疫分析、化学传感、食品安全、环境检测和生物医药等领域[6]。MIT 已经能够有效识别很多种类的模板，包括无机离子、药物、核酸、蛋白质和病毒，甚至细胞[7]也可作为模板分子。随着 MIT 的发展，将 MIT 与传感器相结合形成一种新的吸附检测方法，为固相萃取提供了一种新的替代吸附剂[8]。近几年分子印迹传感器在肉品分析领域显示出巨大的潜力。现阶段的分子印迹传感器可根据不同的信号转换方式，将其分为电化学传感器、光学传感器、质量敏感传感器等，其中电化学传感器和光学传感器在肉类及肉制品的安全检测中应用更为广泛[9-12]。本章分别从 MIP 的制备、所结合传感器的广泛性以及在肉品中的检测这三个方面进行介绍，并着重介绍分子印迹传感器在肉品领域中对内源性生物胺及违禁添加物的安全检测，为分子印迹传感器更好地应用于肉品检测领域提供参考。

11.1　分子印迹聚合物的制备

11.1.1　分子印迹聚合物的制备机理

MIP 的制备过程大体可分为三个步骤。首先，使模板分子与功能单体之间通过作用力形成稳定的模板分子-功能单体复合物；其次，在模板分子-功能单体复合物中加入交联剂、引发剂和致孔剂（溶剂），用光或热引发，使模板分子-功能单体复合物周围产生聚合反应，形成高度交联的三维聚合物[2]；最后，用适当的方法洗脱或分离聚合物中的模板分子。经过洗脱，在聚合物中形成与模板分子结构相匹配的三维结构。这些记忆下来的空穴使得 MIP 能够特异性地识别并结合模板分子[3]。聚合过程如图 11.1 所示。

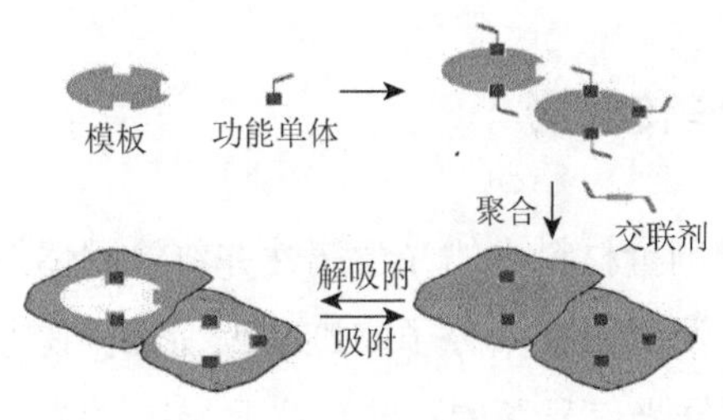

图 11.1　MIP 的基本原理[13]

11.1.2 聚合的关键控制点

MIP 的特异性吸附能力和印迹容量主要取决于功能单体和交联剂的选择[14]。聚合过程中功能单体的选择要考虑其与模板分子的作用力的类型。要根据模板分子的特殊结构选择能与其成键的功能单体，且成键的结合力要适中，结合力过大导致洗脱困难，过小则会出现非特征结合降低其选择性[15]。根据模板分子与功能单体聚合过程中的受力类型，可将聚合分为共价型和非共价型。共价聚合是指功能单体和模板分子的聚合作用过程通过可逆共价键来完成，所制备的聚合物的识别过程也通过共价键来实现[10]。非共价型聚合作用则是依靠非共价相互作用，如氢键、离子键、金属螯合及疏水相互作用等，使模板分子与功能单体形成稳定的共聚物[11]。交联剂选择必须考虑其在溶剂中的溶解性，交联剂的作用是保持聚合物的特殊空间构象，一般的交联度为 70%～90%[12]。在进行 MIP 合成时需要选取适当的聚合手段进行聚合作用。现有的聚合方法较为常用的有本体聚合、沉淀聚合、悬浮聚合、原位聚合以及最新的表面分子印迹聚合法[16]。在开发新型聚合物时要考虑溶解性和结合力等因素。应该选择最合适的聚合方法，以免造成合格率低、稳定性差或失败的结果。

11.2 分子印迹传感器的分类

分子印迹与传感器的结合成本低、体积小且易于操作，使其在食品检测领域具有巨大的应用潜力[17]。但实际应用时要根据应用环境及条件选择最适合的传感器类型。分子印迹与传感器的结合已经非常广泛。图 11.2 总结了已经应用在食品领域中的传感器类型。

11.2.1 分子印迹光学传感器

光学传感器是基于测量材料中的光学属性并将检测体系中的光学信号转换为分析信号的一种传感检测器，其中分子印迹在识别分析物方面发挥作用，从而改变材料的光学属性。根据光信号源的不同，基于 MIP 的光学传感器可分为两种类型[18]。第一种是分子印迹亲和传感器，可用于检测具有固有光学特性（如荧光和折射率）的分析物[5]。荧光检测是亲和传感器中最常用的，其利用的是目标分子

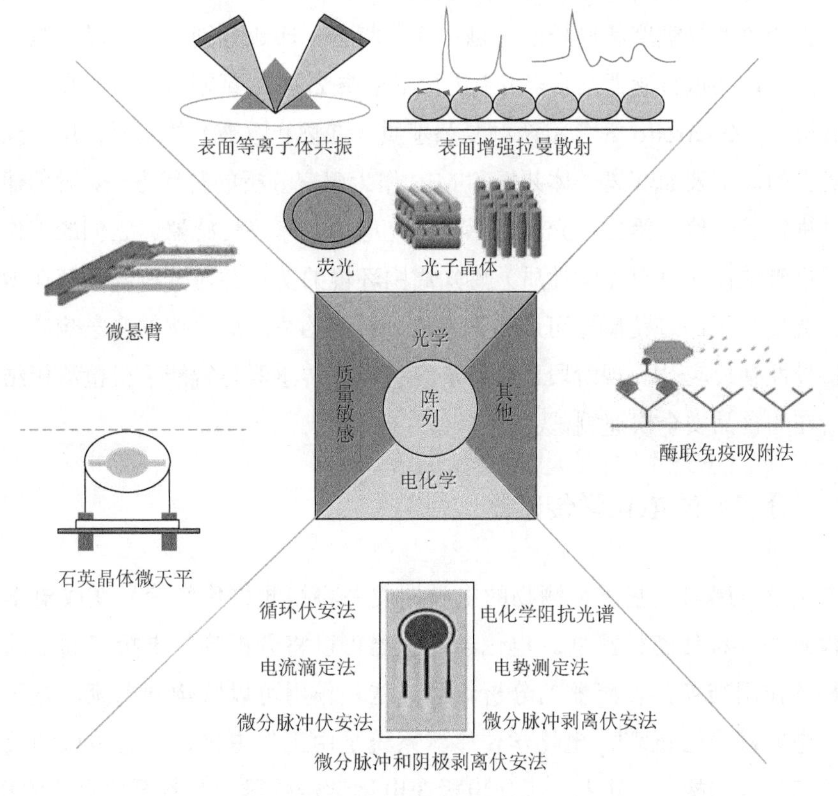

图 11.2　常用的分子印迹传感器的分类[9]

和荧光团之间电子到空穴的转移引起的荧光猝灭[11]。其中量子点和碳点是常用的荧光团[19, 20]。Wang 等[21]通过溶胶-凝胶技术开发了一种双功能分子印迹聚合物涂层纸传感器，用于水溶液中诺氟沙星的快速荧光和目视分析。Kazemifard 等[22]利用镶嵌在二氧化硅分子印迹聚合物中的绿色合成碳点作为快速选择性荧光传感器测定果汁中的噻菌灵。分子印迹光子晶体也是亲和传感器中常用的类型，分子印迹光子晶体传感器的这种光学衍射特性可通过外部刺激（特定的物质浓度）可逆地调节，不同浓度的被检测物会出现不同的吸收峰[23]。光子晶体是至少两种不同折射率的介质周期性排列而成的人工微结构，通过改变其平均折射率或晶格间距等参数实现对光的转换[24]。Wang 等[25]就开发了一种分子印迹二维光子晶体水凝胶传感器用于快速筛选牛奶中的抗生素。除上述外，表面增强拉曼散射、共振光散射和表面等离子体共振等也与分子印迹技术广泛结合[9]。Wang 等[26]将表面增强拉曼散射检测技术、膜分离技术和分子印迹技术相结合，提高了选择性检测水中盐酸恩诺沙星的灵敏度和选择性。Cakir 等[27]将分子印迹分别与石英晶体微天平和表面等离子体共振传感器结合，用于进行苹果中 2，4-二氯苯氧乙酸的高灵敏度和选择性检测。Guerreiro 等[28]将两种复杂基质（红酒和唾液）的相互作用，结合金纳米盘上的局部表面等离子体共振和 MIP 作为感官分析的替代方法，对葡萄酒的收敛性进行了评价。第二种光学传感器是光电分子印迹传感器。它们的工作机制依赖于报告单体（具有光学性质）感知周围环境的变化并对分析物的存在做出反应[29]。光电分子印迹传感器可产生与目标分析物的浓度成比例的光学响应，而没有非特异性副反应[11]。现阶段已经有研究将光电传感器与智能手机检测相结合，用于潜在的食品安全快速测试[30]。

11.2.2 分子印迹电化学传感器

电化学传感器是基于待测物的电学性质并将待测物化学信号变成电学信号进行检测的一种传感检测器。电化学传感器可以将分析物与电极表面上的受体间的相互作用转换为传感器的分析信号。这种作用可以影响到电流、电压、电导率、电容甚至阻抗[30]。电化学传感器系统是由工作电极、参考电极和反电极组成的三电极结构[5]。其中，工作电极在电化学传感器中起着至关重要的作用。而参考电极的传质和导电性优化了电化学传感器的性能。当下在食品领域使用的电化学传感器中比较流行的电极是玻璃碳电极[31]、丝网印刷碳电极[32]、丝网印刷金电极和用激光诱导石墨烯技术[33]及去合金技术[34]构建的精细 3D 结构的电极。Aghoutane 等[35]就以马拉硫磷为模板分子开发了一种基于丝网印刷金电极的分子印迹聚合物电化学传感器，用于检测橄榄油和水果中的马拉硫磷。Jafari 等[36]以氯唑西林抗生素为模板分子合成分子印迹聚合物，又结合氧化石墨烯-金纳米复合材料合成了分子印迹金纳米电化学传感器，用其检测牛奶样品中氯唑西林抗生素。到目前为止电化学传感器仍然是最受欢迎的，主要原因是其操作简单、易于生产且成本较低。

11.2.3 分子印迹质量敏感传感器

质量敏感传感器的工作原理是通过测量传感器体系质量的微小变化，或测量由传感器体系质量改变引起的声波参数的变化来获得待测物质的质量和浓度等信息的一种传感器[11]，其多应用于蛋白质、病毒和细菌等质量相对较大的大分子靶标[9]。现阶段质量敏感传感器应用还是较少，传感机制主要依靠压电现象。食品领域所应用的质量敏感传感器较为常见的当属石英晶体微天平（quartz crystal microbalance，QCM）[37]和微悬臂传感器。Feng 等[38]开发了一种基于分子印迹聚合物的新型石英晶体微天平传感器阵列同时用于检测猪尿中克伦特罗（瘦肉精）及其代谢物，检出限为 30ng/mL，低于国际食品法典委员会规定的 10μg/L 残留量。

11.2.4　分子印迹传感器阵列

分子印迹传感器阵列是指一种或多种分子印迹传感器按照一定的排列顺序构成的具有一定功能和作用的整体，通过传感器的集成实现区域内的数据采集和提取[39]。例如，早期的人工传感器阵列是由简单的合成组装而成，如电子鼻和电子舌[40]。分子印迹阵列传感器已被证明是将适度选择性的传感器转变为高选择性和高分辨率传感器的有效方法。开发新的传感器阵列的主要挑战是收集足够数量的识别元件，这些识别元件对分析物具有不同的结合亲和力。而分子印迹聚合物作为传感器阵列中的识别元件具有许多独特的优点，通过选择印迹过程中的模板，可以快速、廉价地制备具有不同选择性的聚合物，并以不同的选择性模式进行调节。阵列模式还有助于补偿 MIP 传感器的低选择性和高交叉反应性[39]。分子印迹阵列的主要优点是，它可以选择选择性差、交叉反应性高的单个传感元件，并产生具有高选择性和分辨率的传感器，如图 11.3 所示。

MIP 是在模板分子存在下形成的交联聚合物。模板的去除产生对模板分子具有亲和力及选择性的结合腔。这种模板化印迹工艺能够通过在印迹工艺中使用不同的模板来快速制备具有不同结合选择性的聚合物阵列[41]。MIP 阵列可以快速制备，并具有优异的热稳定性、化学稳定性和机械稳定性。综上，在传感器阵列中使用 MIP 有可能极大地加快开发进程。Lin 等[42]就开发了基于分子印迹聚合物的光子晶体传感器阵列用于多种磺胺类药物的同时识别，准确率高达 90.9%。

除上述几种类型的分子印迹传感器外，较为常见的分子印迹传感器还有仿生酶联免疫吸附分析（enzyme-linked immunosorbent assay，ELISA）法[43]，无论是

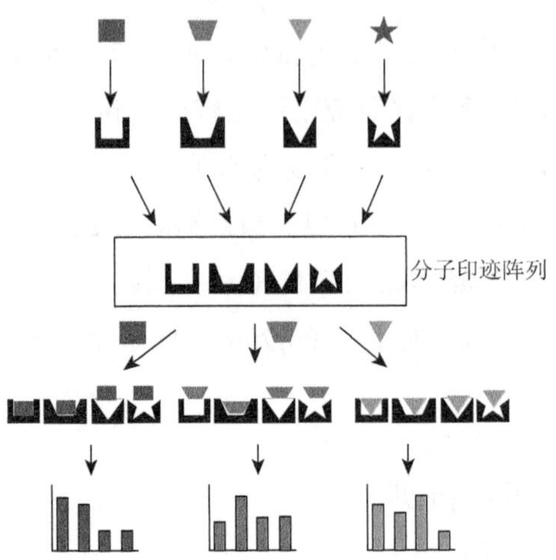

图 11.3 传感器阵列的分子印迹材料的制备和使用原理[39]

上述哪一种传感器，其都有独特的识别优点。例如，光学传感器在痕量分析过程中提供低得多的检测极限和高灵敏度，质量敏感或声学系统提供更合适的动态范围，电化学传感器则易于生产、成本低，而阵列传感器具有高选择性、高交叉反应性和高分辨率。因此，要根据检测物的状态和性质选择最适合的分子印迹传感器才能得到最佳的检测效果。

11.3 分子印迹传感器在肉品安全检测中的应用

MIP 传感器因有制备简单、价格低、使用方便等优点，已被广泛开发，现已适用于肉中违禁添加物、环境有害物质及胺类物质的检测。违禁添加物指的是动物性食品中此物质含量不得检出或不得超过最高残留限量。常见的有抗生素、杀虫剂及一些致癌的化学药品等。肉品中的生物胺过量也会使食用者出现食物中毒现象。组胺是生物胺中毒性最大的，酪胺次之。因此，可使用分子印迹传感器准确检测肉中生物胺的水平是否符合限量标准。

11.3.1 肉品中所含违禁添加物的检测应用

随着人们对肉类需求的增加，养殖者为了获得最快的养殖速度及最少的损失，一般会在动物的饲养过程加入违禁添加物来使自己的利益最大化。但这种违禁添加物的使用严重影响了消费者的健康，所以要按照国家标准对肉进行安全性检测。分子印记传感器为我们提供了新的策略及参考。

1. 用于抗生素的检测

氯霉素（chloramphenicol）被广泛用于治疗动物的各种细菌感染。但是动物源食品中任何水平的氯霉素对消费者都具有危害作用[44]。Jia 等[45]通过分子印迹技术在磁性石墨烯表面聚合氯霉素特异性分子印迹微球，并将该 MIP 作为识别试剂和能量的受体，开发出了一种化学发光共振能量转移平台。利用优化后的平台对肉类样品中氯霉素的残留量进行了测定。结果表明肉样中氯霉素的检出限为 2.0pg/g，且化学发光强度与氯霉素浓度呈正相关，一次测定可以在 10min 内完成，并且磁性复合物可以重复使用至少 30 次。此外，Jia 等[45]还进行了氯霉素及甲砜霉素和氟苯尼考之间的竞争性实验，验证了 MIP 的特异性。研究表明，该平台可以作为一种快速、简便、灵敏、准确、可循环利用的工具来筛选肉类中氯霉素残留。

磺胺类药物是一类广谱的抗生素药物，但由于畜牧养殖业的滥用，一些动物源性食品中磺胺类药物严重超标[46]。赵玲钰等[47]以磺胺嘧啶为模板分子，选择邻氨基苯酚为功能单体，利用柠檬酸三钠还原氯金酸制备纳米金溶胶和羧基化多壁碳纳米管修饰玻碳电极，成功制备了磺胺嘧啶分子印迹电化学传感器，并将该传感器应用于实际肉样中进行快速检测。检出限为 3.3×10^{-9} mol/L，样品加标平均回收率在 83.50%～97.80%之间，相对标准偏差不大于 4.0%。结果表明该传感器具有印迹效果好、制作成本低、灵敏度高、选择性强、稳定性好和检测准确等优点，可用于动物源性食品中磺胺嘧啶药物的残留检测。

恩诺沙星是国家指定的专用兽药，但对肉中的残留是有要求的，现已作为国家指定的抽检项目。秦思楠等[48]以恩诺沙星为模板分子，邻苯二胺和邻氨基苯酚为复合功能单体，在 NaAc-HAc 缓冲液中采用电聚合法在玻碳电极表面制备了能够特异识别模板分子的分子印迹电化学传感器，利用循环伏安法和方波伏安法研究了传感器的电化学响应特性，并优化制备和检测条件。采用该传感器对实际样品鸡肉、猪肉中的恩诺沙星进行检测。检出限为 7.0×10^{-7}mol/L，加标回收率在 83.2%～92.7%之间，相对标准偏差在 1.0%～4.8%之间（$n=5$），电极连续使用 20 次之后传感器性能良好。这充分说明该传感器稳定性好，灵敏度高，抗干扰能力强，可用于食品样品中恩诺沙星残留量的检测。

磺胺胍是一种毒性较大的药品，被禁止使用于水产动物。水产品安全检测属于复杂基体食品，检测难度较大。Li 等[49]以磺胺胍为模板，甲基丙烯酸为单体，乙二醇二甲基丙烯酸酯为交联剂，分散的二氧化硅微球为光子晶体，通过分子印迹法制备了光子晶体传感器并用于检测鱼肉中的磺胺胍。其检测限为 2.8×10^{-10}mol/L，反应时间仅为 5min，与磺胺类化合物相比，该传感器对磺胺胍具有更高的特异性。这一发现表明，该传感器可以用于检测具有复杂基体的食品样品。综上，MIP 能稳定地发挥其特异性的吸附富集功能，再结合传感器的检测功能进行准确的痕量检测，可很好地用于肉品中抗生素残留的检测。

2. 用于杀菌剂的检测

甲苯咪唑被用于畜类动物打虫，但往往被违规添加。Cai 等[4]的首次以甲苯咪唑和福贝里达唑为模板合成了两种 MIP，并用计算方法研究了它们对 8 个咪唑的识别机理。确定了最优的聚合物，然后在传统的 96 孔板上制备了基于 MIP 的微滴度化学发光传感器，用于测定牛肉和羊肉样品中的残留量。结果表明，该传感器具有超高的灵敏度和较短的检测时间，可重复使用 4 次。不过此分子印迹传感器也存在不足，例如，一个肉类样品中含有 8 个咪唑中的任何一个都可以被确定为阳性。但是，该传感器依然可作为快速筛选大量肉样中咪唑残留物的有用工具。

孔雀石绿是一种广泛应用的水产养殖杀菌剂[50]。Li 等[51]利用 MIP 膜作为仿生抗体，建立了一种高选择性、高灵敏度的孔雀石绿的酶联免疫吸附测定方法。在 96 孔微板的 10 个表面上制备了基于多巴胺自聚合的 MIP 膜，建立了直接竞争的酶联免疫吸附测定方法，灵敏度达到 10.31μg/L，检测限为 0.3μg/L。孔雀石绿标准加标测试平均回收率为 88.8%（鲈鱼），相对标准偏差小于 3.6%。通过实验得出其方法灵敏度高，具有较低的检出限，且所建立的方法可以快速、准确地检测鱼和水样中的孔雀石绿。MIP 膜在第 10 次循环时的吸附容量约为第一次循环的 90%，这表明 MIP 膜具有良好的再利用能力。以上说明分子印迹传感器在检测杀虫剂和杀菌剂时操作简单、成本低廉、选择性和再生性好。

3. 用于致癌物质的检测

环境雌激素（environmental estrogens，EE）可以通过食物链进入人体，即使是低浓度（ng/L 级）下也可以对人体造成不利的影响，如生长异常、内分泌系统紊乱、诱发癌症[52]等。Wen 等[53]将纳米孔金膜固定在金电极表面，形成纳米孔电极。然后用电聚合的方法将 MIP 合成到纳米孔基电极上，形成了基于纳米孔基的 MIP 电化学传感器，用其对肉样中的 17β-E_2进行检测。结果表明，检测范围从 1×10^{-12}mol/L 到 1×10^{-5}mol/L，检测下限为 1×10^{-13}mol/L，加标回收率为 95.1%～106.0%，相对标准偏差低于 6.09%。所开发的基于纳米孔的分子印迹电化学传感器具有简单、灵敏和特异的特点，可用于食品样品的 17β-E_2 检测和监测。

甲巯咪唑在 2017 年被世界卫生组织国际癌症研究机构列为 3 类致癌物。Zhao 等[54]提出了一种基于中空分子印迹石英晶体微天平（QCM）传感器的甲巯咪唑检测方法，其中以空心二氧化硅微球为基质支撑材料，甲巯咪唑为模板分子，首次通过表面印迹技术制备了中空印迹聚合物，又将其涂覆在 Au 芯片表面后，制作了中空 MIP 石英晶体微天平传感器。并用此方法对牛肉和猪肉中的甲巯咪唑含量进行了检测。结果表明，整个分析过程可在 8min 内完成。该传感器具有高灵敏度，检出限为 3μg/L，回收率为 88.32%～107.96%，其具有更快的传质速率、更高的吸附容量和较高的灵敏度。该传感器为食品样品中甲巯咪唑的检测提供了一种有效、快速和准确的方法。

分子印迹传感器因其低成本、可重复且具有稳定的特异性，会很快成为肉类产品中使用广泛的检测方法。分子印迹传感器检测肉品中违禁添加物及外源有害物具有很强的可行性，其特有的特异性使其成为一种很好的检测方法，其重复性及稳定性能增加此方法被选用的可能。此检测方法制备所需成本较低、制备简单，其原理和方法有望作为肉制品中兽药残留检测的最佳方法。

11.3.2　肉品中生物胺的检测应用

生物胺是一类具有生物活性、含氨基的低分子量化合物。大多数食品中都含有生物胺，这些生物胺主要由微生物氨基酸脱羧酶作用于氨基酸脱羧而生成。适量生物胺可促进人体的正常生理活动，而过量摄入会产生不良反应，严重的会中毒。分子印迹传感器在生物胺的检测上也为我们提供了新的策略及参考。

1. 酪胺

酪胺在食物中的存在是非常广泛的，适当地摄入酪胺对身体是有益的，但是摄入过量的酪胺时会有很严重的中毒反应。Zhang 等[55]以氨基丙基三乙氧基硅烷作为功能单体，正硅酸乙酯作为交联剂，甲醇为洗脱剂，利用反相微乳液聚合的方法合成酪胺光学聚合物。当酪胺分子与 MIP 结合时，光学量子点的荧光强度被猝灭，从基质中提取酪胺后荧光恢复。在优化的条件下用其检测发酵肉制品中的酪胺并使用组胺、色胺和 β-苯乙胺进行特异性检测。结果显示，当酪胺浓度从 35μg/kg 增加到 35000μg/kg 时，光敏法的相对荧光强度线性增加，检测限为 7.0μg/kg，且 MIP 在乙醇介质中对酪胺的荧光响应远大于对其他类似物的荧光响应。Khan 等[56]成功地构建了一种稳定的基于氧化石墨烯的电化学传感器，使用微分脉冲伏安法定量检测肉制品中的酪胺含量。先将氧化石墨烯纳米片沉积在 3-氨丙基三乙氧基硅烷修饰的铟锡氧化物涂层玻璃板上，再以 $[Fe(CN_6)^{3-/4-}]$为氧化还原探针进行还原，以铟锡氧化物/3-氨丙基三乙氧基硅烷/电化学还原氧化石墨烯为修饰电极，采用循环伏安法和电化学阻抗来研究传感器的电化学响应特性，并将改进后的器件用于肉样中的酪胺检测。结果表明该传感器成功检测到市售真实样品中的酪胺，依然验证了分子印迹聚合的特异性、灵敏度等特点。

2. 组胺

组胺是一种生物胺，起着在细胞间传递信号的作用，组胺和 H1 受体之间的相互作用可以导致血压下降和肌肉收缩。组胺的 H2 受体与胃酸的分泌有关[57]。摄取富含组胺的食物可引发组胺毒性，表现为恶心、头痛、腹泻和哮喘。Gao 等[58]利用组胺与功能单体（甲基丙烯酸）之间的聚合作用，在聚合后将特定的结合位点印迹在聚合物颗粒上，作为抗组胺的人工抗体。聚氯乙烯（polyvinyl chloride，PVC）用于固定 MIP，产生 MIP-PVC 膜，该膜用作识别元件，专门将组胺从金枪鱼提取物中分离出来，再用表面增强拉曼光谱散射检测组胺信号，最后以金胶体溶液为洗脱溶剂从 MIP-PVC 膜中洗脱组胺。最终的实验结果表明，MIP-PVC-SERS 方法可以快速可靠地测定金枪鱼罐头中 3～90ppm 水平的组胺。姜随意[59]也开发了另外一种 MIP 膜的电化学表面等离子体共振组胺检测技术，组胺检测范围为 25～1000ng/mL。

3. 色胺

高浓度的色胺（tryptamine）在人体内积累可能导致恶心、呼吸不适、潮热、冷汗、心悸、头痛、红疹和高或低血压等症状[60]。Zhang 等[61]选用了碳纳米点（carbon nanodot，CNS）和共价有机骨架（covalent-organic frameworks，COF）结合色胺制作的分子印迹聚合物通过荧光猝灭来测肉样中色胺的浓度。碳纳米点具有独特的光学性质、稳定的发光、高电化学活性、低毒性和良好的生物相容性等优点[62]。COF 具有小分子吸附能力，常常被用作有机小分子的优良吸附剂。这些优点增强了传感系统的结合亲和力及摄取能力。最后将该系统用于肉类样品中色胺的高效检测。实验表明，色胺印迹聚合物的荧光强度与色胺的浓度在 0.025～0.4mg/kg 范围内呈线性关系，检测限为 7μg/kg，用甲醇作洗脱剂，回收率为 91.42%～119.80%。研究表明该研究中 COF 显示出良好的亲和力、稳定性和高容量，可以作为理想的吸附剂。该发明的优点是减少了实验分析时间，获得了良好的回收率和重复性。这避免了食品样品的冗长和多步骤的预处理。由上述可知分子印迹传感器不仅仅用来检测肉品中的违禁添加物，对于肉中的内源性生物胺的检测也较为成熟。分子印迹传感器具有良好的印迹效应，重复使用也能维持聚合物的空间构型。分子印迹传感器制作成本低、选择性强、稳定性好和操作简便，使其在肉类的检测中有良好的应用前景。

11.4　结　　语

分子印迹作为一种吸附技术具有很好的特异性吸附效果。分子印迹与传感器的结合更是大大增加了技术的应用性。分子印迹传感器在很多领域都已经大放异彩，这种检测分析方法虽然具有通用性，但针对肉类的安全检测方法依然有待开发。此检测方法对内源性生物胺及违禁添加物的实际检测有着很高的灵敏度和特异性。作为一种简便、快捷、准确并且可重复使用的检测手段，其优势明显，未来具有更加广泛的应用空间。但是就目前而言，分子印迹传感器在肉品中的开发还是不足。相信未来分子印迹传感器检测技术在食品安全中的应用将会以更快的速度发展，并将有更大的突破，更多聚焦在微量和痕量的分析以满足未来食品安全领域更加严苛的需求。

参 考 文 献

[1] Lv M，Liu Y，Geng J，et al. Engineering nanomaterials-based biosensors for food safety detection[J]. Biosensors and Bioelectronics，2018，106：122-128.

[2] Ashleya J，Shahbazia M A，Kant K，et al. Molecularly imprinted polymers for sample preparation and biosensing in food analysis：progress and perspectives[J]. Biosensors and Bioelectronics，2017，91：606-615.

[3] 付含，王海翔，陈贵堂，等. 分子印迹技术在食品化学污染物检测分析中的应用[J]. 食品安全质量检测学报，2019，10（4）：992-997.

[4] Cai Y，He X，Cui P L，et al. Preparation of a chemiluminescence sensor for multi-detection of benzimidazoles in meat based on molecularly imprinted polymer[J]. Food Chemistry，2019，280：103-109.

[5] Ahmad O S，Bedwell T S，Esen C，et al. Molecularly imprinted polymers in electrochemical and optical sensors [J]. Trends in Biotechnology，2019，37（3）：294-309.

[6] 高婉茹，黄昭，李跑，等. 磁性分子印迹聚合物在食品安全检测领域的研究与应用[J]. 食品研究与开发，2019，40（4）：173-182.

[7] Nadezhda A，Karaseva，Pluhar B，et al. Synthesis and application of molecularly imprinted polymers for trypsin piezoelectric sensors[J]. Sensors & Actuators：B. Chemical，2018，280：272-279.

[8] 单艺，王象欣，陈美君，等. 磁性分子印迹聚合物提取-超高效液相色谱-串联质谱法测定乳及乳制品中的 4 种伪蛋白[J]. 食品科学，2019，40（2），310-317.

[9] Cao Y，Feng T，Xu J，et al. Recent advances of molecularly imprinted polymer-based sensors in the detection of food safety hazard factors[J]. Biosensors and Bioelectronics，2019，141：111447.

[10] Crapnell R D，Hudson A，Foster C W，et al. Recent advances in electrosynthesized molecularly imprinted polymer sensing platforms for bioanalyte detection[J]. Sensors，2019，19（5）：1204.

[11] Mujahid A，Dickert F L. Molecularly imprinted polymers for sensors：comparison of optical and mass-sensitive detection[M]//Li S J，Ge Y，Piletsky S A，et al. Molecularly Imprinted Sensors. Amsterdam：Elsevier，2012：125-159.

[12] 杨眉，陈学敏，李钰，等. 分子印迹传感技术在农药残留检测中的应用研究进展[J]. 农药学学报，2016，18（2）：151-157.

[13] 孔令杰，潘明飞，方国臻，等. 分子印迹仿生传感器及其在食品安全检测中的应用[J]. 中国食品学报，2014，14（9）：176-182.

[14] 毕慧敏，高玉红，谢鹏涛，等. 不同功能单体对分子印迹聚合物识别性能的模拟[J]. 计算机与应用化学，2009，

26（4）：501-503.

[15] Choi J R，Yong K W，Choi J Y，et al. Progress in molecularly imprinted polymers for biomedical applications[J]. Combinatorial Chemistry & High Throughput Screening，2019，22（2）：78-88.

[16] 李会萍，王江涛. 分子印迹纳米材料研究进展[J]. 中国粉体技术，2020，26（1）：22-28.

[17] Maduraiveeran G，Sasidharan M，Ganesan V. Electrochemical sensor and biosensor platforms based on advanced nanomaterials for biological and biomedical applications[J]. Biosensors and Bioelectronics，2018，103：113-129.

[18] Wang C，Rong Q，Zhang Y，et al. Molecular imprinting Ag-$LaFeO_3$ spheres for highly sensitive acetone gas detection[J]. Materials Research Bulletin，2019，109：265-272.

[19] Habimana J D D，Ji J，Pi F，et al. A class-specific artificial receptor-based on molecularly imprinted polymer-coated quantum dot centers for the detection of signaling molecules，*N*-acyl-homoserine lactones present in gram-negative bacteria[J]. Analytica Chimica Acta，2018，1031：134-144.

[20] Shirani M P，Rezaei B，Ensafi A A，et al. A novel optical sensor based on carbon dots embedded molecularly imprinted silica for selective acetamiprid detection[J]. Spectrochimica Acta Part A：Molecular and Biomolecular Spectroscopy，2019，210：36-43.

[21] Wang W，Gong Z，Yang S，et al. Fluorescent and visual detection of norfloxacin in aqueous solutions with a molecularly imprinted polymer coated paper sensor[J]. Talanta，2020，208：120435.

[22] Kazemifard N，Ensafi A A，Rezaei B. Green synthesized carbon dots embedded in silica molecularly imprinted polymers，characterization and application as a rapid and selective fluorimetric sensor for determination of thiabendazole in juices[J]. Food Chemistry，2019，310：125812.

[23] 王校辉，陈功，董志强，等. 分子印迹光子晶体的研究进展[J]. 材料工程，2020，48（4）：60-72.

[24] 都炳强，张志毅，赵晓磊，等. 分子印迹光子晶体技术在食品检测中的应用研究进展[J]. 轻工学报，2020，35（6）：16-26.

[25] Wang Y，Xie T，Yang J，et al. Fast screening of antibiotics in milk using a molecularly imprinted two-dimensional photonic crystal hydrogel sensor[J]. Analytica Chimica Acta，2019，1070：97-103.

[26] Wang M C，Wang Y，Qiao Y，et al. High-sensitive imprinted membranes based on surface-enhanced Raman scattering for selective detection of antibiotics in water[J]. Spectrochimica Acta Part A：Molecular and Biomolecular，2019，222：117116.

[27] Cakir O，Bakhshpour M，Yilmaz F，et al. Novel QCM and SPR sensors based on molecular imprinting for highly sensitive and selective detection of 2，4-dichlorophenoxyacetic acid in apple[J]. Materials Science & Engineering C，2019，102：483-491.

[28] Guerreiro J R L，Teixeira N，Freitas V D，et al. A saliva molecular imprinted localized surface plasmon resonance biosensor for wine astringency estimation[J]. Food Chemistry，2017，233：457-466.

[29] Altinta Z，Guerreiro A，Sergey A，et al. NanoMIP based optical sensor for phar-maceuticals monitoring[J]. Sensors and Actuators B：Chemical，2015，213：305-313.

[30] Capoferri D，Álysrezl D R，Carlo M D，et al. Electrochromic molecular imprinting sensor for visual and smartphone-based detections[J]. Analytical Chemistry，2018，90（9）：5850-5856.

[31] Kaniewska M，Trojianowicz M. Chiral sensors based on molecularly imprinted polymers[M]//Li S J，Ge Y，Piletsky S A，et al. Molecularly Imprinted Sensors. Amsterdam：Elsevier，2012：175-194.

[32] Guo W，Pi F，Zhang H，et al. A novel molecularly imprinted electrochemical sensor modified with carbon dots，chitosan，gold nanoparticles for the determination of patulin[J]. Biosensors and Bioelectronics，2017，98：299-304.

[33] Dechtrirat D，Yingyuad P，Chuenchom L，et al. A screen-printed carbon electrode modified with gold nanoparticles，poly（3，4-ethylenedioxythiophene），poly（styrene sulfonate）and a molecular imprint for voltammetric determination of nitrofurantoin[J]. Microchimica Acta，2018，185：261-269.

[34] Cardoso A R，Marques A C，Carvalho A F，et al. Molecularly-imprinted chloramphenicol sensor with laser-induced graphene electrodes[J]. Biosensors and Bioelectronics，2019，124-125：167-175.

[35] Aghoutane Y，Diouf A，Österlund L，et al. Development of a molecularly imprinted polymer electrochemical sensor and its application for sensitive detection and determination of malathion in olive fruits and oils[J]. Bioelectrochemistry，2020，132：107404.

[36] Jafari S，Dehghani M，Nasirizadeh N，et al. Label-free electrochemical detection of Cloxacillin antibiotic in milk samples based on molecularly imprinted polymer and graphene oxide-gold nanocomposite[J]. Measurement，2019，145：22-29.

[37] Lin Y，Hu X，Bai L，et al. Molecularly imprinted polymer placed on the surface of graphene oxide and doped with Mn（Ⅱ）-doped ZnS quantum dots for selective fluorometric determination of acrylamide[J]. Microchimica Acta，2018，185（1）：48.

[38] Feng F，Zheng J，Qin P，et al. A novel quartz crystal microbalance sensor array based on molecular imprinted polymers for simultaneous detection of clenbuterol and its metabolites[J]. Talanta，2017，167：94-102.

[39] Shimizu K D，Stephenson C J. Molecularly imprinted polymer sensor arrays[J]. Current Opinion in Chemical Biology，2010，14（6）：743-750.

[40] 黄嘉丽，黄宝华，卢宇靖，等. 电子舌检测技术及其在食品领域的应用研究进展[J]. 中国调味品，2019，44（5）：189-193，196.

[41] Li P，Richardson W J，Song D，et al. Molecularly imprinted polymer sensor arrays[M]//Kutner W，Sharma P S. Molecularly Imprinted Polymers for Analytical Chemistry Applications. England：CPI Group（UK）Ltd，2018：447-474.

[42] Lin Z，Li L，Fu G，et al. Molecularly imprinted polymer-based photonic crystal sensor array for the discrimination of sulfonamides[J]. Analytica Chimica Acta，2020，1101：32-40.

[43] Tang Y，Gao J，Liu X，et al. Ultrasensitive detection of clenbuterol by a covalent imprinted polymer as a biomimetic antibody[J]. Food Chemistry，2019，228：62-69.

[44] Kikuchi H，Sakai T，Teshima R，et al. Total determination of chloramphenicol residues in foods by liquid chromatography-tandem mass spectrometry[J]. Food Chemistry，2017，230：589-593.

[45] Jia B J，He X，Cui P L，et al. Detection of chloramphenicol in meat with a chemiluminescence resonance energy transfer platform based on molecularly imprinted graphene[J]. Analytica Chimica Acta. 2019，1063：136-143.

[46] 张元，李伟青，周伟娥，等. 食品中磺胺类药物前处理及检测方法研究进展[J]. 食品科学，2015，36（23）：340-346.

[47] 赵玲钰，秦思楠，高林，等. 磺胺嘧啶分子印迹电化学传感器的制备及其快速检测食品中磺胺嘧啶药物残留[J]. 食品科学，2018，39（22）：319-327.

[48] 秦思楠，唐录华，高文惠. 恩诺沙星分子印迹电化学传感器的制备及其在食品快速检测中的应用[J]. 中国生物工程杂志，2019，39（3）：65-74.

[49] Li L，Lin Z Z，Huang Z Y，et al. Rapid detection of sulfaguanidine in fish by using a photonic crystal molecularly imprinted polymer[J]. Food Chemistry，2019，281：57-62.

[50] Stammati A，Nebbia C，Angelis I D，et al. Effects of malachite green（MG）and its major metabolite，leucomalachite green（LMG），in two human cell lines[J]. Toxicology in Vitro，2005，19（7）：853-858.

[51] Li L，Peng A H，Lin Z Z，et al. Biomimetic ELISA detection of malachite green based on molecularly imprinted polymer film[J]. Food Chemistry，2017，229：403-408.

[52] Adeel M，Song X M，Wang Y Y，et al. Environmental impact of estrogens on human，animal and plant life：a critical review[J]. Environment International，2016，99：107-119.

[53] Wen T，Wang M L，Luo M，et al. A nanowell-based molecularly imprinted electrochemical sensor for highly sensitive and selective detection of 17β-estradiol in food samples[J]. Food Chemistry，2019，297：124968.

[54] Zhao X L，He Y，Wang Y N，et al. Hollow molecularly imprinted polymer based quartz crystal microbalance sensor for rapid detection of methimazole in food samples[J]. Food Chemistry，2019，309：125787.

[55] Zhang D W，Lin H L，Geng W T，et al. A dual-function molecularly imprinted optopolymer based on quantum dots-grafted covalent-organic frameworks for the sensitive detection of tyramine in fermented meat products[J]. Food Chemistry，2019，277：639-645.

[56] Khan M，Liu X，Zhu J，et al. Electrochemical detection of tyramine with ITO/APTES/ErGO electrode and its application in real sample analysis[J]. Biosensors and Bioelectronics，2018，108：76-81.

[57] Collado J，Tunon I，Silla E，et al. Vibrational dynamics of histamine monocation in solution：an experimental（FT-IR，FT-Raman）and theoretical（SCRF-DFT）study[J]. The Journal of Physical Chemistry A，2000，104：402-405.

[58] Gao F，Grant E，Lu X N. Determination of histamine in canned tuna by molecularly imprinted polymers-surface enhanced Raman spectroscopy[J]. Analytica Chimica Acta，2015，901：68-75.

[59] 姜随意. 基于分子印迹聚合物膜的电化学表面等离子体共振组胺检测技术研究[D]. 北京：中国人民解放军军事医学科学院，2015.

[60] Sun Q，Aguila B，Perman J，et al. Post synthetically modified covalent organic frameworks for efficient and effective mercury removal[J]. Journal of the American Chemical Society，2017，139（7）：2786-2793.

[61] Zhang D W，Wang Y P，Geng W T，et al. Rapid detection of tryptamine by optosensor with molecularly imprinted

polymers based on carbon dots-embedded covalent-organic frameworks[J]. Sensors and Actuators：B. Chemical，2019，285：546-552.

[62] Sheng M L，Gao Y，Sun J Y，et al. Carbon nanodots-chitosan composite film：a platform for protein immobilization，direct electrochemistry and bioelectrocatalysis[J]. Biosensors and Bioelectronics，2014，58：351-358.

第12章　实时荧光定量PCR技术及其在肉及肉制品中的应用

聚合酶链式反应（polymerase chain reaction，PCR）是一种对特定的DNA片段进行复制扩增的分子生物学技术。荧光定量PCR技术则是以普通PCR技术为基础，在扩增过程中添加探针或荧光染料，实现对未知模板定量分析的技术。该技术不仅可以提供不同DNA片段及数量的信息，而且具有稳定、快速、准确等优点，所以可用于肉制品成分及其含量的检测。在肉制品加工过程中，往往需要明确标识肉的种类及添加量，以保证产品的真实性。较早的肉制品检验技术有高效液相色谱法[1]、电泳技术[2]、酶联免疫吸附法[3]和傅里叶变换红外光谱法[4]。近年来，采用改良引物探针的定量PCR技术已逐步成为鉴别肉制品的新方向。关于实时荧光定量PCR技术的综述报道较多，其中以该技术在微生物检测[5, 6]和临床医学研究[7-9]方面的应用进展较多。本章以TaqMan荧光探针和荧光染料两种荧光物质为出发点，简要介绍荧光定量PCR技术的基本原理及其在肉制品种类鉴别中的应用，以期为肉制品掺假鉴别的发展提供理论基础。

12.1　实时荧光定量PCR技术的基本原理

1984年，Kary Mullis在对疾病基因的分析过程中发明了PCR技术[10]。随后，1996年，美国Applied Biosystems公司正式推出实时荧光定量PCR技术[11]。实时荧光定量PCR技术是指将可以发出荧光信号的荧光基团加入到PCR反应体系中，通过荧光信号的积累实时监测整个PCR进程，最后利用标准曲线对未知模板进行定量分析的方法[12]。荧光定量PCR技术的基本原理类似于DNA的半保留复制，但特殊的是，在加入引物的同时加入了荧光化学物质：荧光探针或荧光染料。随后根据碱基互补配对原则与半保留复制原理合成一条与模板DNA链互补的新链，即可以发出荧光信号的“半保留复制链”[13]。

12.1.1　TaqMan 探针实时荧光定量 PCR 技术的基本原理

TaqMan 探针实时荧光定量 PCR 技术的基本原理是以探针与模板的特异性结合为基础，根据释放荧光信号的强度反映模板的数量[14]。该技术在加入引物的同时加入特异性的荧光探针和 Taq 酶。TaqMan 探针本质上是一小段单链 DNA 或 RNA 片段，特殊之处在于有一个报告基团（R）连接在探针的 5′端，一个猝灭基团（Q）连接在 3′末端。在 PCR 扩增时，Taq 酶作为一种 DNA 聚合酶，在使脱氧核苷酸聚合形成脱氧核苷酸链的同时，其 3′→5′外切酶活性将探针降解，分离后的报告基团可以发出荧光信号，并且直接被荧光检测系统接收。其基本原理如图 12.1 所示[15]，荧光信号的累积与扩增的 PCR 产物完全同步，实现了实时监测。该技术的核心是对扩增靶基因的选择[16]，为了保证定量测定的可重复性，常选择细胞中线粒体数目较多、进化速度较快的单倍体，即单链 DNA 作为靶基因。

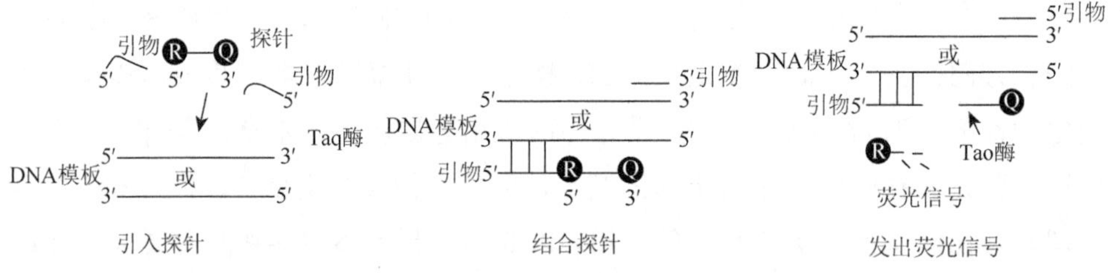

图 12.1　TaqMan 探针实时荧光定量 PCR 基本原理

12.1.2　荧光染料实时荧光定量 PCR 技术的基本原理

在 PCR 反应体系中，过量的荧光染料以非特异性结合的方式掺入 DNA 双链[17]并且发射荧光信号，而不掺入链中的染料分子不会发射任何荧光信号，从而保证荧光信号的增加与 PCR 产物的增加完全同步。在游离状态下，SYBR Green 本身发出微弱的荧光，一旦与双链 DNA 结合，其荧光强度增加 1000 倍[18]。荧光信号强度随扩增产物的增加而增强，即根据荧光信号强度可以检测出肉制品中 DNA 的种类及含量。EvaGreen 是替代 SYBR Green 的第三代染料[19]，相比于非饱和的 SYBR Green 染料，EvaGreen 染料与双链 DNA 分子的结合更稳定，对 PCR 反应的抑制性更小，因此，目前使用较多的染料是具有更高的信号强度及灵敏度的 EvaGreen 染料。

12.2　实时荧光定量 PCR 技术在肉及肉制品种类鉴别中的应用

随着食品质量安全监管部门检测技术的不断完善，食品掺假的手段也在不断提高，普遍体现在以低价值的肉部分代替高价值的原料[20]。由于在掺假的肉类中加入了各种香辛辅料，并且在食品标签上不加以注释[21]，因此消费者不能从感官上鉴别其原料，从而导致消费者在不知情的情况下食用不适合的肉制品，可能会引起消费者食物过敏或某些宗教信仰者（如伊斯兰教和犹太教教徒）误食。我国及部分欧盟国家已制定立法，要求食品加工企业必须明确所有食品加工产品过程中所涉及的原料[22]，以保证产品的真实性。近年来，随着消费者对肉制品成分鉴定的意识不断增强，实时荧光定量 PCR 技术以其快速准确、安全高效的优点逐渐成为检测肉制品标签内容真实性的重要方法[23]。

12.2.1　TaqMan 探针实时荧光定量 PCR 技术在肉及肉制品种类鉴别中的应用

由于线粒体 DNA 具有母系遗传、含量多、分裂快等特点[24]，因此许多研究都是用线粒体基因来识别和量化肉制品中所包含的肉品的种类及数量。相比于核基因，选用特定的线粒体 DNA 序列[25]进行检测具有较高的灵敏度[26]，细胞色素 b（Cytb）基因、细胞色素 c 氧化酶亚基（Cox1）基因和线粒体 D-loop 区域的基因都是普遍选用的线粒体靶基因，它们广泛用于肉源及种类的鉴定[27]。除选用特定的 DNA 片段，也有研究人员选用 RNA 进行检测，如 Martin 等[28]选用核糖体 12S RNA 对猪肉进行特异性检测。

Kim 等[29]选择线粒体 D-loop 区的 622～704 片段中的一小段模板 DNA 链（83 个碱基对），并且使用 TaqMan 探针实时荧光定量 PCR 技术检测加工肉制品中猪肉的含量。结果表明，猪肉的 C_t 值（即荧光信号达到设定阈值时所经历的循环数）为 18.6±0.06，而其他 16 种生肉的 C_t 值为 0，也就是说除猪肉外的其他 DNA 片段并未实现扩增，说明该加工肉制品中含有一定量的猪肉，且对只添加 0.1%（*w/w*）猪肉的牛肉和鸡肉混合物进行检测，依然可以检测出猪肉成分（检测限为 0.1 pg）。虽然商业肉制品中掺杂的原料对 PCR 过程存在干扰，但 TaqMan 探针实时荧光定量 PCR 技术克服了检测单一类型加工肉制品的困难。Kim 等[29]进一步利用 TaqMan 探针对 22 种商业肉制品，包括牛肉干、火腿、香肠等加工肉制品进行荧光定量 PCR 检测，最终都可检测出肉制品中的猪肉成分，这表明部分商业肉制品中（如牛肉干）存在猪肉掺假的情况。但是同一种加工肉制品的实验结果之间存在一定的差异，例如，对火腿进行 5 次检测，结果未表现出一致性[29]，这可能是因为猪肉不同组织中提取的核酸量不同，如脂肪组织中的 DNA 浓度要比肌肉中的低，或者 DNA 降解程度不同。采用 TaqMan 探针对线粒体中的 Cytb 进行检测的研究报道也比较广泛，例如，Dooley 等[30]针对哺乳动物（牛、羊、猪）和家禽（家鸡和火鸡）开发了两种 TaqMan 探针，对 Cytb 进行检测，结果显示，牛肉、羊肉和火鸡的检出水平都低于 0.1%。Ali 等[31, 32]同样选择 Cytb，采用 TaqMan 探针检测商业售卖的牛肉丸中猪肉的掺假情况，检测出牛肉丸中的猪肉含量为 0.01%。类似地，也有采用 DNA 分子水平进行鉴别肉品种类的，例如，Filonzi 等[33]用 DNA 条形码技术对市场上鱼类的线粒体细胞色素 c 氧化酶亚基 Ⅰ（cytochrome c oxidase subunit Ⅰ，CO Ⅰ）基因和 Cytb 进行直接测序，结果表明 32%的样品与标签不符。除了普遍检测肉制品中猪源性成分，鼠肉代替羊肉是中国肉类消费市场新涌现的欺诈手段。Fang 等[34]以三种啮齿类动物为目标物种，采用 TaqMan 探针对每个目标物种的 Cytb 进行荧光定量 PCR 检测，结果显示，混有 0.1%鼠肉的羊肉制品，其检测限低于 1 pg。该项研究能快速鉴别产品中的肉源，防止假冒肉制品出现，可以一定程度上作为政府机构监控肉类假冒制品的有效途径。

肉类作为优质的蛋白质来源，具有较高的需求量及经济价值，因此过多的植物性蛋白代替肉类的掺假问题普遍存在。虽然植物性蛋白作为填充剂在一定程度上不仅降低了生产成本，而且具有一定的营养功能特性[35]，但是依然要在食品标签中明确标识添加量，以避免欺骗消费者或引起过敏反应等。现已有很多国家明确规定了肉制品中植物性蛋白的添加量，如我国规定，肉糜制品中，大豆组织蛋白添加量不超过 20%[36]；葡萄牙规定法兰克福香肠中植物性蛋白成分的推荐添加量不超过 5%；美国规定肉制品中大豆粉的允许添加量不超过 3.5%，香肠中不超过 2%；西班牙规定肉制品中大豆蛋白的添加量不超过 3%[37]。所以检验肉制品中植物性蛋白的添加量是否符合规定极其重要。在植物性蛋白方面，大豆蛋白含有丰富的氨基酸，胆固醇含量较低[38]，并且具有良好的乳化性能和凝胶能力，可以提高肉制品的保水性，因此在肉制品加工中会普遍添加大豆蛋白。例如，Soares

等[39]采用 TaqMan 探针实时荧光定量 PCR 技术快速准确地检测出大豆蛋白在猪肉香肠中添加量的线性动态范围在 0.01%～6%。所以荧光定量 PCR 技术作为保护过敏性消费者健康的工具，可以有效地应用于肉制品的过敏原标签中。

12.2.2　荧光染料实时荧光定量 PCR 技术在肉及肉制品种类鉴别中的应用

与设计引物探针相比，在 DNA 分子中直接嵌入 SYBR Green 染料具有更灵活方便的优点，Farrokhi 等[40]用 SYBR Green Ⅰ荧光染料对市售肉制品中的猪肉含量进行检测，其检测限低至 0.1 ng。Amaral 等[41]采用 EvaGreen 染料，通过对加工肉制品中是否存在猪肉进行检测，结果表明，该方法准确地检测出生肉制品和熟肉制品中猪肉的含量分别为 0.0001%和 0.01%（*w*/*w*）。Meira 等[42]采用 EvaGreen 染料实时荧光定量 PCR 技术对牛肉中掺假马肉的含量进行了定性和定量实验。结果表明，牛肉中掺入马肉的检测限可低至 0.1 pg。采用 EvaGreen 染料实时荧光定量 PCR 技术可以高效准确地对未知混合肉制品进行检测，而且具有可重复操作性。该技术虽然在扩增时加入了非特异性的引物，但是可以通过 DNA 熔解曲线区分假阳性信号，从而验证扩增产物的特异性。Soares 等[43]在采用 TaqMan 探针建立实验之前，曾对猪肉线粒体细胞色素 b 基因的一段内部片段（149 bp）进行实时荧光定量 PCR 检测，他们发现根据终点荧光标记信息可以检测出禽肉制品中掺入猪肉含量的检测范围为 1%～20%，而 SYBR Green 染料实时荧光定量 PCR 技术也被证明可以用于类似的家禽肉制品的掺假分析中[44]。

12.3　实时荧光定量 PCR 技术在肉及肉制品细菌污染检测中的应用

肉制品在加工和储存过程中易受到细菌的污染，从而导致肉制品品质及食用安全受到影响。对细菌检测的传统方法如非选择性和选择性增菌、血清学鉴定等费力耗时，需 4～7d 才能完成[45]。而与传统的基于细菌培养的检测方法相比，实时荧光定量 PCR 技术更加省时省力，例如，高正琴等[46]采用 TaqMan MGB 探针实时荧光定量 PCR 能够直接从标本中检出呼吸道纤毛杆菌（CAR 菌）的 DNA，检测时间仅为 40min。所以其可用于快速检测肉制品中细菌种类及含量[47]，从而针对不同的细菌进行防护，以保证肉制品的食用品质及安全。Alves 等[48]采用多重实时荧光定量 PCR 技术对富集 24h 后的空肠弯曲菌和沙门菌进行检测，该法是第一次使用多重实时荧光定量 PCR 技术实现对鸡肉中沙门菌和空肠弯曲菌的同时检测，二者检出限分别为 10^6CFU/g 和 10^3CFU/g。因此，该技术适用于对易腐烂的肉制品中这两种致病菌的检测。邵美丽等[49]等采用 TaqMan 探针实时荧光定量 PCR 技术检测人为染菌的肉中金黄色葡萄球菌的含量，结果表明，其最低检出限为 2.0×10^2CFU/g，为肉中金黄色葡萄球菌的快速、准确定量奠定了基础。Sakalar 等[50]采用 EvaGreen 荧光定量 PCR 技术检测经过辐射的鱼肉中残存的辐射剂量，并进一步研究 γ 射线对鱼类 DNA 的影响。结果显示，辐射的鱼肉经 3 个月储藏保存，其辐射剂量约为 0.5kGy。

12.4　问题与展望

实时荧光定量 PCR 技术具有灵敏性高和特异性强的优点，且能快速检测加工肉制品的种类，并对掺假肉制品进行定量检测。同时，该技术在封闭系统下进行扩增及数据分析，因此减少了污染，准确度较高[51]。由于实时荧光定量 PCR 技术是基于 DNA 分子水平上的鉴定技术，所以其具有分子水平鉴定肉制品的优势。肉制品鉴定的方法主要是基于蛋白质或基因的分析，但基于基因水平的鉴定方法更具有优越性。这主要是由于肉制品加工过程中高热量、高压力的加工条件，使得蛋白质分析的鉴定方法具有一定的局限性，而脱氧核糖核酸具有比蛋白质更高的热稳定性[52]，基因可以从组织中提取，不受环境条件和加工过程的影响[53]。另外，由于食品中动物性成分的 DNA 序列保守性更强[54]，因此，该技术可以更灵敏、准确提供肉品种类及含量的信息，所以得到了广泛的应用。

实时荧光定量 PCR 技术在肉制品成分检测过程中还存在一定的问题，如肉制品的酸碱处理加工条件的改变会引起模板 DNA 链断开或降解，这可能会导致不同种类的肉在扩增过程中发生交叉污染[55]。同时，SYBR Green 荧光染料也会在一定程度上抑制 PCR 反应[56]，导致 DNA 的定量检测受到影响。而荧光探针虽然灵敏度高、特异性强，但其因价格较高，探针水解又依赖于酶的活性，所以受到酶性能和试剂质量的影响。此外，活菌与死菌不能相区别，有效地前处理至关重要。

本章以 TaqMan 探针和荧光染料为例，主要介绍了荧光定量 PCR 技术的基本原理及其在肉制品中的应用。由于该技术操作简便，特异性强，并且省时省力，因此已有很多研究采用实时荧光定量 PCR 技术对肉制品种类及品质安全进行检测，但该技术在应用过程中依然存在一定的问题，如实际的肉制品加工条件（酸碱处理）可能会引起模板 DNA 链断裂，进而导致 PCR 扩增时发生交叉污染，此外，荧光染料的使用对 PCR 反应过程的抑制、荧光探针价格较高及其受相应酶活性能的限制等问题都会影响该技术的应用。因此，进一步的研究应集中于多技术的复合使用，如将实时荧光定量 PCR 技术与 DNA 条形码、酶联免疫吸附技术等相结合以克服检测过程中的限制。未来，实时荧光定量 PCR 技术将不再局限于微生物检测、医学研究等方面的应用，其在肉制品及其他动物源性食品的加工、检测、监管等方面具有更加广阔的应用前景。

参 考 文 献

[1] Toorop R M，Murch S J，Ball R O. Development of a rapid and accurate method for separation and quantification of myofibrillar proteins in meat[J]. Food Research International，1997，30（8）：619-627.

[2] Ozgen A O，Ugur M. Animal species determination in sausages using an SDS-PAGE technique[J]. Archiv für Lebensmittel Hygiene，2000，51（2）：49-53.

[3] Doi H，Watanabe E，Shibata H，et al. A reliable enzyme linked immunosorbent assay for the determination of bovine and porcine gelatin in processed foods[J].Journal of Agricultural and Food Chemistry，2009，57（5）：1721-1726.

[4] Rohman A，Sismindari，Erwanto Y，et al. Analysis of pork adulteration in beef meatball using Fourier transform infrared（FTIR）spectroscopy[J]. Meat Science，2011，88（1）：91-95.

[5] 赵洁，马晨，席晓敏，等. 实时荧光定量 PCR 技术在肠道微生物领域中的研究进展[J]. 生物技术通报，2014（12）：61-66.

[6] Kim J，Lim J，Lee C. Quantitative real-time PCR approaches for microbial community studies in wastewater treatment systems：applications and considerations[J]. Biotechnology Advances，2013，31（8）：1358-1373.

[7] 严菊英，卢亦愚，冯燕，等. Taq Man 荧光定量 RT-PCR 快速检测甲 3 型流感病毒[J]. 中国人兽共患病学报，2005，21（2）：169-172.

[8] Kadmiri N E，Khachibi M E，Slassi I，et al. Assessment of GAPDH expression by quantitative real time PCR in blood of Moroccan AD cases[J]. Journal of Clinical Neuroscience，2017，40：24-26.

[9] Ståhlberg A，Bengtsson M. Single-cell gene expression profiling using reverse transcription quantitative real-time PCR[J]. Methods，2010，50（4）：282-288.

[10] Zhong Q，Bhattacharya S，Kotsopoulos S，et al. Multiplex digital PCR：breaking the one target per color barrier

of quantitative PCR[J]. Lab on A Chip，2011，11（13）：2167-2174.

[11] Bassam B J，Allen T，Flood S，et al. Nucleic acid sequence detection systems：revolutionary automation for monitoring and reporting PCR products[J]. Australasian Biotechnology，1996，6（5）：285-294.

[12] 刘小荣，张笠，王勇平. 实时荧光定量 PCR 技术的理论研究及其医学应用[J]. 中国组织工程研究，2010，14（2）：329-332.

[13] Alkahtani H A，Ismail E A，Asif A M. Pork detection in binary meat mixtures and some commercial food products using conventional and real-time PCR techniques[J]. Food Chemistry，2016，219：54-60.

[14] Killgore G E，Holloway B，Tenover F C. A 5′nuclease PCR（TaqMan）high-throughput assay for detection of the *mecA* gene in staphylococci[J]. Journal of Clinical Microbiology，2000，38（7）：2516-2519.

[15] Gibson N J. The use of real-time PCR methods in DNA sequence variation analysis[J]. Clinica Chimica Acta，2006，363（1-2）：32-47.

[16] Sentandreu M Á，Sentandreu E. Authenticity of meat products：tools against fraud[J]. Food Research International，2014，60（6）：19-29.

[17] Myers M A. Direct measurement of cell numbers in microtitre plate cultures using the fluorescent dye SYBR green Ⅰ[J]. Journal of Immunological Methods，1998，212（1）：99-103.

[18] Siddiqui S，Khan I，Zarina S，et al. Use of the SYBR Green dye for measuring helicase activity[J]. Enzyme & Microbial Technology，2013，52（3）：196-198.

[19] Wang W，Chen K，Xu C. DNA quantification using EvaGreen and a real-time PCR instrument[J]. Analytical Biochemistry，2006，356（2）：303-305.

[20] Fajardo V，González I，Rojas M，et al. A review of current PCR-based methodologies for the authentication of meats from game animal species[J]. Trends in Food Science & Technology，2010，21（8）：408-421.

[21] Mohamad N A，Sheikha A F E，Mustafa S，et al. Comparison of gene nature used in real-time PCR for porcine identification and quantification：a review[J]. Food Research International，2013，50（1）：330-338.

[22] Unionlegislation E. Regulation（EC）178/2002 General principles and requirements of food law，establishing the European Food Safety Authority and laying down procedures in matters of food safety[S]. Official Journal European Communities I，2002.

[23] Soares S，Amaral J S，Oliveira M B，et al. A SYBR Green real-time PCR assay to detect and quantify pork meat in processed poultrymeat products[J]. Meat Science，2013，94（1）：115-120.

[24] Ballin N Z，Vogensen F K，Karlsson A H. Species determination-can we detect and quantify meat adulteration？[J]. Meat Science，2009，83（2）：165-174.

[25] Haunshi S，Basumatary R，Girish P S，et al. Identification of chicken，duck，pigeon and pig meat by species-specific markers of mitochondrial origin[J]. Meat Science，2009，83（3）：454-459.

[26] Fajardo V，González I，Martín I，et al. Differentiation of European wild boar（Sus scrofa scrofa）and domestic swine（Sus scrofa domestica）meats by PCR analysis targeting the mitochondrial D-loop and the nuclear melanocortin receptor 1（MC1R）genes[J]. Meat Science，2008，78（3）：314-322.

[27] Barakat H，El-Garhy H A S，Moustafa M M A. Detection of pork adulteration in processed meat by species-specific PCR-QIAxcel procedure based on D-loop and cytb，genes[J]. Applied Microbiology and Biotechnology，2014，98（23）：9805-9816.

[28] Martin I，Garcia T，Fajardo V，et al. SYBR-Green real-time PCR approach for the detection and quantification of pig DNA in feedstuffs[J]. Meat Science，2009，82（2）：252-259.

[29] Kim M，Yoo I，Lee S Y，et al. Quantitative detection of pork in commercial meat products by TaqMan real-time PCR assay targeting the mitochondrial D-loop region[J]. Food Chemistry，2016，210：102-106.

[30] Dooley J J，Paine K E，Garrett S D，et al. Detection of meat species using TaqMan real-time PCR assays[J]. Meat Science，2004，68（3）：431-438.

[31] Ali M E，Hashim U，Dhahi T S，et al. Analysis of pork adulteration in commercial burgers targeting porcine-specific mitochondrial cytochrome b gene by TaqMan probe real-time polymerase chain reaction[J]. Food Analytical Methods，2012，5（4）：784-794.

[32] Ali M E，Hashim U，Mustafa S，et al. Analysis of pork adulteration in commercial meatballs targeting porcine-specific mitochondrial cytochrome b gene by TaqMan probe real-time polymerase chain reaction[J]. Food Analytical Methods，2012，91（4）：454-459.

[33] Filonzi L，Chiesa S，Vaghi M，et al. Molecular barcoding reveals mislabelling of commercial fish products in Italy[J]. Food Research International，2010，43（5）：1383-1388.

[34] Fang X，Zhang C. Detection of adulterated murine components in meat products by TaqMan real-time PCR[J]. Food Chemistry，2016，192：485-490.

[35] Belloque J，García M C，Torre M，et al. Analysis of soyabean proteins in meat products：a review[J]. Critical Reviews in Food Science and Nutrition，2002，42（5）：507-532.

[36] 李碧晴，余坚勇，盛东飚，等. 大豆组织蛋白在猪肉丸中的应用[J]. 肉类研究，2001，（4）：33-35.

[37] Castro F，Garcia M C，Rodriguez R，et al. Determination of soybean proteins in commercial heat-processed meat products prepared with chicken，beef or complex mixtures of meats from different species[J]. Food Chemistry，2007，100（2）：468-476.

[38] Asgar M A，Fazilah A，Huda N，et al. Nonmeat protein alternatives as meat extenders and meat analogs[J]. Comprehensive Reviews in Food Science and Food Safety，2010，9（5）：513-529.

[39] Soares S，Amaral J S，Oliveira M B，et al. Quantitative detection of soybean in meat products by a TaqMan real-time PCR assay[J]. Meat Science，2014，98（1）：41-46.

[40] Farrokhi R，Jafari J R. Identification of pork genome in commercial meat extracts for Halal authentication by SYBR green I real-time PCR[J]. International Journal of Food Science & Technology，2011，46（5）：951-955.

[41] Amaral J S，Santos G，Oliveira M B P P，et al. Quantitative detection of pork meat by EvaGreen real-time PCR to assess the authenticity of processed meat products[J]. Food Control，2016，72：53-61.

[42] Meira L，Costa J，Villa C，et al. EvaGreen real-time PCR to determine horse meat adulteration in processed foods[J]. LWT-Food Science and Technology，2016，75：408-416.

[43] Soares S，Amaral J S，Mafra I，et al. Quantitative detection of poultry meat adulteration with pork by a duplex PCR assay[J]. Meat Science，2010，85（3）：531-536.

[44] Soares S，Amaral J S，Oliveira M B，et al. A SYBR Green real-time PCR assay to detect and quantify pork meat in processed poultry meat products[J]. Meat Science，2013，94（1）：115-120.

[45] 李莉，蒋作明. PCR 技术在食品沙门氏菌检测中的应用[J]. 食品科技，2002，(4)：60-62.

[46] 高正琴，岳秉飞，关伟鸿. CAR 菌 TaqMan MGB 探针法实时荧光定量 PCR 快速检测方法的建立与应用[J]. 中国比较医学杂志，2013，23（8）：9-13.

[47] Chin W H，Sun Y，Høgberg J，et al. Direct PCR-a rapid method for multiplexed detection of different serotypes of *Salmonella* in enriched pork meat samples[J]. Molecular & Cellular Probes，2017，32：24-32.

[48] Alves J，Hirooka E Y. Development of a multiplex real-time PCR assay with an internal amplification control for the detection of *Campylobacter* spp. and *Salmonella* spp. in chicken meat[J]. LWT-Food Science and Technology，2016，72：175-181.

[49] 邵美丽，许岩，刘思国，等. TaqMan 探针实时定量 PCR 检测肉中金黄色葡萄球菌的研究[J]. 食品工业，2013，34（3）：109-112.

[50] Sakalar E，Mol S. Determination of irradiation dose and distinguishing between irradiated and non irradiated fish meat by real-time PCR[J]. Food Chemistry，2015，182：150-155.

[51] Navarro E，Serrano-Heras G，Castaño M J，et al. Real-time PCR detection chemistry[J]. Clinica Chimica Acta，2015，439（439）：231-250.

[52] Lockley A K，Bardsley R G. DNA-based methods for food authentication[J]. Trends in Food Science & Technology，2000，11（2）：67-77.

[53] Kelly F，Bhave M. Application of a DNA-based test to detect adulteration of bread wheat in pasta[J]. Journal of Food Quality，2007，30（30）：237-252.

[54] Koppel R，Zimmerli F，Breitenmoser A. Heptaplex real-time PCR for the identification and quantification of DNA from beef，pork，chicken，turkey，horse meat，sheep（mutton）and goat[J]. European Food Research and Technology，2009，230（1）：125-133.

[55] Hird H，Chisholm J，Sanchez A，et al. Effect of heat and pressure processing on DNA fragmentation and implications for the detection of meat using a real-time polymerase chain reaction[J]. Food Additives & Contaminants，2006，23（7）：645-650.

[56] Primrose S，Woolfe M，Rollinson S. Food forensics：methods for determining the authenticity of foodstuffs[J]. Trends in Food Science & Technology，2010，21（12）：582-590.

第 13 章　实时荧光定量 PCR 技术在金黄色葡萄球菌检测中的应用

金黄色葡萄球菌作为食源性致病菌存在于多种食品中，如乳、乳制品和肉类等[1]。金黄色葡萄球菌的检测通常采用以形态学和生物化学特征为基础的传统方法[2]。目前，国标方法[3]（GB 4789.10—2016）主要采取 Baird-Parker 平板和血平板相结合的传统方法对食品中金黄色葡萄球菌进行检测。这些方法虽然操作简单，但耗时长（需 5 天左右）、灵敏性差，会造成食品积压过程中的经济损失。因此，需要一种灵敏、高效的方法对金黄色葡萄球菌进行快速检测。近年来，实时荧光定量 PCR（real-time fluorescence quantitative polymerase chain reaction，RT-qPCR）技术因具有特异性强、灵敏度高、快速和应用范围广等特点，已经成功应用于食品微生物学中并且能够替代传统培养方法来快速定量检测样本[4]。本章介绍了实时荧光定量 PCR 技术原理、分类和特点，并对实时荧光定量 PCR 技术在食品中金黄色葡萄球菌检测的研究进展与应用进行了综述。

13.1　实时荧光定量 PCR 技术概述

13.1.1　实时荧光定量 PCR 技术原理

实时荧光定量 PCR 技术原理是将荧光基团加入到 PCR 反应体系中，利用 PCR 指数扩增期间荧光信号的强弱变化实时监测整个 PCR 进程，最后通过标准曲线对未知模板进行定量分析，并由此分析目的基因的初始量。C_t 值是实时荧光定量 PCR 技术中很重要的一个概念。C 指 cycle 即循环数，t 指 threshold 即阈值，C_t 值表示的是每个反应管内的荧光信号达到设定的域值时经历的循环数[7]。研究表明[5, 8]，每个模板的 C_t 值与起始拷贝数的对数之间存在线性关系，起始拷贝数越多，C_t 值越小。将已知起始拷贝数的标准品做出标准曲线，横坐标为起始拷贝数的对数，

纵坐标为 C_t 值。因此，只要知道未知样品的 C_t 值，就可以从标准曲线上计算出未知样品的起始拷贝数，从而达到定量分析的目的。

13.1.2　实时荧光定量 PCR 技术分类及其特点

实时荧光定量 PCR 技术根据检测的荧光信号可以分为两类[9]：一类是双链 DNA 特异荧光染料（如 SYBR Green Ⅰ）；另一类是特异性荧光标记探针，包括水解探针（如 TaqMan 或 TaqMan-MGB）和杂交探针（如分子信标）。染料法是利用染料与双链 DNA 小沟结合发出的荧光信号指示增加的扩增产物；探针法则是利用能与靶序列特异性杂交的探针来指示增加的扩增产物[10]。这些方法允许不需要 PCR 后处理操作的自动检测，降低了相互污染的风险。因此，与常规 PCR 相比，实时荧光定量 PCR 技术不仅完成了 PCR 从定性到定量的飞跃，其主要优点是灵敏性高、特异性强、降低扩增规模并且不需要 PCR 后处理操作，降低了相互污染的风险[11]。

荧光标记探针方法，如常用的 TaqMan 探针法，对 PCR 产物的检测特异性更高[12]。但是需要根据非常严格的条件选择适宜的引物和探针，这往往不易达到。而荧光染料法，如常用的 SYBR Green Ⅰ染料法检测 PCR 产物则打破了这种限制，不需要连接荧光分子的探针[13]。两种方法各有利弊，染料类方法的优点是：灵敏度高、通用性好、不需要设计探针、方法简便、价格低廉；可以高通量大规模定量 PCR 检测，但是只适用于专一性要求不高的定量 PCR 检测。而探针类方法适用于扩增序列专一的体系检测，对应于特异性要求较高的定量。优点是：高适应性和可靠性，实验结果稳定重复，但当靶基因的特异性序列较短时，无论怎样优化引物设计条件都不能解决。

近年来，快速核酸扩增和检测技术已经迅速取代了传统方法，实际上 PCR 应用于食品中病原体的检测正日益增加。而且实时荧光定量 PCR 提供一个灵活的检测系统，在普通条件下也能立即检测多种病原体[9]。许多实时荧光定量 PCR 方法经发展研究已经可以专门定性和定量检测食源性致病菌，如金黄色葡萄球菌、沙门菌属、单核细胞增生李斯特菌、大肠杆菌 O157：H7、志贺菌属和弯曲杆菌属。实时荧光定量 PCR 技术直接定量检测食品中细菌性病原体的应用需要考虑以下方面[8]：选择准确并灵敏的实时荧光定量 PCR 方法；选择高效的 DNA 分离法；了解所选用方法与传统细菌平板计数法性能之间的差异。

13.2　金黄色葡萄球菌的特性

金黄色葡萄球菌（*Staphylococcus aureus*）于 1884 年被首次发现[14]，是已知可导致食源性中毒的、菌落为球形的革兰氏阳性菌[15]。由于能够产生外毒素和其他致病因素，其成为全球性的致病菌之一。金黄色葡萄球菌可以产生多种毒素，主要为肠毒素（SEs）、剥脱毒素（exfoliative toxins，ETs）和中毒休克综合征毒素（toxic shock syndrome toxin，TSST）等。金黄色葡萄球菌引起食物中毒主要原因是肠毒素，它是一类毒力相似、结构相关、抗原性不同的胞外蛋白质[16]。肠毒素是指在动物实验（猴子）中口服投药后引起呕吐的葡萄球菌属超抗原，而其他相关毒素类则为肠毒素类似蛋白质。目前，根据在灵长类动物中的催吐效果，已有 18 类肠毒素或肠毒素类似蛋白质被报道[17]。根据血清抗原特异性不同，可将肠毒素分为 A、B、C_1、C_2、C_3、D、E 和 F 共 8 个型。其中，A 型毒素毒力最强，摄入 1μg 即能引起中毒，故 A 型肠毒素引起的食物中毒最常见。D 型毒力较弱，摄入 25μg 才能引起中毒[18]。

金黄色葡萄球菌食物中毒是指摄入含有一种或多种肠毒素食物导致的中毒。当金黄色葡萄球菌数量上升到 10^5～10^6 CFU/g 时[19]，就会引起食物中毒。金黄色葡萄球菌食物中毒的一般症状是突然发生恶心、剧烈呕吐、腹部绞痛和腹泻，发病时间为食用了污染的食品后 2～8 h 内[20]。其引起的食物中毒呈季节性分布，多见于春夏季；常存在于乳[21]、肉制品[22]及水产品中；此外，剩饭、凉菜及即时食品[15]中也经常被检测出含有金黄色葡萄球菌。

13.3　实时荧光定量 PCR 技术检测食品中金黄色葡萄球菌的进展

金黄色葡萄球菌的检测是日常食品监测项目和食物中毒调查的重要的标准。目前已经立法限量乳及乳制品、肉制品、鸡蛋制品、冰淇淋和婴儿食品等食品中的金黄色葡萄球菌含量。近年来，国内外应用实时荧光定量 PCR 技术检测食品中的金黄色葡萄球菌的研究日益增加，使得实时荧光定量 PCR 技术得到逐步完善。

13.3.1 原料乳及乳制品中的应用

1. 原料乳中金黄色葡萄球菌的检测

金黄色葡萄球菌是导致奶牛和其他反刍动物乳腺炎的主要原因。乳腺炎导致牛奶产量减少、动物价值降低、丢弃牛奶等直接经济损失，还产生额外的兽医和人工费用[23]。而其产生的肠毒素 A 是乳及乳制品食物中毒事件的主要原因。Fusco 等[24]在使用实时荧光定量 PCR 方法快速定量检测生牛奶中金黄色葡萄球菌肠毒素基因组（*egc*）的研究中，同时采用 TaqMan 探针和 SYBR Green 染料两种方法。这两种方法对小组内 70 株参照菌株的特异性都接近 100%，包括目前已知的所有 29 株临床和食源性金黄色葡萄球菌 *egc* 变种菌株、4 株 *egc* 阴性金黄色葡萄球菌菌株和 37 株种族近似的相关菌株。应用于实际牛奶样品中时，与常规培养方法比较，这两种 PCR 方法都提供了良好的响应、100%的特异性诊断和 96%～107%的相对精度。该方法由于具有高特异性、动态检测范围较广和高灵敏度，即使是在混合和高潜在污染的生牛奶中，也可以快速高效检测金黄色葡萄球菌肠毒素基因组。

李一松等[25]使用实时荧光定量 PCR 技术检测乳中携带 *sea* 基因金黄色葡萄球菌的研究中采用 SYBR Green Ⅰ 方法，实验结果表明，该方法可以在 8h 内快速、稳定地检测出乳中的金黄色葡萄球菌，并确定了人为污染的牛乳中金黄色葡萄球菌的最低检出限为 83 CFU/mL。Aprodu 等[26]在分子定量检测人为或自然污染牛奶中的金黄色葡萄球菌样品前处理的研究中，讨论了实时荧光定量 PCR 技术直接定量检测食品样品中病原体时，样品处理对结果产生的影响。研究中采用了 3 种不同的样品处理方法来确定牛奶中金黄色葡萄球菌的最低检出限，分别为免疫磁性分离、基质增溶和浮选法，并与传统培养方法进行了对比。结果表明，免疫磁性分离样品制备虽然使用较方便、特异性较高和快速，但不能够定量检测低量和中量（$<10^4$ CFU/g）的金黄色葡萄球菌；基质增溶和浮选法都允许在 1～10 个细胞/mL 水平上定量检测金黄色葡萄球菌，这两种方法都比平板接种检测出更多的细菌细胞当量（BCE）。因为理论上，每个金黄色葡萄球菌细胞都可能促进如肠毒素类等有害物质的表达，所以在疫情评估中，使用一个准确和标准化样品处理的实时荧光定量 PCR 方法比传统培养基平板接种方法能使结果更接近实际情况。

2. 乳制品中金黄色葡萄球菌的检测

实时荧光定量 PCR 技术不仅可以应用于乳中金黄色葡萄球菌的检测，对以乳为原料的相关制品（如冰淇淋、干酪和乳粉）等也有很好的检测效果。Hein 等[27]在使用实时荧光定量 PCR 技术检测干酪中金黄色葡萄球菌细胞的研究中，使用两种实时荧光定量 PCR 方法通过检测靶基因耐热核酸酶基因（*nuc*）以定量检测金黄色葡萄球菌细胞。结果表明 TaqMan 探针法（6 *nuc* 基因拷贝数/μL）比 SYBR Green Ⅰ染料法（60 *nuc* 基因拷贝数/μL）灵敏度更高。在定量检测人为污染干酪中金黄色葡萄球菌的应用中，得到的灵敏度为 1.5×10^2～6.4×10^2*nuc* 基因拷贝数/2g。细菌数（CFU）的对数与 *nuc* 基因拷贝数之间的相关系数为 0.979～0.998，相关性良好。因此实时荧光定量 PCR 技术可以有效地检测干酪中污染的金黄色葡萄球菌。

13.3.2　肉及肉类制品中的应用

肉和肉类产品被认为是金黄色葡萄球菌传染的主要传播媒介之一。因此，曾多次爆发由肉类制品被金黄色葡萄球菌污染而引起的食物中毒[28]。徐德顺等[29]利用实时荧光定量 PCR 技术建立食品中金黄色葡萄球菌污染的快速敏感特异的检测方法。以市售生猪肉、鸡肉等材料为原料经金黄色葡萄球菌增菌液增菌培养后，分别使用 TaqMan 探针法和传统培养方法进行平行实验并进行对比，发现在 10 株相关菌株的检测中，除金黄色葡萄球菌表现很好的阳性，其余菌株均为阴性。纯培养条件下，最低检测限为 44 CFU/mL。同一样品重复 3 次的 C_t 值的变异系数均＜5%。因此实时荧光定量 PCR 技术具有操作简便快捷、特异性强和稳定性高等优点，符合食品中病原微生物检验的发展需要，值得推广和应用。Alarcón 等[30]研究发现在人为污染的牛肉样品中使用两种实时荧光定量 PCR 方法检测金黄色葡萄球菌的最低限量为 5×10^2 CFU/g，并且 SYBR Green Ⅰ染料法和 TaqMan 探针法均提高了检测的灵敏度，分别将检测水平降低到 10 个和 100 个细胞水平。结果表明 SYBR-Green Ⅰ染料方法成本更低，能够灵敏、自动定量检测食品中的金黄色葡萄球菌。

13.3.3 其他食品中的应用

金黄色葡萄球菌是一种以群落形式普遍存在的病原体并且长期被认为是影响公共卫生的一个主要问题。在使用实时荧光定量 PCR 技术检测金黄色葡萄球菌时，经常与多重 PCR 结合使用，同时检测多种细菌性病原体，效果更好。

1. 蔬菜中的应用

Elizaquível 等[10]使用一种新的多重单管实时荧光定量 PCR 方法同时检测新鲜的、最小程度处理的蔬菜中的大肠杆菌 O157：H7、沙门菌属和金黄色葡萄球菌，三种被频繁调查的食物传播细菌性病原体。研究包括特异性检验，并为沙门菌属设计一种新的引物和探针。研究中同时采用 SYBR Green Ⅰ染料法和 TaqMan 探针法，将反应条件调整到可以同时扩增和检测β-葡萄糖苷酸酶（*uidA*，*E. coli*）基因、耐热核酸酶基因（*nuc*，*S. aureus*）和复制起始区的特异性片段（*oriC*，*Salmonella* spp.）。结果表明，这三种病原体的检测灵敏度为 10^3 CFU/g。因此，多重实时荧光定量 PCR 技术的开发使 PCR 在食品检测中的灵敏度得到了公认，并且可以高流通量和自动化检测，其有望作为食品行业快速和经济的检测方法。

2. 豆制品中的应用

姚蕾等[31]在传统发酵豆制品中三种致病菌检测的研究中，以 *hly A* 基因（单增李斯特菌）、*Cereolysin AB* 基因（蜡样芽孢杆菌）和 *nuc* 基因（金黄色葡萄球菌）为靶基因设计引物和 TaqMan 探针，优化 PCR 反应体系，建立同时检测金黄色葡萄球菌等三种致病菌的三重实时荧光定量 PCR 体系，并且进行了特异性和敏感性实验。26 株非目标菌的检测结果均为阴性，定量检测批内和批间的变异系数均＜2%。单增李斯特菌、蜡样芽孢杆菌和金黄色葡萄球菌的最低检测限分别为 3×10^3CFU/mL、2×10^4CFU/mL、2×10^4CFU/mL。研究表明该方法特异性强、灵敏度高、重复性好，可以在 8h 内对金黄色葡萄球菌等三种致病菌进行同步检测。

13.3.4　食品加工表面金黄色葡萄球菌的检测

欧洲已经立法要求食品加工表面应该是“健康卫生并易于清洗”，食品加工表面不适当的清洗和消毒存在着潜在的食品交叉感染风险。研究表明，金黄色葡萄球菌等致病菌可以在手、海绵和炊具上存在几小时甚至几天[32]。传统的检测方法虽然使用简单，但仅限于潜伏期的 24～48h，鉴于可能更早地需要结果，理想的时间是食品进入市场前。因此，需要一种快速、稳定的检测方法。Martinon 等[33]使用实时荧光定量 PCR 方法与叠氮溴化丙锭（propidium monoazide，PMA）试剂结合定量检测污染的食品加工表面的活性金黄色葡萄球菌、大肠杆菌和单核细胞增生李斯特菌，研究中采用 SYBR Green 染料法定量检测加工表面的病原体数量。研究发现该方法与平板计数法的结果没有显著差异。实时荧光定量 PCR 与 PMA 结合方法可以用于快速检测接触过高污染食品的接触表面或监测食品加工表面的消毒效果。

13.4　实时荧光定量 PCR 技术的应用前景

实时荧光定量 PCR 技术能够有效解决传统 PCR 中只能终点检测的局限，并且在封闭的条件下进行反应和分析，无需电泳等 PCR 后处理操作，能有效预防 PCR 产物之间的相互污染。并且由于其操作简便快速、特异性强、灵敏度高、假阳性低、可定量检测、误差小、稳定性好等特点已经广泛应用于食品中微生物的检测。因此，在食源性致病菌的检测中可以代替传统方法，更加高效和快速。

实时荧光定量 PCR 技术也存在着不足，如需要设计适宜的引物和探针，否则会降低检测的特异性和灵敏度；食品基质成分会影响酶活性；技术设备要求高，荧光探针费用较高。然而，这种分子诊断技术最主要的缺陷是不能区别活性和死亡病原微生物的 DNA。但使用 PMA 可以解决这个问题。PMA 作为 DNA 嵌入试剂，可以选择性消除死亡细菌细胞的 DNA。这种方法通常和实时荧光定量 PCR 结合使用，用来检测活性病原体，如肉类制品中的单核细胞增生李斯特菌、大肠杆菌 O157：H7 和弯曲杆菌属等[4]。此外，由于抗生素的滥用和生态环境的改变，通常需要同时检测多种病原微生物。因此实时荧光定量 PCR 与多重 PCR 结合使用，能够同时在同一反应管内检测多种致病菌，效率更高。随着分子生物学技术的发展，实时荧光定量 PCR 技术还有广泛的发展空间。进一步研究优化实时荧光定量 PCR 技术并与其他技术结合使用，必将成为金黄色葡萄球菌等食源性致病菌检测发展的重要趋势。

参 考 文 献

[1] Normanno G，Salandra G L，Dambrosio A，et al. Occurrence，characterization and antimicrobial resistance of enterotoxigenic *Staphylococcus aureus* isolated from meat and dairy products[J]. International Journal of Food Microbiology，2007，115（3）：290-296.

[2] Riyaz-Ul-Hassan S，Verma V，Qazi G N. Evaluation of three different molecular markers for the detection of *Staphylococcus aureus* by polymerase chain reaction[J]. Food Microbiology，2008，25（3）：452-459.

[3] 卫生部. GB 4789.10—2010，食品微生物学检验金黄色葡萄球菌检验[S]. 2010.

[4] Mamlouk K，Macé S，Guilbaud M，et al. Quantification of viable *Brochothrix thermosphacta* in cooked shrimp and salmon by real-time PCR[J]. Food Microbiology，2012，30（1）：173-179.

[5] Postollec F，Falentin H，Pavan S，et al. Recent advances in quantitative PCR（qPCR）applications in food microbiology[J]. Food Microbiology，2011，28（5）：848-861.

[6] Saiki R K，Scharf S，Faloona F，et al. Enzymatic amplification of beta-globin genomic sequences and restriction site analysis for diagnosis of sickle cell anemia[J]. Science，1985，230：1350-1354.

[7] 尹兵. 实时荧光定量 PCR 的原理及应用研究进展[J]. 科技信息，2010，（17）：30.

[8] Hein I，Jørgensen H J，Loncarevic S，et al. Quantification of *Staphylococcus aureus* in unpasteurised bovine and caprine milk by real-time PCR[J]. Research in Microbiology，2005，156（4）：554-563.

[9] Elizaquíve P，Aznar R. A multiplex RTi-PCR reaction for simultaneous detection of *Escherichia coli* O157：H7，*Salmonella* spp. and *Staphylococcus aureus* on fresh，minimally processed vegetables[J]. Food Microbiology，2008，25（5）：705-713.

[10] 李静芳，汤水平，张素文，等. 实时荧光定量 PCR 技术在食品检测中的应用[J]. 实用预防医学，2008，15（6）：1997-1998.

[11] Rodríguez-Lázaro D，Hernández M，Esteve T，et al. A rapid and direct real time PCR-based method for identification of *Salmonella* spp.[J]. Journal of Microbiological Methods，2003，54（3）：381-390.

[12] Salinas F，Garrido D，Ganga A，et al. Taqman real-time PCR for the detection and enumeration of *Saccharomyces cerevisiae* in wine[J]. Food Microbiology，2009，26（3）：328-332.

[13] Nam H M，Srinivasan V，Gillespie B E，et al. Application of SYBR green real-time PCR assay for specific detection of *Salmonella* spp. in dairy farm environmental samples[J]. International Journal of Food Microbiology，2005，102（2）：161-171.

[14] Liu G Y，Essex A，Buchanan J T，et al. *Staphylococcus aureus* golden pigment impairs neutrophil killing and promotes virulence through its antioxidant activity[J]. Journal of Experimental Medicine，2005，202（2）：209-215.

[15] Huong B T M，Mahmud Z H，Neogi S B，et al. Toxigenicity and genetic diversity of *Staphylococcus aureus* isolated from Vietnamese ready-to-eat foods[J]. Food Control，2010，21（2）：166-171.

[16] 姜毓君，李一松，相丽，等. RT-PCR 检测金黄色葡萄球菌肠毒素 A 基因[J]. 东北农业大学学报，2009，40（2）：88-91.

[17] Boerema J A，Clemens R，Brightwell G. Evaluation of molecular methods to determine enterotoxigenic status and molecular genotype of bovine，ovine，human and food isolates of *Staphylococcus aureus*[J]. International Journal of Food Microbiology，2006，107（2）：192-201.

[18] 刘慧. 现代食品微生物学[M]. 北京：中国轻工业出版社，2004：400.

[19] Ertas N，Gonulalan Z，Yildirim Y，et al. Detection of *Staphylococcus aureus* enterotoxins in sheep cheese and dairy desserts by multiplex PCR technique[J]. International Journal of Food Microbiology，2010，142（1-2）：74-77.

[20] Derzelle S，Dilasser F，Duquenne M，et al. Differential temporal expression of the staphylococcal enterotoxins genes during cell growth[J]. Food Microbiology，2009，26（8）：896-904.

[21] Gündoğan N，Citak S，Turan E. Slime production，DNAse activity and antibiotic resistance of *Staphylococcus aureus* isolated from raw milk，pasteurised milk and ice cream samples[J]. Food Control，2006，17（5）：389-392.

[22] Hwang S Y，Kim S H，Jang E J，et al. Novel multiplex PCR for the detection of the *Staphylococcus aureus* superantigen and its application to raw meat isolates in Korea[J]. International Journal of Food Microbiology，2007，117（1）：99-105.

[23] Cremonesi P，Luzzana M，Brasca M，et al. Development of a multiplex PCR assay for the identification of *Staphylococcus aureus* enterotoxigenic strains isolated from milk and dairy products[J]. Molecular and Cellular Probes，2005，19（5）：299-305.

[24] Fusco V，Quero G M，Morea M，et al. Rapid and reliable identification of *Staphylococcus aureus* harbouring the enterotoxin gene cluster（*egc*）and quantitative detection in raw milk by real time PCR[J]. International Journal of Food Microbiology，2011，144（3）：528-537.

[25] 李一松，王明娜，吕琦，等. SYBR Green Ⅰ荧光定量 PCR 检测乳中携带 *sea* 基因金黄色葡萄球菌的研究[J]. 食品科学，2008，29（7）：235-239.

[26] Aprodu I，Walcher G，Schelin J，et al. Advanced sample preparation for the molecular quantification of *Staphylococcus aureus* in artificially and naturally contaminated milk[J]. International Journal of Food Microbiology，2011，145：61-65.

[27] Hein I，Lehner A，Rieck P，et al. Comparison of different approaches to quantify *Staphylococcus aureus* cells by real-time quantitative PCR and application of this technique for examination of cheese[J]. Applied and Environmental Microbiology，2001，67（7）：3122-3126.

[28] de Oliveira C E V，Stamford T L M，Neto N J G，et al. Inhibition of *Staphylococcus aureus* in broth and meat broth using synergies of phenolics and organic acids[J]. 2010，137（2-3）：312-316.

[29] 徐德顺，韩健康，吴晓芳. 实时荧光定量-聚合酶链反应检测食品中金黄色葡萄球菌方法的研究[J]. 疾病监测，2009，24（7）：541-544.

[30] Alarcón B，Vicedo B，Aznar R. PCR-based procedures for detection and quantification of *Staphylococcus aureus* and their application in food[J]. Journal of Applied Microbiology，2006，100（2）：352-364..

[31] 姚蕾，汪金林，郑云峰，等. 传统发酵豆制品中 3 种致病菌的三重荧光 PCR 快速检测方法的建立[J]. 中国酿造，2012，31（4）：158-162.

[32] Kusumaningrum H D，Riboldi G，Hazeleger W C，et al. Survival of foodborne pathogens on stainless steel surfaces and cross-contamination to foods[J]. International Journal of Food Microbiology，2003，85（3）：227-236.

[33] Martinon A，Cronin U P，Quealy J，et al. Swab sample preparation and viable real-time PCR methodologies for the recovery of *Escherichia coli*，*Staphylococcus aureus* or *Listeria monocytogenes* from artificially contaminated food processing surfaces[J]. Food Control，2012，24（1-2）：86-94.

第 14 章　新一代测序技术在食品微生物学中的应用

食品中含有非常丰富的营养物质，复杂的食品成分导致食品中的微生物群落十分多样。对微生物的研究和利用起源于传统的发酵食品，微生物发酵可以提高食品的营养成分、改变食品的风味、使食品更易于消化及延长食品的保质期等[1]。目前食品微生物学的研究主要集中在病原性微生物、腐败微生物、可以作为发酵剂的微生物和有益微生物等方面[2]，这是因为它们与食品的变质和食品安全有关[3]或在食品加工过程中起到十分重要的作用，能够影响食品的感官性质和品质特性[4]。食品中微生物的传统检测方法主要是培养法，需要依赖于微生物的分离和培养。已有研究证明目前自然界中 85%～90%的微生物无法培养[5]，因为微生物的分离和培养可能需要未知的生长因子和/或存在于天然环境但不存在于实验室的生长条件[6]，食品也可能处于一个低 pH、低水分活度的条件下，导致微生物处于一个生理学上可以存活但不能培养的状态[7]。随着 DNA 测序对分子生物学发展的影响，食品微生物学的研究发生了巨大的改变，功能基因组学、转录组学、蛋白质组学和代谢产物学等不依赖于微生物培养的技术都已经被应用到食品微生物研究中[8]。第一代测序方法 Sanger 双脱氧链终止测序法已经发展成为一种可靠的 DNA 测序方法，目前发展的新一代测序技术的特点在于测序数据数量和测序时间都要远远优于 Sanger 双脱氧链终止测序法且成本更加低廉，已经彻底改变了食品微生物学的研究方法，被广泛应用在食品中微生物菌株的测序和微生物多样性的研究中，它也为研究人员探索食品，尤其是发酵食品中的一些功能作用的机制提供了一种新的研究方法[9]。

14.1　食品微生物多样性分析技术的发展

目前不依赖于微生物培养的细菌多样性分析技术[10]是在对微生物核酸序列（DNA 和 RNA）分析的基础上发展而来的，主要是通过 PCR 反应对核酸序列进行扩增。它包括以 PCR 技术为基础的变性梯度凝胶电泳（denaturing gradient gel electrophoresis，DGGE）、温度梯度凝胶电泳（temperature gradient gel electrophoresis，TGGE）、单链构象多态性（single strand conformation polymorphism，SSCP）、实时荧光定量 PCR（real-time fluorescence quantitative polymerase chain reaction，RT-qPCR）和 16S rRNA 基因文库的构建等，但这些方法都存在一些问题（如测序通量低、操作复杂、准确率不高等）。下一代测序（next generation sequencing，NGS）技术是在第一代测序技术的基础上发展而来的，具有检测通量更高、用时更少、准确度更高、检测费用更低等优点。

NGS 测序技术推动了基因组学、宏基因组学、转录组学和环境转录组学等高通量技术的发展。和其他不依赖于培养的方法相比，NGS 测序技术对核酸序列的分析量极高，对微生物菌群和生态系统的分析更加深入。当前 NGS 测序技术可以应用于两个方面[10]：总微生物核酸测序，如鸟枪法（shotgun sequencing），以及特异性基因测序，如靶向测序（targeted sequencing）。这两种技术都已经在食品微生物学分析中得到了广泛的应用。

14.2　NGS 测序平台

NGS 测序技术是由不同生物技术公司开发的第二代测序技术的统称，其中包括由 Roche 公司研发的 454 焦磷酸测序系统、Life Technologies 公司研发的 SOLiD 测序平台和 Illumina 公司推出的 Solexa 技术，以及在 Illumina Solexa 技术上发展而来的 HiSeq 和 MiSeq 系统，还包括一些其他公司研发的测序系统，本章主要介绍前三种应用较为广泛的 NGS 测序平台。

14.2.1　Roche 454 焦磷酸测序

NGS 时代的开启始于 2004 年 Roche 公司研发的 454 焦磷酸测序系统[11]。在该反应系统中，双链 DNA 片段被连接在特异性的接头上，稀释并固定在很小的磁珠上（直径约为 28μm，每个磁珠上只有一个分子）。在特异性引物存在的条件下，在油水乳化体系中通过 PCR 反应将被连接的 DNA 进行百万倍的扩增和复制。然后将磁珠放置在 PicoTiter 平板[12]上的孔洞内（孔洞直径约为 44μm）进行下一步的测序反应，没有生物素基化的 DNA 链变性且被洗掉。每个平板包含大约一百万个孔洞并且每个测序反应都是独立的，能够保障测序反应的特异性和精确性。

当测序引物加入到孔洞中时，测序程序开始，以连接在磁珠上的单链 DNA 为模板，加入 DNA 的合成物质 dNTP，测序程序检测孔洞中的 A、T、G、C 这 4 种核苷酸，一次一个类型。当一个核苷酸可以和待测序列结合，焦磷酸基团就会被释放出来并转换成 ATP，刺激荧光-荧光素酶发生反应释放出荧光（荧光的强度与结合的核苷酸数量呈正相关）。最后通过一个电荷耦合器件（charge-coupled device，CCD）照相机收集荧光信号，没有结合的核苷酸则经酶的作用发生降解。目前，454 焦磷酸测序技术的测序长度已经可以达到 1000bp 和一个较高的测序量，如 454 GS FLX + 系统可以达到 1 Mb 的测序通量。然而 454 测序平台也存在着一些缺点，它的造价过高并且测量同聚物的长度的准确度也较低。

14.2.2　SOLiD 系统

世界上第一个 SOLiD（sequencing by oligonucleotide ligation and detection）测序平台是由 Life Technologies 于 2007 年研发推出的。SOLiD 技术和其他技术的不同之处就在于它的技术原理是基于连接酶测序法，采用连接替代合成[13]。SOLiD 技术首先将 DNA 片段连接到一个通用的接头上，然后结合一个磁珠。经过乳化 PCR 后，结合在磁珠上的扩增产物以共价键的形式连接在载玻片上，一组 4 种荧光标记的双核苷酸探针竞争性地连接到测序引物上。经过一系列探针连接的循环，染料被分离并检测到后，在第二轮连接过程中洗去扩增产物，模板和互补的引物重新结合在第 n-1 的位置上。相比聚合酶而言连接酶的出错率较小，因此基于连接酶的测序方法的精确度很高（99.94%）[14]。SOLiD 测序法也存在一些缺点：它的最大读长只能达到 75 bp，不能够支撑大部分宏基因组研究。

14.2.3　Illumina GA/HiSeq/MiSeq 系统

Illumina 测序平台技术[15]源于 2006 年 Solexa 开发的基因组分析仪（GA），Illumina 公司于 2007 年收购了 Solexa 公司并在此基础上开发了 HiSeq 和 MiSeq 等新一代的序列检测系统。其主要技术特点就是可以边合成边测序（sequencing by synthesis，SBS），将待测的序列片段处理成一定长度的单链 DNA 分子片段，杂交到流动槽（flow cell）表面的接头上，接头上的引物在聚合酶的作用下以原始的模板链为模板延伸形成一条新合成链。模板链被洗去，只剩下新合成的链以共价键为结合方式紧紧地结合在流动槽的表面，然后通过桥式扩增（bridge amplification）形成具有DNA分子克隆片段的DNA分子簇。桥式扩增是Illumina测序平台独有的一个分子扩增技术，技术原理主要是新合成链与流动槽表面相邻的oligo接头进行杂交形成了一个拱桥的结构，然后在聚合酶的作用下形成双链的桥式结构，双链的桥式结构发生变性打开形成两个单链模板，形成的单链再和相邻的oligo接头形成桥式结构并重复以上过程直至扩增完成。最终连接在流动槽表面的为双链DNA桥变性打开形成的单链DNA。同时合成链被剪切洗掉，只剩下由模板链组成的 DNA 分子簇。在每轮反应中都加入带有一个阻断基团和不同荧光染料标记的4种核苷酸（ddATP、ddGTP、ddCTP、ddTTP），每轮反应结合一个核苷酸，CCD照相机通过读取相应的荧光信号测序，再通过化学方法去除阻断基团，进行下一轮测序反应直至完成DNA分子的测序过程。

Illumina公司于2010年推出的HiSeq 2000测序原理和SBS测序原理类似，但是它的产量非常大，费用也较为廉价，平均错误率也较低，每100PE在2%以下。MiSeq平台采用的也是Illumina的SBS技术，将分子簇生成、SBS技术和数据分析等功能都集合在一台仪器上，从样品到分析数据只需要1天（低至8h）。MiSeq平台的灵活性较高，它的读长可以从36bp（120MB产量）到2×150双末端读量（1～1.5GB产量）。MiSeq在读长上的明显提高，使所得到的数据在重叠组装方面要比HiSeq更好。

14.3 NGS测序技术在食品微生物学中的应用

14.3.1 NGS测序技术在植物发酵食品中的应用

随着测序技术的发展，这些边合成边测序的新一代测序技术代表了一种更为简单快速的微生物群落检测方法，检测量在同一时间可以达到成千上万的核苷酸分析量[16]，目前已经在一些发酵产品中得到了应用，如Jeotgal[17]（一种韩国海鲜酱）和Meju[18]（一种韩国谷物做的酱粉）中用以描述这些产品中微生物的多样性。Nam等[19]采用新一代测序技术分析了韩国豆瓣酱Doenjang中的微生物群落。Doenjang的质量通常是由发酵过程决定，并且认为枯草芽孢杆菌（*Bacillus subtilis*）是发酵过程中起主要作用的微生物。该研究以16S rRNA基因的高可变区域 V1/V2 区为靶基因经过焦磷酸测序，从 9 个区域 2 种品牌的大酱样品中得到了 17675 个细菌序列。与用平板培养或商业分子生物学方法为基础发现的基因序列相比，新一代测序技术发现大酱样品中含有更多样的细菌种类（共 208 种），并且每一个大酱样品都反映了一个区域特异性的细菌群落结构。研究发现只有在韩国中部地区的豆瓣酱中芽孢杆菌属占主要地位，含量可以高达 58.3%～91.6%，其他大酱样品中则是乳酸菌（LAB）占主要地位，含量可达到 39.8%～77.7%。并且研究发现和当地传统大酱相比，商业品牌的豆酱中以四联球菌属（*Tetragenococcus*）和葡萄球菌属（*Staphylococcus*）为主，与日本 Miso（一种由发酵的大豆和大米制成的豆酱）类似，表明这些产品可能是采用了人工接种的方法来控制大酱产品的质量和标准化。该研究首次应用了高通量测序技术检测大酱样品中的微生物群落，结果证明高通量测序可以有效、全面地评价韩国发酵豆瓣酱中的微生物群落组成。

李晓然等[20]分析了两种云南传统发酵豆豉中的细菌群落。研究者考虑到并不是食品中全部的微生物都能起到发酵食品的作用，因此该研究首先对豆豉样品中存活的微生物进行了富集培养，然后提取总 DNA 并对其 16S rRNA 进行扩增和焦磷酸测序，分析云南传统发酵豆豉中的微生物多样性。研究表明两种豆豉样品中主要的优势菌群分别为肠球菌、乳酸片球菌和枯草芽孢杆菌、甲基营养型芽孢杆菌。该研究表明高通量测序可以较好地分析传统发酵豆豉的微生物多样性。

Marsh 等[21]在对康普茶样品中细菌和真菌的组成结构的分析中采用了 454 焦磷酸测序技术。为了对康普茶的微生物群落有一个整体综合性的了解，该研究第一次采用了高通量的测序方法分析康普茶发酵过程中 2 个时间点的 5 个菌膜。经分析确定，主要的细菌菌属为葡糖醋杆菌属（*Gluconacetobacter*），在多数样品中其含量都达到了 85%以上。同时只检测到很少的醋杆菌属（＜2%），还检测到乳杆菌属也占主导地位，可以达到 30%左右。该研究还发现了一些以往康普茶的相关报道中没有发现的次主导的菌属。酵母菌群中占主导地位的主要是接合酵母菌（*Zygosaccharomyces*），在发酵饮料中含量可达 95%以上，纤维素菌膜中则主要是一些真菌。包括在之前的报道中没有检测到的菌种，这项研究是至今对康普茶中微生物描述最准确的，证明了 NGS 测序技术在检测植物发酵食品中微生物菌群结构的准确性和全面性。

14.3.2 NGS 测序技术在牛乳和发酵乳制品中的应用

目前 rDNA 扩增产物的焦磷酸测序技术也已经被应用于牛奶中微生物的检测，尤其是对能够引起乳腺炎的微生物种类的鉴别。Oikonomou 等[22]采用 454 焦磷酸测序技术对健康奶牛和患有乳腺炎奶牛产的牛奶的 16S rDNA V1～V2 区域进行分析，研究结果表明在大多数样品中，通过培养法鉴别出能够引起乳腺炎的病原菌在焦磷酸测序法中同样能够检测到，如大肠杆菌（*Escherichia coli*）、克雷伯菌属（*Klebsiella* spp.）、化脓隐秘杆菌（*Trueperella pyogenes*）、乳房链球菌（*Streptococcus uberis*）和金黄色葡萄球菌（*Staphylcoccus aureus*）等。

Riquelme 等[23]采用焦磷酸测序法对 Pico 奶酪（亚速尔群岛的一种手工食品）的微生物生物多样性进行了描述。该研究是第一个对 Pico 奶酪中的细菌群落进行分析的研究，Pico 奶酪是一种由生牛乳制成的传统的亚速尔群岛（葡萄牙）奶酪。该研究采用了焦磷酸测序技术对奶酪的 16S rDNA V3～V4 区域进行分析，对 Pico 奶酪全部的微生物群落进行评价，同时还评价了不同奶酪工厂（A、B 和 C）和不同成熟时间奶酪中微生物群落结构间可能存在的差异性。焦磷酸测序结果表明 Pico 奶酪中的微生物十分丰富，检测到 54 个属的微生物，它们主要属于微生物厚壁菌门（Firmicutes）、变形菌门（Proteobacteria）、放线菌门（Actinobacteria）和拟杆菌门（Bacteroidetes），占主要优势地位的是乳球菌属（77%），且 3 个厂家的奶酪中均未发现属于食源性致病菌的序列，奶酪中的葡萄球菌占序列的 0.5%，并且研究结果表明奶酪生产厂家 B 和该研究中其他两个奶酪厂家的产品中微生物群落组成间存在着显著的差异。运算分类单元（operational taxonomic unit，OTU）分析确定了一组分类群乳球菌（*Lactococcus*）、链球菌（*Streptococcus*）、不动杆菌属（*Acinetobacter*）、肠球菌属（*Enterococcus*）、乳杆菌属（*Lactobacillus*）、葡萄球菌属、罗思氏菌属（*Rothia*）、泛菌（*Pantoea*）和属于肠杆菌科（Enterobacteriaceae）的无类别菌属。这些菌属代表了手工 Pico 奶酪微生物菌群的核心组成成分。在奶酪的成熟过程中奶酪的细菌群落结构间也存在差异，细菌的种类会持续增加约 2 周，在随后的成熟末期下降。成熟期过程中序列数量变化最显著的是升高的乳杆菌属、下降的不动杆菌属和寡养单胞菌属（*Stenotrophomonas*）。微生物丰度曲线表明 Pico 奶酪细菌群落的特点是占主要优势地位的分类群较少、低丰度的较多，高度多样化的类群整合成“稀有生物圈”。

焦晶凯等 [24]采用 NGS 测序 Illumina MiSeq 系统分析了内蒙古自治区内 4 个不同地区自然成熟干酪中的菌群结构。研究结果表明 Illumina MiSeq 方法从 4 个不同地区的干酪样品中鉴别出 1142 个细菌门、1057 个纲、952 个目、716 个科、432 个属，占有优势地位的微生物主要是乳酸杆菌、醋酸杆菌和乳酸球菌。并且 4 种样品的丰度曲线和环境及土壤的丰度曲线相比较为狭窄，表明干酪中的菌相较为单一。4 种干酪的丰度曲线斜率较大说明可能存在着占比超过 50%的优势微生物。主成分分析（principal component analysis，PCA）结果表明 4 个不同地区的干酪样品中菌群结构间存在显著差异，说明地域对于干酪的菌群结构影响较大。该研究表明 Illumina MiSeq 测序方法能够较为全面地分析干酪中细菌菌群结构的变化。

目前 NGS 测序技术已经在乳及乳制品方面应用得较为广泛，尤其是在一些发酵乳和传统发酵乳制品中。以上研究也表明 NGS 测序技术能够较为准确、全面地分析乳及乳制品中的微生物多样性。

14.3.3　NGS 测序技术在肉和发酵肉制品中的应用

NGS 测序的焦磷酸测序技术同样可以应用在肉类的研究中。Ercolini 等[25]研究了真空包装牛肉在不同贮藏条件下微生物多样性的变化，采用 454 焦磷酸测序技术对 16S rDNA 的 V1～V3 区扩增产物进行了分析。研究结果表明贮藏条件对肉类的微生物变化有着显著的影响。改变气压条件在贮藏期的三个星期内可以抑制肠杆菌科（Enterobacteriaceae）和假单胞菌属（*Pseudomonas* spp.）的生长。将牛肉真空包装在含有乳酸链球菌素的包装袋内可以有效抑制一种主要的肉类腐败菌热杀索丝菌（*Brochothrix thermosphacta*）。焦磷酸测序结果还进一步表明牛肉的微生物群落结构都发生了复杂的变化，且对肉类的质量存在着负面的影响。

Polka 等[26]在对不同成熟阶段的意大利 Salami 香肠中细菌多样性的分析中采用了 NGS 测序技术，选取了意大利北方某地 6 个工厂的样品，分别选取成熟过程中的第 0 天、21 天、49 天、63 天的样品、0 天的生肉和 21 天的肠衣以及接种发酵剂的样品，分别采用 PCR-DGGE 技术和 Illumina MiSeq 系统检测样品的 16S rRNA V3 和 V4 可变区域，将 PCR-DGGE 和高通量测序结果进行了对比。Illumina

MiSeq 测序结果表明，Salami 香肠发酵过程中主要的细菌菌群与 PCR-DGGE 结果相似，但有更高的分辨率且可定量分析。全部检测数据表明主要检测出 13 个属和 98 个稀有的种，其中的 23 个种在检测样品中至少占 10%，是 Salami 香肠中的主要微生物。多元分析结果表明当地的 6 个厂家不同批次的 Salami 香肠在 21 天成熟后菌群结构趋于相同，该研究结果说明 16S rRNA 的 NGS 测序技术描述地区产品中细菌群落结构的可行性较高，所有样品中检测到的菌群覆盖率可以达到 90%以上，并且 99.5%的序列可以准确划分到种。和 PCR-DGGE 结果相比，NGS 测序技术可以更好地分析食品中的细菌群落，一些较为稀有的属也可以鉴定出来。

14.3.4 NGS 测序技术在病原性微生物和益生菌检测中的应用

病原性微生物的检测始终是食品检测和研究的重点，分子生物学和基因组学技术已经逐渐发展成为致病菌检测和鉴定的主要方法。NGS 测序技术中的焦磷酸测序技术由于其无需电泳、操作简便、测序时间短、数据直观、检测结果精确等优点已经广泛应用于食品毒理学的研究和病原性微生物的检测中。卢熠川等[27]建立了一种快速检测食品中肠道沙门菌的焦磷酸测序方法。研究结果表明焦磷酸测序法检测食品中肠道沙门菌的时间要远远短于国标（GB 4789.4—2016）的检测时间，且检测结果与传统检测方法结果一致。同时将该方法与 PCR 和实时 PCR 检测方法对比发现焦磷酸测序法得到的 DNA 碱基序列更加准确，证明焦磷酸测序法能够快速、高效地检测食品中的肠道沙门菌。

NGS 测序技术同样还可以作为一种深度测序技术应用在益生菌产品的序列分析中，杨捷琳等[28]采用 Illumina 系统深度测序分析了目前市场上的益生菌产品（主要是酸乳），调查产品中的实际菌株是否和产品标签相符并分析不同益生菌产品间菌株的差异。该研究对市场上的 24 种益生菌产品进行了深度测序分析，研究结果表明 24 种产品中检测到的菌株和实际标签完全相符的仅 2 种，其余产品中标识的菌株少于实际检测到的菌株，并且酸乳产品中的优势菌株主要为嗜酸乳杆菌、嗜热链球菌、保加利亚乳杆菌或德氏乳杆菌和干酪乳杆菌，这是由于市场上的大部分益生菌制品的发酵剂是购买商业化的发酵菌株，导致产品间的细菌结构较为相似。同样检测到全部样品中含有双歧杆菌，但含量较低。该研究对不同产品间的同一菌株也进行了序列差异性分析，发现只有德氏乳杆菌保加利亚亚种和德氏乳杆菌德氏亚种在 1 个位点上有差异，其他菌株的序列基本相同，这说明 NGS 测序技术可以快速、高效地对食品中微生物结构进行精确的分析。

14.4　结语与展望

NGS 测序技术和第一代 Sanger 双脱氧链终止测序技术的原理都是基于 SBS 技术，而 NGS 测序时间缩短和成本降低的主要原因是其采取了高通量测序技术，使得序列的检测量大大提高。但是不同的 NGS 测序技术仍然存在着一些问题，如 NGS 测序技术在测序前都需要通过 PCR 方法对序列片段进行扩增，这在无形间就增加了序列合成的出错率，而 Illumina 和 SOLiD 测序的序列片段长度都较短，因此不太适合没有基因组系列的全新测序，其他 NGS 测序技术也存在前期文库制备烦琐和读长短的问题，因此 NGS 测序技术的发展趋势是测序读长和通量增加。随着高通量测序技术的发展，Helicos 公司和 Pacific Biosciences 公司在 NGS 测序技术的基础上都推出了第三代测序技术，解决了 NGS 测序技术存在错误率和读长较短的问题。虽然第三代测序技术目前发展还不是很成熟且 NGS 测序技术目前在食品中的应用还不是很广泛，但是由于 NGS 技术和第三代测序技术都具有高通量、价格低廉、操作简单、准确率较高等特点，其在食品微生物研究方面的应用必将越来越成熟和广泛，为研究者提供了新的食品微生物多样性分析的方法，能够更加全面地分析食品中微生物的一些作用机制。

参 考 文 献

[1] Bokulich N A，Mills D A. Next-generation approaches to the microbial ecology of food fermentations[J]. BMB Reports，2012，45（7）：377-389.

[2] Ercolini D. High-throughput sequencing and metagenomics: moving forward in the culture-independent analysis of food microbial ecology[J]. Applied and Environmental Microbiology，2013，79（10）：3148-3155.

[3] Smit G，Smit B A，Engels W J. Flavour formation by LAB and biochemical flavour profiling of cheese products[J]. FEMS Microbiology Reviews，2005，29：591-610.

[4] Quigley L，O'Sullivan O，Beresford T P，et al. Molecular approaches to analysing the microbial composition of raw milk and raw milk cheeses[J]. International Journal of Food Microbiology，2011，150（2-3）：81-94.

[5] Fontana C，Cocconcelli P S，Vignolo G. Monitoring the bacterial population dynamics during fermentation of artisanal Argentinean sausages[J]. International Journal of Food Microbiology，2005，（103）：131-142.

[6] Amann R I，Ludwingg W，Schleifer K H. Phylogenetic identification and in situ detection of individual microbial cells without cultivation[J]. Microbiological Reviews，1995，59（1）：143-169.

[7] Ercolini D，Moschetti G，Blaiotta G，et al. The potential of a polyphasic PCR-DGGE approach in evaluating microbial diversity of natural whey cultures for water-buffalo Mozzarella cheese production：bias of culture-dependent and culture-independent analyses[J]. Systematic and Applied Microbiology，2001，24（4）：610-617.

[8] O'Flaherty S，Klaenhammer T R. The impact of omic technologies on the study of food microbes[J]. Annual Review of Food Science and Technology，2011，2：353-371.

[9] Solieri L，Dakal T C，Giudici P. Next-generation sequencing and its potential impact on food microbial genomics[J]. Annals of Microbiology，2013，63（1）：21-37.

[10] Mayo B，Rachid C T C C，Alegria A，et al. Impact of next generation sequencing techniques in food microbiology[J]. Current Genomics，2014，15（4）：293-309.

[11] Margulies M，Egholm M，Altman W E，et al. Genome sequencing in microfabricated high-density picolitre reactors[J]. Nature，2006，441（7089）：376-380.

[12] Dressman D，Yan H，Traverso G，et al. Transforming single DNA molecules into fluorescent magnetic particles for detection and enumeration of genetic variations[J]. Proceedings of the National Academy of Sciences of the United States of America，2003，100（15）：8817-8822.

[13] Valouev A，Ichikawa J，Tonthat T，et al. A high-resolution，nucleosome position map of *C. elegans* reveals a lack of universal sequence-dictated positioning[J]. Genome Research，2008，18（7）：1051-1063.

[14] 孙海汐，王秀杰. DNA 测序技术发展及其展望[J]. 科研信息化技术与应用，2009，（3）：18-29.

[15] Liu L，Li Y，Li S，et al. Comparison of next-generation sequencing systems[J]. Journal of Biomedicine and Biotechnology，2012，（12）：251-364.

[16] Cardenas E，Tiedje J M. New tools for discovering and characterizing microbial diversity[J]. Current Opinion in Biotechnology，2008，19（6）：544-549.

[17] Roh S W，Kim K H，Nam Y D，et al. Investigation of archaeal and bacterial diversity in fermented seafood using barcoded pyrosequencing[J]. International Society for Microbial Ecology Journal，2010，4（1）：1-16.

[18] Kim Y S，Kim M C，Kwon S W，et al. Analyses of bacterial communities in meju，a Korean traditional fermented soybean bricks，by cultivation-based and pyrosequencing methods[J]. Journal of Microbiology，2011，49（3）：340-348.

[19] Nam Y D，Le S Y，Lim S I. Microbial community analysis of Korean soybean pastes by next-generation sequencing[J]. International Journal of Food Microbiology，2012，155（1-2）：36-42.

[20] 李晓然，龚福明，李洁，等. 基于混合培养和高通量测序分析云南传统发酵豆豉中活性细菌群落[J]. 食品科学，2014，35（7）：90-94.

[21] Marsh A J，O'Sullivan O，Hill C，et al. Sequence-based analysis of the bacterial and fungal compositions of multiple kombucha（tea fungus）samples[J]. Food Microbiology，2014，38：171-178.

[22] Oikonomou G，Machado V S，Santisteban C，et al. Microbial diversity of bovine mastitis milk as described by pyrosequencing of metagenomic 16S rDNA[J]. PLoS ONE，2012，7（10）：647-671.

[23] Riquelme C，Camara S，Enes Dapkevicius M L N，et al. Characterization of the bacterial biodiversity in Pico cheese（an artisanal Azorean food）[J]. International Journal of Food Microbiology，2015，192：86-94.

[24] 焦晶凯，莫蓓红. Illumina Miseq 平台高覆盖率测定干酪中的细菌微生物多样性[J]. 中国酿造，2014，33（5）：34-38.

[25] Ercolini D，Ferrocino I，Nasi A，et al. Monitoring of microbial metabolites and bacterial diversity in beef stored under different packaging conditions[J]. Applied and Environmental Microbiology，2011，77（20）：7372-7381.

[26] Polka J，Rebecchi A，Pisacane V，et al. Bacterial diversity in typical Italian salami at different ripening stages as revealed by high-throughput sequencing of 16S rRNA amplicons[J]. Food Microbiology，2015，46：342-356.

[27] 卢熠川，徐杨，刘宇，等. 食品中肠道沙门菌焦磷酸测序方法检测[J]. 中国公共卫生，2014，30（6）：835-838.

[28] 杨捷琳，袁辰刚，窦同海，等. 深度测序技术检测益生菌产品菌株组成及 16S rDNA 序列[J]. 食品科学，2013，34（20）：241-245.

第 15 章　扩增子测序技术在食品微生物分析中的应用

微生物在地球上广泛存在，很多现象都与微生物有关，如不同品牌的酒具有不同的风味、每个人的肠道消化吸收能力不同等，这都与微生物有着或多或少的关系。对某一特定环境和样品中微生物组成的了解和剖析极其重要。但现在大部分微生物都不能进行纯培养，经统计发现，能够进行纯培养的微生物不足 1%[1]。现有的微生物鉴定和分类方法主要有形态学、生理学和扩增子测序。扩增子测序是对生物环境中全部微生物遗传物质测定，包含可培养和不可培养的微生物的基因，目前主要指样品中的细菌和真菌。细菌和真菌的分类有界门纲目科属种，通过扩增子测序，可以分析得到样品中包含的微生物种类及丰度，不同样品中微生物组成和丰度的差别，还有同一样品在不同外界条件下微生物组成和丰度发生的变化。另外，还可得到不同微生物的亲缘关系和进化距离。在分类学上，用 G + C 占全部碱基的物质的量百分数来表示各种生物的 DNA 碱基组成特征。亲缘关系近的生物具有相似的 G + C 含量，若微生物之间 G + C 含量差别大则表明它们进化距离远[2]。

15.1　扩增子测序技术概述

对于环境样品中细菌的测序，需从基因组中寻找一段具有种间特异性的特别序列，像物种的身份证明一样，因此，采用编辑 16S rRNA 的基因进行测序。16S rRNA 是原核生物核糖体的主要成分，除此之外，原核生物还包括 5S rRNA 和 23S rRNA。rRNA 参与生物蛋白质的合成过程，其功能是任何生物都必不可少的，而且在生物进化的漫长过程中，其功能保持不变，所以序列相对保守。在 16S rRNA 分子中，既含有高度保守的序列区域，又有中度保守和高度变化的序列区域，因而它适合用于进化距离不同的各类生物亲缘关系的研究。16S rRNA 分析相对分子大小适中，1540bp 左右的碱基，便于序列分析[3]。另外，16S rRNA 普遍存在于原核生物中，并且编码核糖体 rRNA 的 DNA 在细胞中含量大，便于提取。选择编码 16S rRNA 的基因进行测序，因为其存在高度保守性和特异性，直接就可以使用引物从基因组上扩增出来。

15.2　扩增子测序技术过程

在测序过程中，首先是样品的准备，提取待测样品的总 DNA 后，以 PCR 扩增方式获得其中细菌的 16S rRNA 对应基因片段并构建扩增子文库，对文库中的 PCR 产物高通量测序，获得每个样品中数万条甚至十几万条基因片段的序列。测序完成后，以生物信息学的方法去除错误的测序结果，划定微生物分类单元，并与参考数据库中已知的微生物基因比较。最后进行微生物生态学分析，如计算多样性指数、物种注释、组间群落结构、环境因子关联分析和功能预测分析等（图 15.1）[4]。

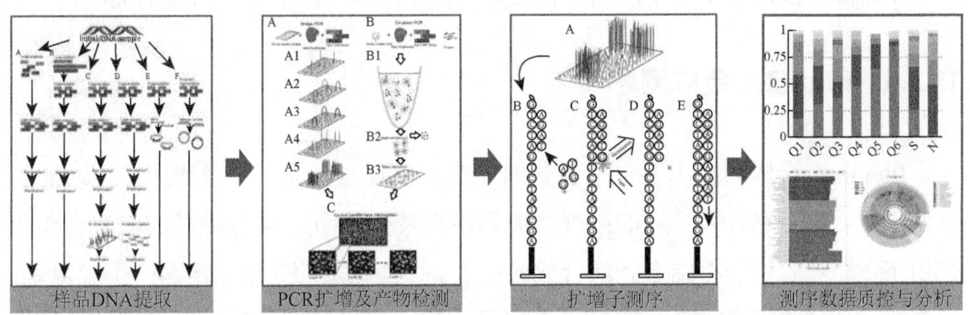

图 15.1　扩增子测序基本流程

15.2.1　DNA 提取及 PCR 富集

采用 CTAB 或 SDS 方法对样本的基因组 DNA 进行提取，之后利用琼脂糖凝胶电泳检测 DNA 的纯度和浓度，最后使用无菌水稀释样品[5]。为提高 PCR 的通量，须将片段进行富集，在制备片段文库之前，必须将每个反应物清洗，归一化并合并。根据不同的样品，可以准备不同长度的扩增子。富集的过程分为扩增子的破碎、文库适配和片段长度选择，以便于后续的扩增。

15.2.2 PCR 扩增

PCR 扩增主要有两种方式，一种是桥式 PCR 扩增，是扩增子测序中最常用的方法。桥式 PCR 扩增过程中，DNA 单链的 5′末端与流通池表面的寡核苷酸引物连接，作为初始模板。之后单链另一端与相邻引物杂交形成桥，该闭合的扩增子通过 DNA 聚合酶进行链的合成，形成双链桥。最终合成的双链被解链，分别与流通板上的引物连接，形成两个单链模板。重复此循环过程得到克隆簇，便于进行后续的测序。另一种是乳液 PCR 扩增，这个反应在乳液中进行，利用油包水结构作为微反应器。在 PCR 反应前，将包含 PCR 所有反应成分的水溶液注入到高速旋转的油相中，水溶液瞬间形成数以万计的被油相包裹的小液滴，这些小液滴就形成了 PCR 的反应空间[6]。在该反应空间中，模板在涂有引物的磁珠上进行扩增，每个反应的扩增片段被定位在一个磁珠的表面。反应后，由乳液中分离出磁珠，每个磁珠包含一个单克隆片段的多个副本产物。将磁珠沉积在固体表面上方便后续的测序。

15.2.3 Illumina 合成测序

Illumina 合成测序主要包括碱基的连接、检测与合成。合成测序在流通池的表面进行，在系统中加入 DNA 聚合酶和带有荧光基团的 4 种碱基。在聚合酶的作用下，配对的碱基将结合到新合成的链上。这些碱基的 3′末端连接一个叠氮基，它将阻止后续碱基的添加，任何一个循环中仅一个碱基被连接。碱基掺入后执行成像步骤，特异性荧光被成像系统发射并记录，该位置对应的链上的碱基将被明确。在每个成像步骤之后，加入化学试剂去除 3′叠氮基和标记的荧光基团。循环重复前面的步骤，直至所有链的碱基序列被检测[7]。

15.3 扩增子测序技术解析发酵食品的微生物多样性及其与风味的关系

15.3.1 发酵酒精饮料

酿造酒在我国的发展历史悠久，并较早地实现了工业化生产。在酿造过程中，发酵酒受到原料、加工方式、贮藏环境等多种条件的影响而形成了诸多酒种。目前，关于扩增子测序技术解析发酵酒中菌群多样性的研究报道较多，如白酒[8]、黄酒[9]、糯米酒[10]、奶酒[11]。

对于不同种类的发酵酒，产生风味物质的核心菌属不尽相同。在酱香型大曲中，曲霉属、芽孢杆菌属和高温放线菌属是形成关键活性化合物（吡嗪）的重要菌属。曲霉在糖化发酵阶段起着关键作用，其可以通过胞外酶代谢产生吡嗪、酯类、芳香族化合物等大量的次级代谢产物；此外，肠球菌、片球菌、乳杆菌是甲酯和乙酯类风味物质的主要产生菌[12]。在绍兴黄酒中，通过扩增子测序技术发现酵母菌属、曲霉属、糖多孢菌属、葡萄球菌属、乳杆菌属和乳球菌属在微生物群落中占据优势地位，与关键风味组分（氨基酸、醇类、酸类、酚类和酯类）的产生密切相关，宏基因组学分析表明六种菌属均参与高级醇的生成，葡萄球菌、乳杆菌、糖多孢菌、酵母菌和曲霉菌相互作用共同影响乳酸的产生[13]。在武夷红曲糯米酒中葡糖醋杆菌、乳杆菌、乳球菌、毕赤酵母、威克汉姆酵母和酿酒酵母为挥发性化合物形成的核心功能菌群，其中乳杆菌、毕赤酵母、威克汉姆酵母和酿酒酵母与乙基酯类呈显著正相关[14]。通过扩增子测序技术发现在奶酒发酵过程中优势菌属为乳杆菌属、链球菌属和醋杆菌属，其中乳杆菌属与酪氨酸呈显著正相关，与甘氨酸和半乳糖呈显著负相关；链球菌属与乳糖、葡萄糖、半乳糖、乳酸、丁酸、乙酸、丙酸、多种氨基酸及饱和脂肪酸呈正相关。醋杆菌属与一些糖类、酸类以及多种游离氨基酸和脂肪酸呈正相关[13]。

总体而言，曲霉和根霉的淀粉酶和蛋白酶活性较高，主要是分解产生风味前体物质，而酵母菌是酒精发酵主要微生物，其中酿酒酵母能产生大量乙醇和高级酯类，非酿酒酵母可产生蛋白酶、β-葡萄糖苷酶、果糖基转移酶等，使糖苷键降解而产生芳香化合物，也可直接参与生化反应或调节风味物质的生成[15]。此外，细菌对于风味形成也很重要，如乳酸菌可以产生乳酸，葡糖杆菌和醋酸菌可以产生乙酸，克氏梭菌产生丁酸和己酸，可作为酯类合成的底物，增强酒的醇厚感；芽孢杆菌可以通过合成多种酶产生大量吡嗪、醛、酮和醇类挥发性化合物[16]。

15.3.2　发酵豆制品

发酵豆制品作为日常重要的调味品含有多种具有保健作用的活性物质，如大豆异黄酮、多肽等，主要包括豆瓣酱、豆豉、酱油、腐乳等[17]，不同发酵豆制品间的气味、质地、滋味以及主要微生物等方面迥异。

豆瓣酱是一种红褐色酱状调味品，香气浓郁，味鲜咸而微甜。Li 等[18]通过扩增子测序技术对豆瓣酱中细菌群落演替进行了测定，并通过曼特尔（Mantel）检验分析了它们与代谢产物变化之间的相关性。结果表明，其中主要微生物菌群为四联球菌属、乳杆菌属、葡萄球菌属、不动杆菌属、假单胞菌属和链球菌属，其中假单胞菌与葡萄糖和阿拉伯糖及八种含氮化合物（谷氨酸、丙氨酸、高丝氨酸等）呈显著正相关；链球菌与绝大多数代谢物均呈显著相关性，并由此认为假单胞菌和链球菌对于豆瓣酱产生或降解代谢物具有重要作用。腐乳又称为东方奶酪，根据色泽风味可分为青方腐乳、白方腐乳、红方腐乳及其他腐乳[18]。Liang 等[19]通过扩增子测序技术发现腐乳发酵中细菌以不动杆菌属、肠球菌属和链球菌属为主，真菌以曲霉和红曲霉为主，另外发现风味化合物以酯类为主，斯皮尔曼（Spearman）相关性分析显示，巨型球菌属与辛酸乙酯、棕榈酸乙酯、α-亚油酸乙酯等七种风味物质呈正相关；链球菌与麦芽醇、亚油酸乙酯、十四酸乙酯等五种风味物质呈显著正相关。韩国大酱（Doenjang）为偏辣的糊状调味品，可作为蔬菜、鱼和肉类的酱料，也可以作为汤料，Meju 是韩国大酱中酶和微生物的重要来源。Jeong 等[20]研究韩国 Meju 和 Doenjang 中主要细菌对大豆发酵中易挥发性化合物的影响，发现地衣芽孢杆菌和琥珀葡萄球菌是产生关键挥发性化合物的菌株。地衣芽孢杆菌产生已酸、苯甲醇、1-辛烯-3-醇和 2, 3, 5, 6-四甲基吡嗪，而琥珀葡萄球产生 2-甲基丙酸、3-甲基乙酸丁酯、1, 3-二叔丁苯和甲氧基苯肟。

在发酵豆制品中，霉菌、酵母菌、乳酸菌、芽孢杆菌等微生物的代谢发酵作用较大。曲霉、毛霉和根霉是主要的霉菌。霉菌可代谢产生多种小分子物质，这些物质一方面为酵母菌和乳酸菌发酵提供营养，另一方面产生许多风味物质，如酮类、醇类、酯类和呋喃类化合物[21]。酵母菌主要包括鲁氏酵母、假丝酵母等，能够通过磷酸戊糖途径生成呋喃酮类化合物，还可以进行酒精发酵产生乙醇，并与酸类生成酯类。片球菌和魏斯氏菌为发酵豆类制品中常见的乳酸菌，它们产生的有机酸和其他代谢产物（氨基酸、呋喃酮等）对豆制品有增香和调味作用[11]。此外，芽孢杆菌在发酵过程中产生氨基酸、有机酸、醇类、寡聚糖等风味物质[22]。

15.3.3　发酵醋

发酵醋是一种古老的发酵制品，在东方国家以谷物食醋为主，而在西方国家更偏向于水果醋。传统发酵醋中菌群经过长期的驯化而变得相对稳定，不同的菌落结构是不同醋制品风味差异的重要原因。

Jiang 等[23]研究了传统红曲醋酿造过程中主要菌群与风味代谢物之间的潜在关系，基于 Spearman 系数相关分析得出 *Komagataeibacter medellinensis* 与酸类、醛类、酚类以及氨基酸呈正相关；酿酒酵母与酮类、醛类、吡嗪和氨基酸呈正相关；*Bacillus velezensis* 和解脂耶氏酵母与酯类和醇类呈正相关，这些微生物对醋的风味有重要贡献。Tang 等[24]比较了不同温度下发酵醋中微生物群落和代谢产物的变化，通过扩增子测序技术发现肠杆菌、乳杆菌、芽孢杆菌、酵母菌和毛霉为不同发酵温度下的优势菌。通过冗余分析（redundancy analysis，RDA）发现假丝酵母和威克汉姆酵母能产生酯类，尤其是乙酸乙酯，酿酒酵母产生 2, 3-丁二醇和异戊醇，芽孢杆菌能够产生吡嗪，假单胞菌具有很好的产乙醇能力。聂志强等[25]基于扩增子测序技术分析得出醋酸发酵相关菌属为醋酸菌属、乳杆菌属和念珠藻属，醋酸菌为主要产酸菌，而乳酸菌的丰度远高于醋酸菌及其他菌属，其可能对醋风味的形成有重大影响。Ai 等[26]在添加红曲霉的四川麸皮醋中得出了主要菌属与主要风味物质间的关系：乳酸菌、醋杆菌、假丝酵母、红曲霉主要与柠檬酸、L-苹果酸、乳酸等多种有机酸呈正相关；*Oceanobacillus*、芽孢杆菌和曲霉菌与 4-甲基愈创木酚、4-乙烯基愈创木酚、3-甲基丁酸和苯乙醛呈正相关，同时红曲霉的添加可显著促进醋中有机酸、芳香酯和醇类物质的积累。

霉菌、酵母菌、醋酸菌、乳酸菌和芽孢杆菌是发酵醋中的关键菌属，对风味形成有积极的影响[27]。在发酵谷物醋酿造的三个阶段中，曲霉是淀粉糖化阶段的主要作用微生物，其可以产生淀粉酶、糖化酶、蛋白酶等酶系，将淀粉酶解为糊精，蛋白质水解为多肽和氨基酸[28]。酵母菌为酒精发酵阶段主导功能菌群，除产酒化酶系外，还能产生麦芽糖酶、淀粉酶、乳糖分解酶等，产生乙醇以及少量的有机酸、杂醇油、酯类等风味物质。醋酸菌为醋酸发酵阶段的主要功能菌群，能够通过呼吸链将乙醇、糖醇等醇类底物氧化成乙酸[29]。此外，乳酸菌和芽孢杆菌可以产生有机酸而减少醋的刺激性酸味，同时芽孢杆菌还能代谢产生氨基酸而有助于醋的风味和色泽[30]。

15.3.4 发酵蔬菜

发酵蔬菜主要包括泡菜、腌菜、酸菜、酱菜等，其有机酸、氨基酸和挥发性风味物质含量丰富，这些化合物赋予产品令人愉悦的口感和营养价值[13]。在发酵过程中细菌起着决定性的作用，主要包括明串珠菌、芽孢杆菌、假单胞菌、醋酸菌、乳杆菌、魏斯氏菌、片球菌等[12]。

Xiao 等[31]分析了泡菜发酵过程中微生物与风味物质的结构动力学，发现发酵首先进入以明串珠菌为主的异型乳酸发酵阶段，之后进入以乳杆菌为主的同型乳酸发酵阶段。多元统计分析表明细菌比真菌对泡菜风味的贡献更大，其中乳杆菌属、明串珠菌属、无色杆菌属和片球菌属与风味形成密切相关，而乳杆菌属和明串珠菌属是最重要的风味产生菌属，乳杆菌和乳酸丰度呈高度正相关，明串珠菌属与乙酸、丁酸和一些氨基酸丰度呈高度正相关。Wu 等[32]通过扩增子测序技术在酸菜中也发现细菌的丰度和多样性大于真菌，细菌主要包括明串珠菌属、芽孢杆菌属、假单胞菌属和乳杆菌属；真菌主要包括汉逊德巴利酵母、热带假丝酵母和扩展青霉。分析表明乳杆菌不仅产生乳酸，使发酵蔬菜具有酸味，还能分解蛋白质，释放氨基酸，提高酸菜的鲜味和营养价值；汉逊德巴利酵母可以将葡萄糖分解成 D-阿拉伯糖和乙酸乙酯而有助于改善酸菜的味道。

发酵蔬菜按发酵时间可分为初始发酵、主发酵、再发酵和后期发酵四个阶段，乳酸菌、醋酸菌和酵母菌在发酵中作用突出，并且主要出现在前三个阶段[33]。乳酸菌能够进行同型和异型乳酸发酵，产生乳酸、乙酸、丙酸和其他有机酸，使蔬菜具有酸味。此外，还有一些令人愉悦的成分，如酯类、异硫氰酸酯、醇类等[34]。酵母菌能够发酵一些碳水化合物产生乙醇、琥珀酸等，这些化合物进一步代谢生成糠醇和谷氨酸，使蔬菜具有酱香味和鲜味[35]。醋酸菌在发酵蔬菜中可以将醇类通过无氧发酵产生乙酸，而乙酸又可以与醇类在后熟期酯化生成乙酸乙酯，赋予发酵蔬菜芳香味[36]。

15.3.5　发酵畜产品

除了以上几种发酵食品，微生物多样性与风味化合物相关性的研究在发酵肉制品及乳制品中也有所报道，但相对较少。发酵肉制品因其具有独特的颜色、质构及风味特征而深受消费者喜爱。2019 年，母雨等[22]研究了不同地区的盘县火腿中微生物组成以及风味化合物的种类和含量。基于 Pearson 关联分析发现葡萄球菌属、曲霉菌属、盐单胞菌属、涅斯捷连科氏菌属和短杆菌属是盘县火腿的潜在风味产生菌属。此外，Lv 等[21]探讨了温度对酸肉中细菌群落和代谢产物的影响，结果表明在发酵过程中乳杆菌逐渐取代其他微生物成为优势菌群，并且温度越高，取代过程越快。RDA 和 Pearson 相关性显示乳杆菌在酸肉中产生的主要挥发性化合物是影响酸肉风味的主要原因。

奶酪是重要的发酵乳制品之一，主要微生物除了乳酸菌以外，还通常含有一些酵母菌和霉菌[37]。Zheng 等[14]通过扩增子测序确定了来自新疆不同地区的哈萨克族手工奶酪样品的微生物群落组成，并分析了奶酪的风味物质。结果表明，克鲁维酵母菌属、无氧芽孢杆菌属、有孢圆酵母属、乳杆菌属、链球菌属、双足囊菌属是产生风味的主要菌群。Carpino 等[38]研究 PDO Ragusano 奶酪表皮微生物群落对风味化合物形成的影响，主成分分析表明一些乳酸菌与挥发性风味物质之间呈正相关，如海氏肠球菌与醇类物质，乳酸乳球菌、植物乳杆菌、干酪乳杆菌、德氏乳杆菌与醛类物质等。

15.4　结语与展望

目前，对于扩增子测序数据的分析已相对成熟，可供选择的各种数据库、算法、工具和平台日益增多。根据数据分析的需要，选择合适的分析工具，并对分析工具和原理进行深入地了解有利于分析过程参数调节和对结果的进一步处理。随着宏基因组技术的发展，新的算法和计算平台将会不断出现。积极采用最新算法，比较不同算法之间的准确性和差异，将会加速对传统发酵食品微生物的研究。此外，为了规范传统发酵食品样本信息，有效存取海量数据信息，提供更多公用的数据源，需要建立规范的传统发酵食品微生物宏基因组信息存储平台，为宏基因组技术在传统发酵食品微生物研究中的广泛应用提供坚实的基础。

参 考 文 献

[1] Bokulich N A，Lewis Z T，Boundy-Mills K，et al. A new perspective on microbial landscapes within food production[J]. Current Opinion in Biotechnology，2016，37：182-189.

[2] Louca S，Parfrey L W，Doebeli M. Decoupling function and taxonomy in the global ocean microbiome[J]. Science，2016，353（6305）：1272-1277.

[3] Połka J，Rebecchi A，Pisacane V，et al. Bacterial diversity in typical Italian salami at different ripening stages as revealed by high-throughput sequencing of 16S rRNA amplicons[J]. Food Microbiology，2015，46：342-356.

[4] Mendes-Soares H，Mundy M，Soares L M，et al. MMinte：an application for predicting metabolic interactions among the microbial species in a community[J]. BMC Bioinformatics，2016，17：343.

[5] Brandfass C，Karlovsky P. Upscaled CTAB-based DNA extraction and real-time PCR assays for *Fusarium culmorum* and *F. graminearum* DNA in plant material with reduced sampling error[J]. International Journal of Molecular Sciences，2008，9（11）：2306-2321.

[6] Nakano M，Komatsu J，Matsuura S，et al. Single-molecule PCR using water-in-oil emulsion[J]. Journal of Biotechnology，2003，102（2）：117-124.

[7] Morey M，Fernández-Marmiesse A，Castiñeiras D，et al. A glimpse into past，present，and future DNA sequencing[J]. Molecular Genetics and Metabolism，2013，110（1-2）：3-24.

[8] Marina V C. Yeasts and molds in fermented food production：an ancient bioprocess[J]. Food Science，2019，25：57-61.

[9] Marco M L，Heeney D，Binda S，et al. Health benefits of fermented foods：microbiota and beyond[J]. Current Opinion in Biotechnology，2017，44：94-102.

[10] Lu Z M，Wang Z M，Zhang X J，et al. Microbial ecology of cereal vinegar fermentation insights for driving the ecosystem function[J]. Current Opinion in Biotechnology，2017，49：49-88.

[11] Emilia P，Tilmann W. Omics and multi-omics approaches to study the biosynthesis of secondary metabolites in microorganisms[J]. Current Opinion in Microbiology，2018，45：109-116.

[12] 雷忠华，陈聪聪，陈谷. 基于宏基因组和宏转录组的发酵食品微生物研究进展[J]. 食品科学，2018，39（3）：330-337.

[13] Wu J，Tian T，Liu Y，et al. The dynamic changes of chemical components and microbiota during the natural fermentation process in，Da-Jiang，a Chinese popular traditional fermented condiment[J]. Food Research International，2018，112：457-467.

[14] Zheng X，Liu F，Li K，et al. Evaluating the microbial ecology and metabolite profile in Kazak artisanal cheeses from Xinjiang，China[J]. Food Research International，2018，111：130-136.

[15] Wu L H，Lu Z M，Zhang X J，et al. Metagenomics reveals flavour metabolic network of cereal vinegar microbiota[J]. Food Microbiology，2017，62：23-31.

[16] 刘冲冲，冯声宝，吴群，等. 青稞酒发酵过程中的风味功能微生物及其风味代谢特征解析[J]. 微生物学通报，2020，47（1）：151-161.

[17] Huang Z R，Hong J L，Xu J X，et al. Exploring core functional microbiota responsible for the production of volatile flavour during the traditional brewing of Wuyi Hong Qu glutinous rice wine[J]. Food Microbiology，2018，76：487-496.

[18] Li Z，Rui J，Li X，et al. Bacterial community succession and metabolite changes during doubanjiang-meju fermentation，a Chinese traditional fermented broad bean（*Vicia faba* L.）paste[J]. Food Chemistry，2017，218：534-542.

[19] Liang J J，Li D W，Shi R P，et al. Effects of microbial community succession on volatile profiles and biogenic amine during sufu fermentation[J]. LWT-Food Science and Technology，2019，114：108-379.

[20] Jeong D，Heo S，Lee B，et al. Effects of the predominant bacteria from meju and doenjang on the production of volatile compounds during soybean fermentation[J]. International Journal of Food Microbiology，2017，262：8-13.

[21] Lv J，Yang Z X，Xu W H，et al. Relationships between bacterial community and metabolites of sour meat at different temperature during the fermentation[J]. International Journal of Food Microbiology，2019，307（16）：108-268.

[22] 母雨，苏伟，母应春. 盘县火腿微生物多样性及主体挥发性风味解析[J].食品研究与开发，2019，40（15）：77-85.

[23] Jiang Y J，Lv X C，Zhang C，et al. Microbial dynamics and flavor formation during the traditional brewing of *Monascus vinegar*[J]. Food Research International，2019，125：108-531.

[24] Tang H L，Liang H B，Song J K，et al. Comparison of microbial community and metabolites in spontaneous fermentation of two types Daqu starter for traditional Chinese vinegar production[J]. Journal of Bioscience and Bioengineering，2019，128（3）：307-315.

[25] 聂志强，韩玥，郑宇，等. 宏基因组学技术分析传统食醋发酵过程微生物多样性[J]. 食品科学，2013，34（15）：198-203.

[26] Ai M，Qiu X，Huang J，et al. Characterizing the microbial diversity and major metabolites of Sichuan bran vinegar augmented by *Monascus purpureus*[J]. International Journal of Food Microbiology，2019，292：83-90.

[27] Xiang H，Sun-Waterhouse D，Waterhouse G I N，et al. Fermentation-enabled wellness foods：a fresh perspective[J]. Food Science and Human Wellness，2019，8（3）：203-243.

[28] 何国庆，贾英明，丁立孝. 食品微生物学[M]. 北京：中国农业大学出版社，2009：197-244.

[29] Sardaro M L S，Perin L M，Bancalari E，et al. Advancement in LH-PCR methodology for multiple microbial species detections in fermented foods[J]. Food Microbiology，2018，74：113-119.

[30] Zhang Y，Yao Y，Gao L，et al. Characterization of a microbial community developing during refrigerated storage

of vacuum packed Yao meat，a Chinese traditional food[J]. LWT-Food Science and Technology，2018，90：562-569.

[31] Xiao Y S，Xiong T，Peng Z，et al. Correlation between microbiota and flavours in fermentation of Chinese Sichuan Paocai[J]. Food Research International，2018，114：123-132.

[32] Wu R，Yu M L，Liu X Y，et al.，Changes in flavour and microbial diversity during natural fermentation of suan-cai，a traditional food made in Northeast China[J]. International Journal of Food Microbiology，2015，211：23-31.

[33] 刘战丽，罗欣. 发酵肠的风味物质及其来源[J]. 中国调味品，2002（10）：32-35.

[34] Small D M. Flavor is in the brain[J]. Physiology & Behavior，2012，107（4）：540-552.

[35] 阚建全. 食品化学[M]. 北京：中国农业大学出版社，2008：284-334.

[36] Wang Y，Li Y，Yang J，et al. Microbial volatile organic compounds and their application in microorganism identification in foodstuff[J]. Trac Trends in Analytical Chemistry，2016，78（1）：1-16.

[37] 梁华正，张燮，饶军，等. 微生物挥发性代谢产物的产生途径及其质谱检测技术[J]. 中国生物工程杂志，2008，28（1）：124-133.

[38] Carpino S，Randazzo C L，Pino A，et al. Influence of PDO Ragusano cheese biofilm microbiota on flavour compounds formation[J]. Food Microbiology，2017，61（4）：126-135.

第三篇　其他新技术在肉及肉制品检测中的应用

第 16 章　电子鼻技术概述及其在肉及肉制品中的应用

16.1　电子鼻概述

16.1.1　电子鼻的发展史

1964 年，Wilkens 和 Hatman 利用气味在电极上的氧化-还原反应研制出了世界上第一个“电子鼻”[1]；1965 年，Buck 等和 DarVnieks 等分别利用气味调制电导和调制接触电位研制出了“电子鼻”；1967 年，日本 Figaro 公司率先将金属氧化物半导体 SnO_2 气体传感器商品化。1989 年，北大西洋公约组织召开的一个以电子鼻为重要内容的国际学术会议对电子鼻做了定义：电子鼻是由多个性能彼此重叠的气敏传感器和适当的模式分类方法组成的具有识别单一和复杂气体能力的装置。随后，1990 年举行了第一届电子鼻专题学术会议[2]。此后，电子鼻技术被人们广泛研究，为了促进电子鼻技术的发展，国际上每年都会举办一次化学传感器会议。

16.1.2　电子鼻的组成

电子鼻是模仿人类对气味的识别机制而设计研制的一种智能电子仪器[3]，它主要由三部分构成：①顶空进样器，将装有样品的密封瓶上方气体通过顶空吸入传感器上；②传感器，气味作用于传感器阵列，产生瞬间响应，响应由强到弱，最后达到稳定状态；③信号处理系统，就是气体传感器阵列所获得的气味信息经过的信号处理系统，即模式识别系统，它可以预处理并进行特征提取，再利用软件进行系统分析，即可完成对复杂气味的检测分析[4]。

16.1.3　电子鼻的工作原理

电子鼻工作原理是模拟人的嗅觉形成过程。人的嗅觉系统由嗅觉细胞、嗅觉神经网络等组成，而电子鼻的工作系统主要包括气敏传感器阵列、信号处理系统和模式识别系统[5]。气敏传感器阵列如同人的嗅觉细胞，将多个具有不同选择性气敏传感器组成阵列，利用其对多种气体交叉敏感性，将不同气味分子在其表面产生作用转化为可测物理信号组。信号处理系统如同人的嗅觉神经系统[6]，信号预处理单元对信号进行特征提取后，信号进入模式识别单元接受进一步处理从而得出混合气体组成成分和浓度；模式识别系统就像人的大脑可以对处理过的信号进行判断，它需要建立在数据库基础上，传入气体组分经信号分析后与存储于数据库中该种气体图案进行比较鉴定后，就能快速进行系统化、科学化气味监测、鉴别、判断和分析。

16.2 电子鼻在肉及肉制品研究中的应用

肉品品质评价中，气味是最直观的一个指标。电子鼻具有和常规分析仪器所无法比拟的优点，因此在肉品品质检测中发挥了很大的作用。电子鼻可对肉品中挥发性成分进行采集、检测和分析，完成相应的分析判断。在肉类工业中，电子鼻是检验肉品新鲜程度的快捷手段。此外，作为一种新型的无损伤检测技术，电子鼻可以对肉品品质进行分级，实现在线的连续检验，预测肉品货架期以及对肉品的掺杂掺伪行为的检测。

16.2.1 肉品新鲜度评定

肉品含有丰富的蛋白质、脂肪等营养物质，为微生物的滋生提供了优良的条件，因此微生物污染导致肉品腐败变质，也是肉品品质劣变的一个主要原因。电子鼻作为一种快速的无损检测技术可以实现对原料肉及肉制品新鲜程度的快速、准确的测定，从而保证肉品的质量。

目前，电子鼻在新鲜度检测方面的应用主要集中在对原料肉的检测，肉品新鲜度的常规检测主要包括理化指标及微生物指标的测定，将电子鼻在该方面的应用与这些指标结合，通过比较电子鼻所处理得到的数据与这些指标的相关性来评价电子鼻在检测新鲜度方面的可行性。电子鼻在牛肉和猪肉的新鲜度检测中应用较多，Winquist 等[7]最早采用了电子鼻检测牛肉和猪肉在 4 ℃冷藏时的新鲜度，并利用神经网络系统处理电子鼻采集的数据，结果表明电子鼻可预测牛肉和猪肉糜的储藏时间。随后，石志标等[8]建立了检测牛肉新鲜度的电子鼻系统，并应用该电子鼻系统对不同新鲜度的牛肉进行了鉴别实验，识别率高达 99.25%，该研究表明电子鼻检测牛肉新鲜度是可行的。此外，王丹凤等[9]利用电子鼻检测了猪肉在不同温度下贮藏其挥发性成分的变化，并结合细菌总数检测，采用主成分分析可区分不同贮藏时间的猪肉样品，实验表明电子鼻结果与细菌总数之间具有较好相关性，通过电子鼻技术可实现猪肉中有害微生物的检测。Wang 等[10]也通过电子鼻检测了冷却猪肉在 4℃条件下储存 10 天内菌落总数变化规律，从而判断肉的新鲜度，利用主成分分析方法分析电子鼻结果，并将其与细菌平板计数结果比较，结果表明两者具有较好的相关性，证实了电子鼻快速检测猪肉中菌落数的可行性。

此外，电子鼻在鸡肉、鱼肉和其他混合原料肉的新鲜度检测中也有应用。Arnold 等[11]通过电子鼻分析了鸡肉加工过程中微生物种类和数量的变化，并与传统的平板计数方法做了比较，结果表明电子鼻可以很好地检测鸡肉中微生物的变化。赵梦醒等[12]利用电子鼻检测鲈鱼新鲜度，通过对数据进行主成分分析、线性判别分析和负荷加载分析，并结合感官评价、挥发性盐基氮（TVB-N）和菌落总数等指标，建立一种基于电子鼻技术判别鲈鱼新鲜度的方法，结果表明，电子鼻分析结果与感官、TVB-N 和菌落总数结果基本一致，因此，电子鼻可以用来区分不同新鲜度的鲈鱼且其对鱼鳃的区分效果优于鱼肉。Vestergaard 等[13]利用 MGD-1 型电子鼻检测了披萨馅在储藏过程中新鲜程度的变化，采用主成分分析和偏最小二乘回归法对传感器响应信号进行分析处理，并将结果与感官评价结果进行了相关性分析，结果表明电子鼻可以检测披萨馅在储存过程中发生的风味变化。

16.2.2　肉品分级

原料、成分等不同，可导致同一种产品其品质也良莠不齐，因此对肉品进行分级很重要。在肉品分级中，香气是一项重要的评定指标，电子鼻可以很好地完成对香气的区分，其可作为肉品品质分级的一种新方法。

对于原料肉的分级，电子鼻主要应用于牛肉和猪肉的分级。Bourrounet 等[14]利用电子鼻对牛肉进行等级评定分析，他们将不同贮藏时间的牛肉分为不同的等级，利用电子鼻对不同贮藏时间牛肉的挥发性成分进行分析，并采用主成分分析和人工神经网络方法对数据进行处理。结果表明，电子鼻的检测结果与按贮藏时间的分级结果相一致，即可以利用电子鼻实现对肉品的分级。Rajamaki 等[15]利用电子鼻对不同品质的气调保鲜包装猪肉进行了检测，采用主成分分析、局部最小方差和人工神经网络分析方法分析检测数据，他们还将电子鼻实验结果与微生物检测、感官评价和气相色谱的检测结果相比较，结果表明电子鼻检测的结果灵敏度更高、结果更可靠。此外，电子鼻还可以应用于肉制品的分级检测，姚璐等[16]利用电子鼻技术对 3 种不同等级的金华火腿进行了检测，并利用线性判别式分析、主成分分析和偏最小二乘回归法等多元统计方法进行了数据处理，结果表明电子鼻能够很好地区分不同等级的金华火腿，该研究为金华火腿的分级检测提供了新方法。

16.2.3 生产线上连续检测

目前常用的在线检测方法多为定时、定点检测，但是这些检测方法破坏性大，时效性差，且耗费大量人力物力。而电子鼻检测具有方便、快捷、检测无损伤等优点，为肉制品生产加工中进行实时检测提供了新思路。目前电子鼻在生产线上的连续检测应用较少，Hansen 等[17]利用由 6 个金属氧化物传感器组成传感器阵列的电子鼻在线检测了肉糜加工过程中气味的变化，采用偏最小二乘回归法和主成分分析对数据进行了分析处理，并将结果与气相色谱-质谱联用检测结果相比较，研究表明电子鼻可以对产品的质量进行较好的预测和评价。

16.2.4 肉品货架期预测

肉品在贮藏、运输和销售等过程中，由于酶、微生物和外界环境等因素，会发生腐败变质，产生不良风味，致使产品品质下降，货架期缩短。随着贮藏时间的延长，产品的挥发性成分也会发生变化，导致其气味与新鲜制品有明显区别。基于此，可以利用电子鼻技术结合理化指标建立产品货架期预测模型。

肖虹等[18]利用电子鼻分析了猪肉在不同贮藏温度与贮藏时间下的挥发性成分变化，利用主成分分析与货架期分析的方法，预测猪肉在 0℃、7℃、10℃和 20℃温度下贮藏的货架期。将电子鼻分析获得的猪肉气味数据与 TVB-N 相结合，建立猪肉货架期的预测模型。结果表明，基于电子鼻分析获得的猪肉气味变化与

TVB-N 变化具有较好的一致性，不同贮藏温度条件下猪肉的菌落总数值与 TVB-N 值均随着贮藏时间的延长而呈现上升趋势，且均符合一级化学动力学模型（$R^2>0.9$），将上述两种货架期分析方法相结合并利用动力学模型建立了猪肉货架期的预测模型。此外，佟懿等[19]还利用电子鼻对带鱼在不同贮藏温度和时间下的挥发性气味变化进行了分析，并与 TVB-N 建立联系，同时对货架期进行了预测，建立了带鱼在 0～10℃温度条件下的货架期预测模型。

16.2.5　肉品掺杂掺假检测

在肉品加工生产中，常有一些不法企业为了牟取利益，以低品质的产品冒充高品质的产品，或者将低品质产品添加到高品质产品中，影响产品质量，扰乱肉品市场。由于不同原料肉对肉品最终风味影响较大，可以通过检测肉品气味的差别，判断肉品是否掺有其他成分。但目前国内外肉品掺假的快速检测报道还比较少。Santos 等[20]利用电子鼻技术对伊比利亚火腿中已确定的 70 多种风味物质中的一些特征物质进行了分析，并采用主成分分析和人工神经网络方法分析数据，结果表明电子鼻可以区分伊比利亚火腿的原料肉种类和成熟时间，从而检测出不合格产品和假产品。

16.3　问题与展望

电子鼻技术由于具有检测简单、快捷、所需样品量少、成本低、重复性好等优点而得到持续快速的发展。然而，电子鼻技术还处于发展阶段，与生物嗅觉还有很大的差距。受敏感膜材料、制造工艺、数据处理方法等方面的限制，电子鼻的应用范围还不是很广。总之，目前电子鼻技术还处于实验室阶段，虽然已有很多的研究，但仍旧存在很多问题，如传感器阵列专属性及稳定性差，易受湿度、温度、振动等环境因素的影响；传感器易于过载或“中毒”，与干扰气体发生反应，影响检测结果。此外，有关传感器与样品风味物质作用机制研究较少，这也直接影响传感器的适用范围。

随着传感器技术的发展和人类对嗅觉过程的深入了解，以及生物芯片和生物信息学的发展、生物计算机的出现、生物与仿生材料研究的进步、微细加工技术的提高和纳米技术的应用，电子鼻的功能将日益增强，越来越多的取代生产和生活中人类鼻子的作用被开发，获得更广泛的应用。电子鼻的体积也逐渐趋于微型，从“台式”到“便携式”，再到“手持式”；电子鼻的成本也在不断降低，价格也已经从最初的十多万美元到现在的几万美元。估计不久的将来，电子鼻会像计算机一样，成为普通家庭的日用仪器，如用作家庭医疗诊断工具，家庭肉、奶、蛋等食品新鲜度的检测，以及环境卫生检测仪等。

电子鼻未来的主要研究内容包括：优化传感器阵列，根据所测样品的物化属性，针对性地研发特异性强、灵敏度高的传感器材料，解决传感器专属稳定性差的缺点；根据分析目的选择合适、简便的数据处理方法；建立更好的特征值提取方法和模式识别方法来模拟人的思维过程；结合新技术，如微电子技术、生物学技术、材料学和计算机技术等技术的发展，推进电子鼻的发展及在肉品科学中的应用。

参 考 文 献

[1] 海铮. 基于电子鼻的牛肉新鲜度检测[D]. 杭州：浙江大学，2006.

[2] Julian W，Bartlett G P N. A brief history of electronic noses[J]. Sensors and Actuators B：Chemical，1994，18（1-3）：210-211.

[3] 贾宗艳，任发政，郑丽敏. 电子鼻技术及在乳制品中的应用研究进展[J]. 中国乳品工业，2006，34（4）：35-38.

[4] Alphus D W. Review of electronic-nose technologies and algorithms to detect hazardous chemicals in the environment[J]. Procedia Technology，2012，1：453-463.

[5] Loutfi A，Coradeschi S，Mani G K，et al. Electronic noses for food quality：a review[J]. Journal of Food Engineering，2015，144：103-111.

[6] 周亦斌，王俊. 电子鼻在食品感官检测中的应用进展[J]. 食品与发酵工业，2004，30（4）：129-132.

[7] Winquist F H，Rnsten E G，Sundgren H，et al. Performance of an electronic nose for quality estimation of ground meat[J]. Measurement Science Technology，1993，4：1493-1500.

[8] 石志标，佟月英，陈东辉，等. 牛肉新鲜度的电子鼻检测技术[J]. 农业机械学报，2009，40（11）：184-188.

[9] 王丹凤，王锡昌，刘源，等. 电子鼻分析猪肉中负载的微生物数量研究[J]. 食品科学，2010，31（6）：148-150.

[10] Wang D，Wang X，Liu T，et al. Prediction of total viable counts on chilled pork using an electronic nose combined with support vector machine[J]. Meat Science，2012，90（2）：373-377.

[11] Arnold J W，Senter S D. Use of digital aroma technology and SPME GC-MS to compare volatile compounds produced by bacteria isolated from processed poultry meet samples[J]. Journal of the Science of Food and Agriculture，1998，78（3）：343-348.

[12] 赵梦醒，丁晓敏，曹荣，等. 基于电子鼻技术的鲈鱼新鲜度评价[J]. 食品科学，2013，34（6）：143-147.

[13] Vestergaard J S，Martens M，Turkki P. Analysis of sensory quality changes during storage of a modified

atmosphere packaged meat product（pizza topping）by an electronic nose system[J]. LWT-Food Science and Technology，2007，40（6）：1083-1094.

[14] Bourrounet B，Talou T，Gaset A. Application of a multi-gas-sensor device in the meat industry for boar-taint detection[J]. Sensors and Actuators B，1995，27（1）：250-254.

[15] Rajamaki T，Alakomi H L，Ritvanen T，et al. Application of an electronic nose for quality assessment of modified atmosphere packaged poultry meat[J]. Food Control，2004，17：5-13.

[16] 姚璐，丁亚明，马晓钟，等. 基于电子鼻技术的金华火腿鉴别与分级[J]. 食品与生物技术学报，2012，31（10）：1051-1056.

[17] Hansen T，Petersen M A，Byrne D V. Sensory based quality control utilising an electronic nose and GC-MS analyses to predict end-product quality from raw materials[J]. Meat Science，2005，69（4）：621-634.

[18] 肖虹，谢晶，佟懿. 电子鼻在冷却肉货架期预测模型中的应用[J]. 食品工业科技，2010，（12）：65-68，71.

[19] 佟懿，谢晶，肖红，等. 基于电子鼻的带鱼货架期预测模型[J]. 农业工程学报，2010，（2）：356-360.

[20] Santos J P，Garcıa M，Aleixandre M，et al. Electronic nose for the identification of pig feeding and ripening time in Iberian hams[J]. Meat Science，2004，66（3）：727-732.

第 17 章　X 射线计算机断层成像技术及其在食品检测中的应用

17.1　X 射线计算机断层扫描技术概述

X 射线计算机断层扫描（X-ray computed tomography，X-ray CT）技术是以 X 射线束沿不同方向对样品进行多维度扫描，并结合计算机将所收集的数据重建后得到断层面影像的新型成像技术。同传统的成像技术相比，X-ray CT 技术具有穿透能力强、分辨率高、可重复检测且对样品不会产生破坏性等优点。随着 X-ray CT 技术的迅猛发展，其已被广泛应用于医学[1, 2]、材料科学[3, 4]、化学工程[5]和生物学[6, 7]等领域中。基于 X-ray CT 技术的诸多优点，近几年来其在食品检测领域中也得到了应用[8-11]。本章将主要介绍 X-ray CT 技术的装置和基本原理，以及其在食品检测中的应用，以期为此技术在食品科学领域应用提供理论参考。

17.1.1　X 射线计算机断层扫描装置

X 射线是一种短波长高能量的电磁辐射光，因此能穿透许多不透明的物质。另外，高能光子还能够与电子相互作用并对路径中的原子产生电离效应[12]。这种相互作用而产生的光子通量差异可用于创建放射线图像。X-ray CT 技术是用 X 射线束对样品一定厚度的层面进行多维度扫描。由于物体中不同成分对 X 射线的吸收率不同，所以部分 X 光子被物体吸收，而未被吸收的 X 光子穿透物体后由高灵敏度的探测器吸收转变为可见光，之后经光电转换器转为电信号，再经模拟/数字转换器转化为数字信号，输送到计算机。数字信号经由计算机处理后会计算出样品所扫描部位的 X 射线衰减系数，并排列成数字矩阵。再经模拟/数字转换器把数字矩阵中的每个数字转为由黑到白不等灰度的小方块，即像素，并按矩阵排列，即构成 X-ray CT 图像。

17.1.2　X 射线计算机断层扫描工作原理

典型的 X-ray CT 技术系统是由光源、样品台、旋转样品台（室）、检测器和计算机组成[13]。其中光源主要由用来发射 X 光子形成 X 射线的 X 射线管组成。而 X 射线管中最主要的装置是阴极高电位真空管和阳极高电位真空管[14]。通过向 X 射线管内施加高电压使阴极产生的电子向阳极加速运动，这些高速移动的电子撞击阳极，同时产生热和发散的 X 射线。旋转样品台的主要作用是使样品以一定转速稳定旋转，从而确保 X 射线均匀照射到样品。通过改变检测器到样品和光源的距离可以改变所需样品的空间分辨率，检测器距离样品近，则会增加视野，但是会降低分辨率。相反，将样本移向光源会增加分辨率但会减小视野范围，所得图像可能是样品的部分图像而非整个图像。X-ray CT 技术系统上常用的检测器是电子传感器，其可分为直接或间接探测器两类。直接探测器具有更好的清晰度、分辨率和信噪比[15]，因此更有可能检测到细微且低对比度特征的样品[16]。然而，半导体材料的厚度会限制它们对高能 X 射线的敏感性，因此会影响检测的灵敏度。相反，间接探测器对低能 X 射线非常敏感，故在低剂量环境中具有较高的灵敏度[17]。因此，这两个元件会以不同角度产生大量所需要的射线照片。计算机部分主要是对数字信号的重建处理并最终将收集到的电信号转化为能视觉识别的灰度图像。

17.2　X 射线计算机断层扫描技术在食品检测中的应用

目前，X-ray CT 技术在食品中的应用研究主要集中在对食品微观结构分析、检测食品内部缺陷以及新产品配方评估等方面。随着扫描技术的发展成熟，X-ray CT 技术还可以用于研究动态变化过程中食品微观结构的变化，为优化食品工艺、配方等过程提供理论依据。本节将从肉及肉制品、乳及乳制品、焙烤食品和果蔬食品方面阐述 X-ray CT 技术在食品检测中的具体应用。

17.2.1　肉及肉制品

在肉制品加工、冷冻和冻藏过程中，肉制品中水分、糖类、蛋白质和脂肪等化合物的含量和分布状态都会影响其口感。目前，虽然通过化学方法可以检测各成分的含量，但是无法通过化学分析获得肉制品中各成分的分布状态以及不同分布状态对产品品质的影响。而 X-ray CT 技术的引入解决了这个难题。Frisullo 等[18]利用 CT 技术研究了 Milano、Ungherese、Modena、Norcinetto 和 Napoli 五种不同类型的意大利萨拉米香肠的脂肪分布并且使用化学分析验证结果。结果发现，对所得 X-ray CT 图像使用专门软件计算得出的脂肪体积分数与化学分析所得的值相似，此外还可以获得所扫描层面的各组分结构厚度和比表面积等多项数据。之后 Frisullo 等[19]又利用 X-ray CT 技术研究 Podolian 和 Charolaise 肉样内脂肪分布状态也得到类似结果。因此，通过 X-ray CT 技术可以定量分析肉制品中不同成分的几何分布，同时结合数学方法还可以获得各成分的结构信息，这有助于更加深入地研究不同加工工艺对肉制品微观结构和感官特性的影响。此外，近些年该技术也被用来研究冷冻对肉制品结构的影响。Kobayashi 等[20]使用 X-ray CT 技术对不同冷冻方法的鱼肉所形成的冰晶形态进行了比较，从 X-ray CT 图像能够清晰观测出使用较低过冷度冷冻后的鱼肉所产生的冰晶呈现各种细小形状，如环绕形、细长形和管状形，而经过慢速冷冻的样品中的冰晶则呈现大椭圆形。梁红等[21]也通过 X-ray CT 图片直观地证实了随着冷藏期间温度波动幅度的增加，冷冻牛肉内冰晶尺寸会增大而数量减少。因此，这些结果表明利用 X-ray CT 对冷冻食品冰晶的测定，不仅比普通测定方法更加方便，而且还可以直观地呈现出冰晶形态分布状态等信息，这有助于进一步研究有关改善冷冻肉制品品质的方法。

17.2.2 乳及乳制品

X-ray CT 技术除了在肉制品中得到了广泛的应用，还可以应用于乳制品中。由于乳是一种相对复杂的胶体体系，因此体系的稳定性会对食品加工产生重要影响。例如在奶油干酪中，其主要成分脂肪以小球簇的形式散布在乳蛋白中，或和蛋白质聚集在一起形成紧凑的脂肪酪蛋白[22]。因此充分了解奶油干酪微观结构（特别是脂肪分子的空间分布和相互作用）以改进其理化特性、功能特性甚至营养特性，也可以为开发具有所需质地和感官特性奶油干酪提供理论依据。Laverse 等[23]利用 X-ray CT 技术研究了 5 种不同商业奶油干酪产品的结构。结果显示样品中存在大而不均匀脂肪簇时不仅会使干酪口感降低还会使干酪品质变差。目前，一般的检测手段只能检测脂肪含量而不能提供脂肪簇的分布状态的信息，而脂肪的分布状态又直接影响了干酪的感官特性。因此，通过 X-ray CT 技术分析奶油干酪的微观结构有助于探索最佳干酪配方和控制干酪在加工和储存过程中营养成分的变化。干酪制品品质除了与脂肪簇分布状态有关，还与干酪中孔洞的大小、数量、结构和分布有关。一般而言，狭缝、裂缝和不规则孔洞的存在都会导致奶酪品质恶化。传统上，奶酪质量检测是通过敲击奶酪表面聆听声音，或者直接观察切成两半的奶酪。但这些传统方法检测速度较慢且会对样品产生破坏。而通过 X-ray CT 技术研究奶酪中孔洞的形成和分布不仅可以满足快速检测的要求，而且检测结果精确度高。Guggisberg 等[24]通过 X-ray CT 技术探究半硬质干酪中的孔洞形成和分布。结果显示，X-ray CT 技术不仅可以展现奶酪中孔洞形成的复杂过程和分布情况，还发现奶酪孔隙的形成会受到发酵乳酸菌 CO_2 扩散影响。因此，工作人员可以利用 X-ray CT 技术直接快速检测干酪的品质并且对干酪进行分类销售，从而避免了材料和人员的浪费，最大程度节约了成本。

冰淇淋作为一种半固体食品，其结构容易因温度的波动而发生变化。因此在生产、运输及贮藏过程中冰淇淋结构的不可逆改变就会造成口感、味道和外观的变化。故利用 X-ray CT 技术研究冰淇淋微结构的热稳定性，以揭示其结构动态的变化规律。Guo 等[25]对冰淇淋进行加热和冷却循环获得了 X-ray CT 摄影图像，并且通过定量分析，详细研究了温度变化导致的冰淇淋结构变化。结果发现在加热阶段冰晶尺寸减小并且部分气室开始聚集。而当温度降低时，冰晶会生长变大且具有不规则的形态。这表明导致冰淇淋微观结构恶化的主要原因是冰晶的生长和气室的聚集。Laverse 等[26]还通过此技术研究了不同酸奶中脂肪微结构，根据样品中不同成分对 X 射线吸收情况不同获得样本高分辨率的三维图像，并且对三维微结构进行图像分析，测量各种相的尺寸、形状和分布范围，以确定脂肪液滴尺寸和分布状态。结果发现脂肪球颗粒越小、分布越均匀的样品的稳定性和口感越好。故可以通过 X-ray CT 技术快速检测酸奶中脂肪颗粒大小和分布情况，评估酸奶在生产、加工、包装、贮藏和流通中脂质的稳定性，为工业生产酸奶提供理论支持。

17.2.3 焙烤食品

面包的口感主要取决于发酵后产生气泡的体积大小，发酵不当时产生的气泡太大或者太小都会影响面包的感官品质。Cafarelli 等[27]使用 X-ray CT 技术对不同发酵程度的面包中气泡体积大小进行研究，发现酵母和水含量会显著影响面包孔洞的形状和数量，结合统计结果证实面团本身会具有一定数量圆柱形的小气泡，在烘焙过程中这些小气泡体积和形状都会发生变化。同时也证实孔隙体积增加与酵母或水含量是无关的。因此，X-ray CT 技术结合综合统计方法不仅可以获得面包微观结构分布可视图，而且还能够获得微观结构信息。Babin 等[28]通过 X-ray CT 技术探索气泡对面包口感影响中结合数学研究方法，发现在临界时间之前气泡变大主要是由于气泡自身体积变大，而在临界时间之后气泡变化主要是由于气泡之间聚集而变大。Falcone 等[29]利用 X-ray CT 技术研究面包孔洞结构时得出类似的结果。这些事例表明 X-ray CT 技术是一种有效的非破坏性技术，可以用于研究动态变化过程中食品微观结构的变化，为面包食品工艺、配方等过程提供理论依据。

17.2.4 果蔬食品

随着图像分辨率逐步提高，X-ray CT 技术在食品中的应用范围逐步扩展到蔬菜、水果等新鲜食品领域。当前，通过 X-ray CT 技术研究蔬菜的微观结构变化对其品质的影响越来越受到食品研究者的重视。Dalen 等[30]利用 X-ray CT 技术研究了在不同温度（–28℃、–80℃、–150℃和–196℃）下冷冻干燥对胡萝卜片的影响，结果显示在–150℃时冷冻可以更好地保留胡萝卜细胞完整性和干燥胡萝卜片的形状，即在较低的冷冻温度下，形成的冰晶孔隙小，因而胡萝卜微观结构得到较好的保存。Dalen 等[30]还通过 X-ray CT 技术进一步研究了西蓝花、柿子椒和蘑菇仔冷冻后干燥的微观结构。其研究结果都证明了 X-ray CT 技术能够呈现蔬菜内部多孔微观结构和冻干蔬菜片的外部形态，为冷冻干燥蔬菜食品加工提供技术支持。Zhao 等[31]通过 X-ray CT 技术研究了反复冻融对马铃薯的影响。结果表明冰晶的大小受温度波动的幅度和持续时间影响，温度波动程度大、持续时间长，生成的冰晶大，对马铃薯组织造成破坏大。此外，Alam 等[32]还采用 X-ray CT 技术获得了不同煎炸时间马铃薯中的孔隙以及油和空气分布的变化的信息，为研究其他油炸食品提供了理论依据。这些应用实例表明，X-ray CT 技术可以准确地绘制出食品中冰晶孔隙和分布图像，这种可视化分布能够有效地帮助我们分析食品中营养成分被破坏的程度，有助于我们避免蔬菜在贮藏过程中的质量恶变，以最大限度地提高食品质量和价值。

水果在生长贮藏时很容易受到害虫的入侵而造成其质量的恶化，从而给生产者带来巨大的经济损失。因此，需要一种非破坏性技术将水果区分为不同的质量等级。Arendse 等[33]利用 X-ray CT 技术来无损表征和量化石榴的内部结构，其结果显示该技术可以清楚地对石榴果实内部成分进行无损成像分析，进而快速区分出内部品质存在缺陷的石榴果实。众所周知，水果的质地会随着储存时间延长而变得柔软，进而导致其质量和营养价值降低。传统上，检测苹果的坚硬性一般使用穿刺检测等方法，但这些检测方法会对苹果产生破坏作用。而 X-ray CT 技术可以克服此缺点实现快速无损检测。Ting 等[34]使用 X-ray CT 方法检测 4 种苹果（布瑞本苹果、金冠苹果、富士苹果和爵士苹果）存放一周后的微观结构。结果显示爵士苹果具有较小的细胞间隙，表明存放一周后爵士苹果口感仍然坚实松脆。此外，重建图中还显示布瑞本苹果和金冠苹果的大多数细胞间隙形状都是细长的；富士苹果的细胞间隙显示出多孔结构；而来自爵士苹果的图像包含最少数量的细胞间隙。因此，通过 X-ray CT 技术不仅可以观察到不同种类的苹果具有不同的微观结构，也可以绘制出在存放期间苹果细胞间隙变化图像。这样的可视化分布能够有效地帮助我们快速区分苹果的种类，以方便分类销售。Tanaka 等[35]还利用此技术检测贮存过程中黄瓜三维结构的变化，结果也表明 X-ray CT 技术可用于评估与水果质量相关的物理性质，以避免因长期存放而导致其质地变得柔软甚至坏掉，最大程度地降低了损耗。

17.3　问题与展望

同传统的成像技术相比，X-ray CT 技术具有穿透能力强、分辨率高、可重复检测且对样品不会产生破坏性等优点。但是 X-ray CT 技术在具体的实验中还存在着许多问题：一方面是 X-ray CT 研究相对耗时。使用 X-ray CT 技术扫描样品时所用时间较短（每个样品通常为几分钟到 1h），但是在后期数据计算处理时研究人员需要花费时间学习使用专业软件和必要的数学知识。另外，X-ray CT 在扫描液体样品时，由于样品中各成分位置不断发生变化会影响采集图像的清晰度和准确性，因此也需要耗费大量时间重复实验。另一方面是 X-ray CT 设备成本较高，且在后期也需要较高的维护费用。因此在一定程度上限制了 X-ray CT 技术在食品领域的应用和普及。这也导致使用 X-ray CT 设备时由于缺少实践经验，在 X 射线管设置、探测器设置、操作配置和处理工作流程都需要不断摸索。尽管 X-ray CT 技术在食品领域存在较多问题，但从长远来看，X-ray CT 技术的优势远远超过了劣势。随着硬件和软件的不断改进以及 X-ray CT 设备的普及，X-ray CT 技术的无损特性很可能使其成为食品原材料采购、食品加工、产品开发和质量控制过程中不可或缺的一部分。此外，通过 X-ray CT 技术监控食品在动态变化过程中微观结构的变化，还可以为食品在加工和储存期间结构变化提供直观依据。同时，也可将 X-ray CT 技术与其他技术相结合使其在食品研究中的应用前景更加广阔。

参 考 文 献

[1] Ashton J R，Befera N，Clark D，et al. Anatomical and functional imaging of myocardial infarction in mice using micro-CT and eXIA 160 contrast agent[J]. Contrast Media & Molecular Imaging，2014，9（2）：161-168.

[2] Davis G R，Mills D，Anderson P. Real-time observations of tooth demineralization in 3 dimensions using X-ray microtomography[J]. Journal of Dentistry，2018，69（11）：88-92.

[3] da Silva Í B. X-ray computed microtomography technique applied for cementitious materials：a review[J]. Micron，2018，107（1）：1-8.

[4] Loeffler C M，Ying Q，Bradley M，et al. Detection and segmentation of mechanical damage in concrete with X-ray microtomography[J]. Materials Characterization，2018，142：515-522.

[5] Cnudde V，Boone M N. High-resolution X-ray computed tomography in geosciences：a review of the current technology and applications[J]. Earth-Science Reviews，2013，123：1-17.

[6] Zdora M C，Vila-comamala J，Schulz G，et al. X-ray phase microtomography with a single grating for high-throughput investigations of biological tissue[J]. Biomedical Optics Express，2017，8（2）：1257-1270.

[7] Cantre D，Herremans E，Verboven P，et al. Tissue breakdown of mango（*Mangifera indica* L. cv. Carabao）due to chilling injury[J]. Postharvest Biology and Technology，2017，125（11）：99-111.

[8] Guessasma S，Nouri H. Compression behaviour of bread crumb up to densification investigated using X-ray tomography and finite element computation[J]. Food Research International，2015，72（3）：140-148.

[9] Lim K S，Barigou M. X-ray micro-computed tomography of cellular food products[J]. Food Research International，2004，37（10）：1001-1012.

[10] 王艳婕，田金河，宋琳琳，等. 计算机辅助 X 光断层扫描对半甜韧性饼干的质构无损量化检测[J]. 食品科学，2018，39（5）：93-98.

[11] Angélique L，Blacher S，Nimmol C，et al. Effect of far-infrared radiation assisted drying on microstructure of banana slices：an illustrative use of X-ray microtomography in microstructural evaluation of a food product[J]. Journal of Food Engineering，2008，85（1）：154-162.

[12] Salvo L，Cloetens P，Maire E，et al. X-ray micro-tomography an attractive characterisation technique in materials science[J]. Nuclear Instruments and Methods in Physics Reasearch B，2003，200：273-286.

[13] Sasov D V. Desktop X-ray microscopy and microtomography[J]. Journal of Microscopy，1998，191（2）：151-158.

[14] Cole M T，Parmee R J，Milne W I. Nanomaterial-based X-ray sources[J]. Nanotechnology，2016，27（8）：1-10.

[15] Overdick M，Bäumer C，Engel K J，et al. Status of direct conversion detectors for medical imaging with X-rays[J]. IEEE Transactions on Nuclear Science，2009，56（4）：1800-1809.

[16] Kasap S O，Rowlands J A. Direct-conversion flat-panel X-ray image sensors for digital radiography[J]. Canadian Journal of Physics，2002，90（4）：591-604.

[17] Fischbach F，Freund T，Pech M，et al. Comparison of indirect CsI/a：Si and direct a：SE digital radiography[J]. Acta Radiologica，2003，44（6）：616-621.

[18] Frisullo P，Laverse J，Marino R，et al. X-ray computed tomography to study processed meat microstructure[J]. Journal of Food Engineering，2009，94（3）：283-289.

[19] Frisullo P，Marino R，Laverse J，et al. Assessment of intramuscular fat level and distribution in beef muscles using X-ray microcomputed tomography[J]. Meat Science，2010，85（2）：250-255.

[20] Kobayashi R，Kimizuka N，Watanabe M，et al. The effect of supercooling on ice structure in tuna meat observed by using X-ray computed tomography[J]. International Journal of Refrigeration，2015，60（1）：270-277.

[21] 梁红，宋晓燕，刘宝林. 冷藏期间温度波动对牛肉冰晶增长的影响[J]. 食品与发酵工业，2016，42(6)：193-196.

[22] Kaláb M. Practical aspects of electron-microscopy in dairy research[J]. Food Structure，1993，12（1）：95-114.

[23] Laverse J，Mastromatteo M，Frisullo P，et al. X-ray microtomography to study the microstructure of cream cheese-type products[J]. Journal of Dairy Science，2011，94（1）：43-50.

[24] Guggisberg D，Fröhlich-Wyder M，Irmler S，et al. Eye formation in semi-hard cheese：X-ray computed tomography as a non-invasive tool for assessing the influence of adjunct lactic acid bacteria[J]. Dairy Science & Technology，2013，93（2）：135-149.

[25] Guo E，Kazantsev D，Mo J，et al. Revealing the microstructural stability of a three-phase soft solid（ice cream）by 4D synchrotron X-ray tomography[J]. Journal of Food Engineering，2018，237：204-214.

[26] Laverse J，Mastromatteo M，Frisullo P，et al. Fat microstructure of yogurt as assessed by X-ray microtomography[J]. Journal of Dairy Science，2011，94（2）：668-675.

[27] Cafarelli B，Spada A，Laverse J，et al. An insight into the bread bubble structure：an X-ray microtomography approach[J]. Food Research International，2014，66：180-185.

[28] Babin P，Valle G D，Chiron H，et al. Fast X-ray tomography analysis of bubble growth and foam setting during

breadmaking[J]. Journal of Cereal Science，2006，43（3）：393-397.

[29] Falcone P M，Baiano A，Zanini F，et al. A novel approach to the study of bread porous structure：phase-contrast X-ray microtomography[J]. Journal of Food Science，2004，69（1）：38-43.

[30] Dalen G V，Koster M，Nijsse J，et al. 3D imaging of freeze-dried vegetables using X-ray microtomography[J]. Unilever Research & Development，2013，8（1）：1-18.

[31] Zhao Y，Takhar P S. Micro X-ray computed tomography and image analysis of frozen potatoes subjected to freeze-thaw cycles[J]. LWT-Food Science and Technology，2017，79（1）：278-286.

[32] Alam T，Takhar P S. Microstructural characterization of fried potato disks using X-ray micro computed tomography[J]. Journal of Food Science，2016，81（3）：651-664.

[33] Arendse E，Fawolen O A，Magwaza L S，et al. Estimation of the density of pomegranate fruit and their fractions using X-ray computed tomography calibrated with polymeric materials[J]. Biosystems Engineering，2016，148（1）：148-156.

[34] Ting V J L，Silcock P，Bremer P J，et al. X-ray micro-computer tomographic method to visualize the microstructure of different apple cultivars[J]. Journal of Food Science，2013，78（11）：1735-1742.

[35] Tanaka F，Nashiro K，Obatake W，et al. Observation and analysis of internal structure of cucumber fruit during storage using X-ray computed tomography[J]. Engineering in Agriculture，Environment and Food，2018，11（2）：51-56.

第 18 章　原子力显微镜及其在食品科学研究中的应用

随着人们对微观世界的不断探索，很多普通光学显微镜无法观察到的物质内部微观结构逐渐成为人们关注和研究的热点，而普通分子技术的局限性也日益突出。20 世纪 80 年代中期由 Binning 等在扫描隧道显微镜（scanning tunnel microscope，STM）基础上发展起来一种更加精密的显微工具——原子力显微镜（atomic force microscope，AFM）[1, 2]。原子力显微镜主要是通过原子级的探针对样品表面进行“扫描”，二者间的相互作用使装配探针的微悬臂发生轻微形变，通过检测微悬臂的形变程度，便可以得到样品表面与探针之间的相互作用力大小；在探针沿样品表面进行扫描时，保持尖端与表面原子力恒定所需施加于压电材料两端的电压波形[3]，就能得到待测物质表面总电子密度的形貌，从而弥补扫描隧道显微镜无法观测非导电样品的缺憾[4]。原子力显微镜使用方便、操作简单，已应用在生物材料、化工工业、食品等多个不同领域。本章将从原子力显微镜的原理出发，简述其功能、特点和模式，并综述其在食品科学研究中不同产品和不同组分中的研究进展。

18.1　原子力显微镜概述

18.1.1　原子力显微镜及其成像原理

作为最新的显微检测仪器，AFM 是对人类视觉感官功能的有力延伸和增强，与普通光学显微镜相比，AFM 的成像效果更加全面和先进。AFM 的一端是固定的，另一端是装有纳米级尖锐微小针尖的弹性微悬臂，当探针在样品表面扫描时，探针针尖与样品表面产生相互作用力，该作用力会使微悬臂产生形变[5]，由激光束发出的激光会直射到微悬臂的背面，微悬臂将激光发射到光电检测器上，使之转换为电信号输入计算机，即使是小于 0.01nm 的形变也可以在光电检测器上显示出大约 10nm

的位移，经处理获得样品的表面特征信息（图 18.1）[6]。近年来为了更加详细深入地了解样品纳米级信息，由轻敲模式又发展出相位成像模式，这种成像模式是通过检测驱动微悬臂探针振动的信号源的相位角与实际微悬臂探针振动的相位角之差（即两者的相移）的变化来成像，这种方式得到的样品表面信息更加丰富准确[7]。

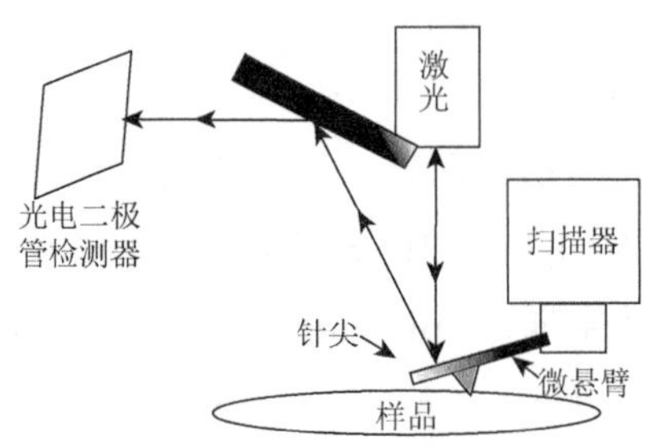

图 18.1　原子力显微镜原理图

18.1.2　原子力显微镜的功能及特点

用肉眼看到的自然界中的物质大多数是平整光滑的，实际上物质表面都存在我们无法直接观察到的、极其微小的孔隙和颗粒状结构。AFM 就是通过探针和样品表面之间的作用力，使微悬臂产生形变，由此将二者之间的相互作用力以力-距离曲线的形式展示出来，再对曲线进行分析，并且将分析后得到的样品形貌特征通过图像的方式清晰展示出来。从样品的宏观角度来说，AFM 可以检测样品表面的粗糙程度、孔隙结构、颗粒度等，有助于了解物质的表面物化属性；除了对物体表面的观察外，AFM 还能够得到该物质的晶体结构、分子聚集状态等一系列的信息[1]，有助于了解物质的理化性征；此外，还可以利用探针与分子的结合程度来了解分子的拉伸弹性、空间结构等，有助于更好地了解分子属性。

AFM 是通过检测样品-探针间的相互作用力来完成高分辨率成像的。AFM 特殊的作用方式具有以下四方面的优势：①检测样品的材质广泛，导体、半导体、瓷器、金属甚至是生物细胞等都可以作为检测对象[1]；②制样简单、不烦琐，甚至无需处理，只需对样品进行简单固定即可，省去了切片、脱水、染色、制片等复杂程序，不仅对样品破坏性小，而且节省检测时间；③适应于各种工作环境，包括液体、空气和真空甚至是生理条件下直接成像，而且还可以对活体细胞进行实时动态观察；无论是常温还是低温等条件，AFM 都能够正常工作，有助于使样品保持最佳状态；④能提供生物分子和生物表面纳米级分辨率的三维图像，还有局部的电荷密度和物理特性等精密细节[8]，在这一点上它明显优于普通光学显微镜，这将有助于人类更细致地探究未来世界。

18.1.3　原子力显微镜作用模式

AFM 是一种具有原子级高分辨率的显微工具，通过控制并检测样品-针尖之间的相互作用力完成成像[9]，当探针与样品之间的工作距离不同时，AFM 的工作状态也不同，由此可将 AFM 的作用方式分为三种：接触模式、非接触模式以及轻敲模式。

1. 接触模式

接触模式又称为 DC 模式，主要通过探针与样品表面始终接触产生的作用力使悬臂发生形变[2]，其中包括恒力和恒高两种模式。在三维空间体系中，保持微悬臂的偏转程度不变，即探针和样品之间的作用力恒定，当沿 x、y 方向扫描时，记录 z 方向上扫描器的情况从而得到样品表面形貌特征，这种模式称为恒力模式，该模式适用于物质的表面分析；恒高模式指样品和针尖的相对高度不变，通过微悬臂的偏转程度来反映样品表面形态，由于这种模式对样品的高度比较敏感，能够快速扫描样品，因此适用于分子、原子的图像观察。接触模式主要就是依靠探针和样品之间的斥力得到相对稳定、分辨率高的图像，但是由于探针和样品接触频繁，因此容易使探针变型，同时对样品也会有不同程度的损伤[10]。

2. 非接触模式

非接触模式又称为 AC 模式[2]，该模式下探针与样品表面始终存在一定的距离，大约 5～20cm，并且探针和样品间是通过保持微悬臂共振频率或振动幅度控制的，因此 AC 模式对待测样品破坏或移动的可能性较小，适用于疏水性液体表面等，并且该模式灵敏度较高，但弊端就是分辨率较低，工作效率低[10]。

3. 轻敲模式

一般而言，大多数生物样品更适合第三种模式——“轻敲模式”，其是 AFM 中最常用的一种间歇接触模式，该模式下探针处于振动状态，在垂直方向上敲击样品表面，从而获得样品表面的形貌特征，与样品表面间断接触的过程中摩擦力和剪切力对样品的影响相对较小，这样既能保证高的分辨率，又能将接触对探针和样品的破坏降到最低，所以这种模式适合柔软细致以及黏性较大的样品[11, 12]。一般轻敲模式要优于非接触模式，尤其是作用于样品表面较大范围的扫描成像，而且该模式还可以在液体环境下使用[13]。

18.2　原子力显微镜在食品科学研究中的应用

18.2.1　AFM 在不同类型食品中的应用

1. 肉及肉制品

随着科技的发展，人们的生活水平不断提高，在维持温饱的基础上，人们对于食品的品质也有更高的要求，尤其对肉品品质的要求也越来越高。肉的嫩度是衡量肉品品质非常重要的指标之一。因此，人们对肉的嫩度越来越重视，对肉的嫩度的研究也越来越深入。

肉的嫩度是指肉入口咀嚼时所感觉的印象，包括入口时是否易被咬开、咀嚼难易程度以及在口中的残留量，肉越嫩就越容易咀嚼，反之肉质越老就越难于咀嚼[14]。肌肉的嫩度与肌肉蛋白分子之间的相互作用力、结缔组织的分布情况以及脂肪含量息息相关，通过调节 pH、添加胰蛋白酶等方法都可以改变肉的嫩度[15]，考察嫩度常用指标是剪切力值和肌原纤维小片化指数，除了常规测定剪切力的方法，还可以用 AFM 进行观察。李林强等[16]分别将牛肉用浓度为 100mmol/L、150mmol/L、200mmol/L 的 $CaCl_2$ 处理，于 4℃真空包装储藏 72 h，用 AFM 观察肌原纤维小片，准确得出了肉嫩化程度的结果；周芳等[17]用 AFM 对肌原纤维进行扫描，发现不同浓度 Ca^{2+} 处理的牛肉嫩度一定会有改善，并且随着 Ca^{2+} 浓度的增加肌原纤维降解增多，说明肉的嫩度增大。利用 AFM 对肉的嫩度进行测定，不仅比普通测定方法更加方便，而且是对剪切力和肌原纤维小片化指数形态学上的完善，有助于进一步研究关于改善肉嫩度的方法。

2. 乳及乳制品

乳是一种复杂的胶体体系，胶体体系的稳定性是食品质量加工的重要性质，利用 AFM 能够更准确地对体系表面作用力相关信息进行研究。Kirby 等[18]通过

AFM 对牛血清白蛋白和酪蛋白在十二烷烃/水、空气/水界面膜图像结构进行研究，利用 AFM 图像能够观测到两种体系中不同的网状结构，结果显示圆状球体结构是单个牛血清白蛋白分子，界面膜的二维网状结构是由独立的蛋白质分子组成的。因此利用 AFM 能够系统全面地了解乳胶体的表面信息以及胶体结构等。王丽娜[19]以水牛奶酪蛋白、乳牛奶酪蛋白和山羊奶酪蛋白为原料，利用激光粒度分析仪和 AFM 研究三者蛋白粒径分布情况以及 Zeta 电位及表面颗粒形态上的差异，发现三种蛋白均呈现球形或椭球形，其中水牛奶酪蛋白颗粒分布较均匀，而另外两种乳源蛋白颗粒有明显的聚集行为，并综合本实验中的其他结果得出牛乳蛋白氨基酸稳定性较羊乳蛋白稳定性强，为后来研究乳品蛋白功能特性等提供理论基础。

3. 粮食作物

Wang 等[20]在研究氯乙酸和油酸对玉米蛋白自组装结构的影响以及类胡萝卜素的含量对玉米蛋白质结构的影响时，利用 AFM 对吸附于亲水和疏水表面的玉米蛋白层表面形貌进行观察，结果显示其亲水性表面的粗糙程度比环形结构大，而疏水表面的玉米蛋白膜没有明显的特征，由此得出类胡萝卜素以及氯乙酸和油酸对玉米蛋白表面形貌的影响。张良等[21]在空气中利用 AFM 的轻敲模式在新解离的云母片上获取不同类型白酒的纳米级成像，尽管针尖接触白酒可能对成像造成一些影响，但是通过研究成像效果较好的图像可以看出，不同类型的白酒所含颗粒的形状有球形、锥形和扁平状等不同形状，而且由于生产工艺、气候等因素的影响，颗粒的分布和大小也有区别，由此构成不同香型白酒特殊的纳米图谱，实现了在纳米水平上对白酒香型的研究。

18.2.2 AFM 在不同食品组分分析中的应用

对食品组分的研究往往要从微观角度探究其结构特性，从而理解其宏观状态下的性质。多糖、蛋白质和脂质作为食品中的重要组分，不仅具有重要的营养价值，对食品品质的形成也具有不可或缺的作用。

1. 多糖类

多糖物质如许多食用胶等可作为食品加工中的增稠剂和稳定剂，对食品的组织结构和特性有着非常重要的作用。多糖含有多条支链，分子的均一性和线性比

DNA 和蛋白质差一些，因此在空气中成像的分辨率较低，而利用 AFM 能够很好地解决这个问题。

卡拉胶具有连续的连接结构，通过分子双螺旋结构以及离子作用使分子末端与中间相连接，在干燥的空气中容易形成薄膜结构。Morris 等[22]利用 AFM 观察卡拉胶，发现其呈现纤维网状结构，该结构在 Gunning 等[23]的研究中同样得到证实；Gunning 等[24]和 Verran 等[25]利用 AFM 的轻敲模式观察沉积在云母片中的黄原胶结构时，从图像中可以看出其分子间相互缠绕，每个网点宽为 1.6cm，高约为 3.3cm，与扫描方向垂直的方向上有 10nm 厚的分子带，比文献中记载的黄原胶的螺旋尺寸略大；此外，Gunning 等[26]利用 AFM 检测新几内亚微小卡拉胶时，得到了卡拉胶中的水溶性及非水溶性部分的结构，尤其是不溶性部分的网状纤维素的结构。

许多食品的宏观形态类似而微观结构却相差甚远，尽管如此它们之间也存在着紧密的联系，用 AFM 能够观测得到比扫描电镜更加精密的数据，如比较明显的凹凸不平、食物残留物等细节[27]。黄智慧等[28]在研究酶对淀粉颗粒的作用中，利用 AFM 观察微孔的形成过程，所示内容比扫描电子显微镜更加全面和详细；而 Juszczak 等[29, 30]采用 AFM 接触模式深入研究了淀粉表面的形貌，结果显示玉米淀粉和木薯粉颗粒表面比较平滑。利用 AFM 高分辨率成像的优势不仅能够更加细致地了解多糖物质的微观结构，也能分析不同组成对物质宏观性质的影响。

2. 蛋白质

蛋白质是食品中典型的营养成分，也是人们生存必不可少的物质，利用 AFM 检测蛋白质也已经成为一种常用手段[31]。在食品加工过程中，蛋白质的结构可能随着加工过程发生变化，AFM 为蛋白质结构的研究提供了新的思路。郭云昌等[32]研究玉米醇溶蛋白的纳米层次时，在 AFM 检测下发现乙醇溶液中的醇溶蛋白是以球状颗粒结构存在的，而云母表面的醇溶蛋白则是均匀的网状结构，具有较好的成膜特性，由此得出网状结构是醇溶蛋白成膜的结构基础。

在食品加工过程中除了蛋白质的结构特征外，蛋白质凝聚和凝胶也非常重要，蛋白质凝胶的形成，是变性的蛋白质分子的聚集现象，而在聚集的过程中，如果分子间的吸引力和排斥力不平衡时，会形成相应的凝结物或者凝胶体[33]，因此只有处于一种平衡的状态，才能形成高度有序的保水结构即凝胶。芦鑫等[34]利用 AFM 的轻敲模式观察加热后的 β-乳球蛋白，发现低 pH 和低离子强度条件有

助于 β-乳球蛋白纤维体的形成；Iwasaki 等[35]观察发现 70℃时原本串珠结构的肌浆球蛋白丝变成了绳子结构，少量蛋白丝的结构没有显著变化；Yang 等[36]利用 AFM 观察鲶鱼凝胶结构时发现球状凝聚体和环形空洞的形成与离子渗透过胶原蛋白时的方式有关。应用 AFM 还可以测定蛋白质或者其他聚合物的凝胶体系，Adams 等[37]结合拉曼光谱和流体力学实验，研究不同离子强度、pH 条件下热诱导的乳清蛋白凝胶前体溶液，发现该溶液是由椭圆形颗粒组成的，并且随着离子强度的增加，乳清蛋白由半透明凝胶转变为不透明凝胶。因此通过 AFM 和其他技术的联合使用对蛋白质凝胶过程中溶液的观察，得到高分辨率的组织结构成像以及不同条件下凝胶溶液中的微粒形态等，从而更深入地分析蛋白质聚集体形成过程和作用，这对建立有利于食品品质与口感的凝胶形成体系具有十分重要的意义。

3. 脂质

脂质是食品中重要的大分子物质、能量的最佳储存方式以及细胞膜的骨架结构。脂质体的理化性质一直是科学家关注的热点之一，脂质体的结构稳定性非常重要，赵琰等[38]利用 AFM 测定大豆卵磷脂中脂质体的刚性和粘连性并建立数学模型，结果显示其黏性和刚性可以定量评价脂质体的结构稳定性；赵新军等[39]利用 AFM 研究蔗糖溶液中二棕榈酰磷脂酰胆碱磷脂双分子层的结构，并分析其结构特性和杨氏模量；Patino 等[40]利用 AFM 研究了二棕榈酰磷脂酰胆碱和二油酰磷脂酰胆碱在水-空气界面处的结构特性，结果显示磷脂分子层在纳米级水平上的不均一性，由此得出 AFM 在检测纳米级脂质的表面信息上更加细致；Shibata-Seki 等[41]利用 AFM 观测发现脂质体在溶液环境中是直径 200～300 nm 的气球状，而光散射显微镜测得其平均直径约为 180 nm，二者大体上吻合；Dufrêne 等[42]通过 AFM 观察支撑脂质膜的分子结构、在空气中单层或多层膜的结构以及在水环境中的脂质双层膜的结构等，并讨论分离相单分子膜的形状和分子结构以及成膜的组织特性。利用 AFM 检测不同水平上脂质体的微观结构及表面特性，能为进一步了解脂质的属性提供重要依据。

18.3　展　　望

AFM 凭借其高分辨率、测样材料广泛、制样简单等特点在现代科技领域中越来越受到人们的重视，同时 AFM 技术也是一种“年轻”的技术，尚存在一些局限性，首先，接触模式和轻敲模式下探针和样品的接触都会造成针尖的污染和变形，影响其分辨率，如果用液体对针尖进行清理，针尖和液体之间的相互作用又会带来新的问题；其次，尽管样品不用特殊固定，但是一般需要加入缓冲液，存在盐离子结晶的情况，另外 AFM 很难对样品进行宏观定位，而且针尖的曲率半径和样品的柔韧性也会影响仪器的分辨率，导致结果有误差。

随着对 AFM 越来越深入的研究，很多科学家就其局限性对其进行一定程度上的改进，大体上分为以下几方面。①碳纳米管针尖衍化：碳纳米管是一种纳米级、分子结构完整的新型碳材料，具有较高的弹性和机械柔软性，并且结构稳定，能够很大程度上提高 AFM 的分辨率；②探针的制备与功能化；③实现纳米操纵：AFM 针尖作为“纳米镊”，通过在分子的特定部位上加载力大小的改变实现纳米操纵；④多功能悬臂：这类悬臂有热电偶、纳米管、近场光学探针等；⑤单分子力谱是在 AFM 研究的基础上逐渐发展起来的单个分子力学性质测定方法，代表着 AFM 应用的重要方向[43]。为了更好地在各个领域发挥作用，这种精密的分析测试仪器自身也在不断改进的过程中发展，我们将不断加深对 AFM 的研究，将其与不同领域相结合，不仅能够拓展其应用范围，也可以开辟新的技术。我们将继续研究 AFM 与其他技术的结合应用，不断完善这项技术，让它更好地发挥作用。

参 考 文 献

[1] 徐井华，李强. 原子力显微镜的工作原理及其应用[J]. 通化师范学院学报，2013，(2)：22-24.

[2] 张丽芬，刘东红，叶兴乾. 原子力显微镜在食品组分研究中的应用进展[J]. 食品工业科技，2011，(1)：355-359.

[3] 周红军，罗颖. 原子力显微镜在高分子研究中的应用[J]. 广东化工，2007，(1)：83-85.

[4] 白春礼. 扫描隧道显微术在生命科学研究中的应用[J]. 大自然探索，1991，(2)：3.

[5] 朱杰，孙润广. 原子力显微镜的基本原理及其方法学研究[J]. 生命科学仪器，2005，(1)：22-26.

[6] 鲁哲学，张志凌，庞代文. 原子力显微镜技术及其在细胞生物学中的应用[J]. 科学通报，2005，50(12)：1161-1166.

[7] 吕正检，陈国平，王建华. 原子力显微镜与蛋白质研究[J]. 生物医学工程学杂志，2010，27(3)：692-695.

[8] 侯淑莲，李石玉. 原子力显微镜在生命科学研究中的应用[J]. 中国医学物理学杂志，2000，17(4)：235-238.

[9] Kuznetsova T G，Starodubtseva M N，Yegorenkov N I，et al. Atomic force microscopy probing of cell elasticity[J]. Micron，2007，38(8)：824-833.

[10] 刘小虹，颜肖慈，罗明道，等. 原子力显微镜及其应用[J]. 自然杂志，2002，(1)：36-40.

[11] 刘岁林，田云飞，陈红，等. 原子力显微镜原理与应用技术[J]. 现代仪器，2006，(6)：9-12.

[12] 屈小中，史燚，金熹高. 原子力显微镜在高分子领域的应用[J]. 功能高分子学报，1999，12（2）：100-106.

[13] 魏东磊. 原子力显微镜基本成像模式分析及其应用[J]. 科技创新与应用，2015，(30)：39.

[14] 王彩云. 肉的嫩度研究[J]. 肉类工业，1998，(5)：36-38.

[15] 刘兴余，金邦荃. 影响肉嫩度的因素及其作用机理[J]. 食品研究与开发，2005，(5)：177-180.

[16] 李林强，昝林森，孟嫚. 原子力显微镜在牛肉嫩度测定中的应用研究[J]. 食品工业科技，2010，(2)：111-113.

[17] 周芳，党娅，胡选萍，等. μ-Calpain 在牛肉肌纤维中的定位及后熟过程中对肌纤维显微结构的影响[J]. 食品工业，2012，33（11）：113-116.

[18] Kirby A R，Gunning A P，Morris V J. Imaging xanthan gum by atomic force microscopy[J]. Carbohydrate Research，1995，267（1）：161-166.

[19] 王丽娜. 南方水牛奶酪蛋白与其他乳源酪蛋白差异性的研究[D]. 广州：暨南大学，2011.

[20] Wang Q，Yin L，Padua G W. Effect of hydrophilic and lipophilic compounds on zein microstructures[J]. Food Biophysics，2008，3（2）：174-181.

[21] 张良，张宿义，赵金松. 利用原子力显微镜在纳米尺度上对中国白酒的研究（I）[J]. 酿酒科技，2008，(7)：39-43.

[22] Morris V J，Gunning A P，Kirby A R，et al. Atomic force microscopy of plant cell walls，plant cell wall polysaccharides and gels[J]. International Journal of Biological Macromolecules，1997，21（1）：61-66.

[23] Gunning A P，Wilde P J，Clark D C，et al. Atomic force microscopy of interfacial protein films[J]. Journal of Colloid and Interface Science，1996，183（2）：600-602.

[24] Gunning A P，Kirby A R，Morris V J. Imaging xanthan gum in air by ac "tapping" mode atomic force microscopy[J]. Ultramicroscopy，1996，63（1）：1-3.

[25] Verran J，Rowe D L，Cole D，et al. The use of the atomic force microscope to visualise and measure wear of food contact surfaces[J]. International Biodeterioration & Biodegradation，2000，46（2）：99-105.

[26] Gunning A P，Cairns P，Kirby A R，et al. Characterising semi-refined iota-carrageenan networks by atomic force microscopy[J]. Carbohydrate Polymers，1998，36（1）：67-72.

[27] Fotiadis D，Liang Y，Filipek S，et al. Atomic-force microscopy：rhodopsin dimers in native disc membranes[J]. Nature，2003，421（6919）：127-128.

[28] 黄智慧，黄立新. 原子力显微镜在食品研究中的应用[J]. 现代食品科技，2006，22（3）：259-262.

[29] Juszczak L，Fortuna T，Krok F. Non-contact atomic force microscopy of starch granules surface，Part I：Potato and tapicca starches[J]. Starch/Stärke，2003，55：1-7.

[30] Juszczak L，Fortuna T，Krok F. Non-contact atomic force microscopy of starch granules surface. Part II. Selected cereal starches[J]. Starch/Stärke，2003，55：8-18.

[31] Yang H，Wang Y，Lai S，et al. Application of atomic force microscopy as a nanotechnology tool in food science[J]. Journal of Food Science，2007，72（4）：R65-R75.

[32] 郭云昌，刘钟栋，安宏杰，等. 基于 AFM 的玉米醇溶蛋白的纳米结构研究[J]. 郑州工程学院学报，

2004，（4）：10-13.

[33] Gordon A，Barbut S. Effect of chloride salts on protein extraction and interfacial protein film formation in meat batters[J]. Journal of the Science of Food and Agriculture，1992，58（2）：227-238.

[34] 芦鑫，程永强，李里特. 研究蛋白质凝聚凝胶的技术进展[J]. 中国粮油学报，2010，25（1）：132-137.

[35] Iwasaki T，Washio M，Yamamoto K，et al. Rheological and morphological comparison of thermal and hydrostatic pressure-induced filamentous myosin gels [J]. Journal of Food Science，2005，70（7）：e432-e436.

[36] Yang H，Wang Y，Regenstein J M，et al. Nanostructural characterization of catfish skin gelatin using atomic force microscopy[J]. Journal of Food Science，2007，72（8）：C430-C440.

[37] Adams E L，Kroom P A，Williamson G，et al. Characterisation of heterogeneous arabinoxylans by direct imaging of individual molecules by atomic force microscopy[J]. Carbohydrate Research，2003，338：771-780.

[38] 赵琰，孙润广，张小飞. 脂质体结构稳定性的原子力显微镜观测与软球数学模型分析[J]. 陕西师范大学学报（自然科学版），2012，40（5）：27-30.

[39] 赵新军，张国梁. 原子力显微镜研究 DPPC 磷脂多层膜结构与力学性能[J]. 原子与分子物理学报，2014，31（2）：285-291.

[40] Patino J M R，Caro A L，Niño M R R，et al. Some implications of nanoscience in food dispersion formulations containing phospholipids as emulsifiers[J]. Food Chemistry，2007，102（2）：532-541.

[41] Shibata-Seki T，Masai J，Tagawa T，et al. *In-situ* atomic force microscopy study of lipid vesicles adsorbed on a substrate[J]. Thin Solid Films，1996，273（1-2）：297-303.

[42] Dufrêne Y F，Lee G U. Advances in the characterization of supported lipid films with the atomic force microscope[J]. Biochimica et Biophysica Acta，2000，1509（1-2）：14-41.

[43] 郁毅刚，徐如祥，蔡颖谦，等. 原子力显微镜在生命科学研究中的应用[J]. 第一军医大学学报，2005，（2）：143-147.

第 19 章　生物散斑技术及其在食品领域中的应用

近年来，食品领域相关检测技术不断发展，其中无损检测技术因检测时不会对被测物品造成损伤，且具有高效、经济等特点得以广泛应用[1]。目前常用的光学无损检测技术包括近红外光谱技术、振动光谱技术、高光谱成像技术、拉曼光谱技术等[2]。在应用现状方面，上述技术均存在一定的局限性，例如，近红外光谱技术因仪器零件不精密、缺少一致性设计而难以建立稳定模型[3]；振动光谱技术灵敏度较低，需要较多的校准装置才可准确地检测食品质量[4]；高光谱成像技术对检测环境要求较高、仪器不便携，难以用于现场快速检测，且所得数据冗余，不能及时获取有效信息[5]；拉曼光谱技术在光谱预处理和建立数学模型等方面仍需结合化学计量学才能达到检测效果[6]。

生物散斑技术作为一种新兴无损检测技术，因其设备简单、能够实时处理并定性或定量地反映被测物品的生物或物理信息，在食品领域已有广泛应用。本章对生物散斑技术的原理及散斑图像分析方法进行了介绍，综述了生物散斑技术在食品领域中的应用及未来将面对的挑战，为生物散斑技术进一步的开发及应用提供基础。

19.1　生物散斑技术概述

生物散斑技术检测过程高效、经济，成像装置简单[7]，与其他光学技术相比，生物散斑技术的主要优势在于能通过测量光照射被测物品后所发生的变化来描述被测物品的生物活性区域，提供多光谱技术难以观察获得的信息[8]。在激光波长、观察距离、统计方法等参数相同的条件下，生物散斑图像的强度、对比度和斑点颗粒大小（亮斑大小）取决于被测物品表面及内部的状态[9]。因此，生物散斑图像可以看作是被测物品组织表面及内部的指纹图谱[10]。

19.1.1　生物散斑技术基本原理

生物散斑技术是一种由激光照射到被测物品，从而发生折射与反射来反映被测物品各种信息的光学无损检测技术[11]。当激光照射到生物组织时，它会随机发生向各个方向的散射、吸收或透射等现象，如图 19.1 所示。这些现象取决于入射光的波长和被测物品的材料特性[12]，据此形成高对比度的颗粒状图像，称为生物散斑图像[13]。根据散斑图像将生物散斑技术分为两类[14]：一是只获取一幅图像、经图像分析得出结果的静态生物散斑，如图 19.2（a）所示；二是以拍摄视频的形式获取图像序列并对其进行定性或定量分析的动态生物散斑，如图 19.2（b）所示。常规图像处理方式都可采用静态生物散斑进行分析，而动态散斑的视觉外观类似于沸腾液体的表面，其复杂的现象可通过量化散斑图像随时间变化的方法来表征生物变化。生物散斑图像的变化被定义为生物散斑活性，其与被测物品表面及内部组织状态密切相关[15]。

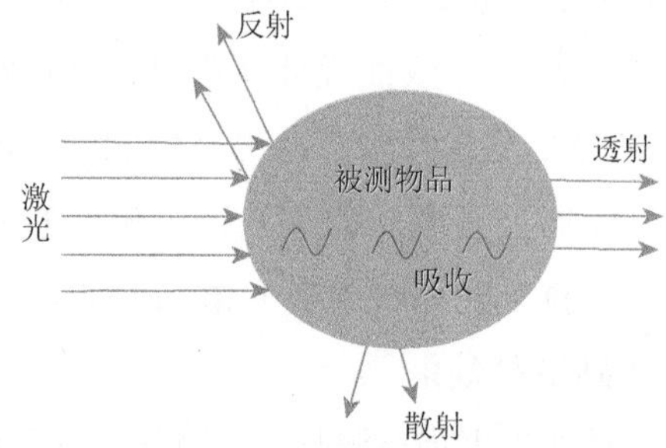

图 19.1　激光与被测物品间的相互作用

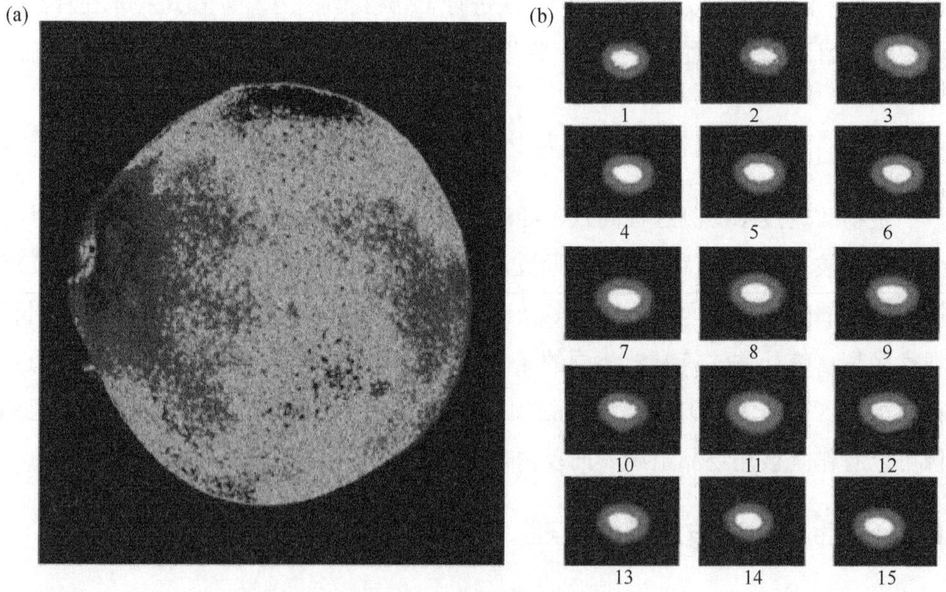

图 19.2　生物散斑图像

（a）柚子的静态生物散斑图像[13]；（b）香蕉的生物散斑视频截图[14]

19.1.2 生物散斑技术装置

生物散斑技术的装置结构相对简单，主要包括激光发射器、相机及计算机（图像处理系统）。如图 19.3 所示，根据激光发射装置与相机的位置，可分为反射型和透射型两种[16]：反射型装置中激光发射器与相机在同侧，相机接收由物体反射的光线。另外，根据检测情况可加入镜子、扩束镜等装置以获取较佳的图像效果[17]。反射型装置多用于固态或半固态样品的检测，如苹果[18]、种子[8]等。而透射型装置中相机置于样品后侧，可以接受激光穿透样品的光线，因此待测样品的厚度越小，透射成像效果会越好[19]。透射型装置应用相对较少，主要用于非固态样品的检测，如鉴定液体培养基中微生物的种类[20]、监测种子根部生长情况[21]等。检测前需对激光波长、样品与相机的距离、角度及相机光圈等进行设置，一般静态散斑图像会受光入射角度的直接影响，而动态散斑图像则与该角度无关[22]。

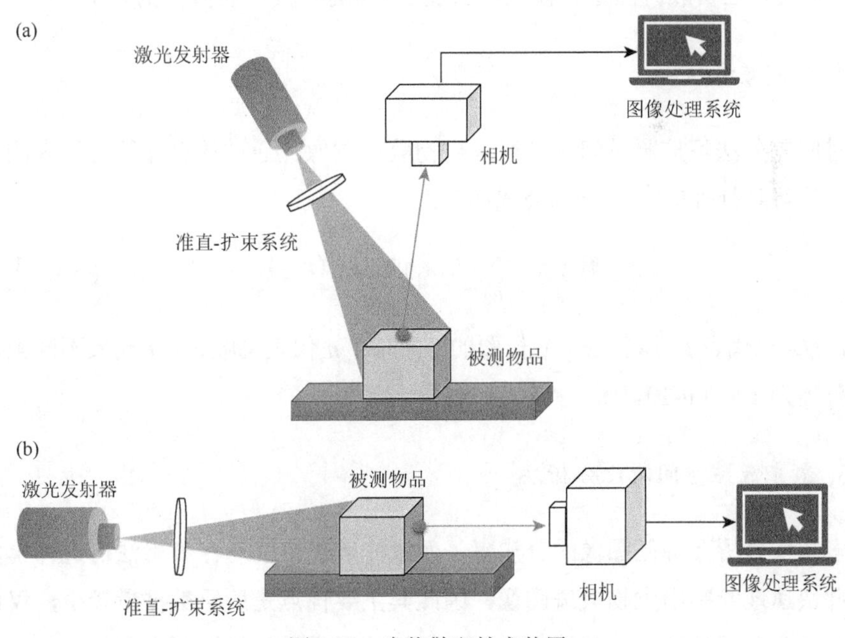

图 19.3 生物散斑技术装置

（a）反射型生物散斑技术装置；（b）透射型生物散斑技术装置

19.1.3 生物散斑图像分析方法

生物散斑图像的分析方法分为定性分析和定量分析，其中定性分析方法包括Fujii法、时间差分（TD）法、激光散斑空间对比分析（LSSCA）法、激光散斑时间对比分析（LSTCA）法等；定量分析方法包括惯性矩阵（IM）法、绝对差分（AVD）法、广义差分（GD）法等。

1. Fujii法

Fujii法是通过计算相邻时间的图像间各点灰度值强度差的加权和，反映不同点强度差的变化[23]，计算公式如下：

$$D_{(n)}=\sum_{t=1}^{n-1}\frac{|I_{t(i_1)}-I_{t+1(i_1)}|}{|I_{t(i_1)}+I_{t+1(i_1)}|} \tag{19.1}$$

式中，$D_{(n)}$代表强度差的和；I代表某一帧的灰度值，如$I_{t(i_1)}$代表t时刻i_1点的灰度值；n代表生物散斑图像总帧数；t代表不同的帧数，取值范围为1～n。

2. 时间差分法

时间差分法可按照时间顺序记录生物散斑图像，通过计算连续时间内图像的绝对差值得到处理图[24]，计算公式如下：

$$T_{D(x,y)}=\sum_{t=1}^{n-1}|I_t(x,y)-I_{t+1}(x,y)| \tag{19.2}$$

式中，$I_t(x,y)$代表t时刻（x,y）位置的像素值；n代表总帧数；t代表不同帧数，取值范围为1～（n-1）。

3. 激光散斑空间对比分析法

多图像分析会降低图像的分辨率，而激光散斑空间对比分析法可进行单图像分析并快速地绘制出生物散斑图像，因此其主要优点是所需数据量较少，仅由一幅图像即可获得处理图；其缺点是一旦相机的曝光时间设置不当则很难得到效果较好的处理图，且处理图清晰度不高[25]。

4. 激光散斑时间对比分析法

激光散斑时间对比分析法是分析生物散斑图像中的所有像素点在一段时间内的变化从而获得对比图像，且所得图像分辨率是激光散斑空间对比分析法的 5 倍[26]。

5. 惯性矩阵法

惯性矩阵法是对一幅时间序列生物散斑图像形成共生矩阵，计算公式如下：

$$C_{\mathrm{OM}}=[N_{I_1,I_2}] \tag{19.3}$$

式中，N 代表 I_1 值后面接着出现 I_2 值的次数；I_1、I_2 代表像素点的灰度值。时间序列生物散斑图像反映的是生物散斑中的局部信息，如某一行/列的散斑随时间的变化，在此基础上形成的共生矩阵则通过将 N 值赋给其中第 I_1 行、第 I_2 列元素的计算来表征生物活性[27]。

6. 绝对差分法

绝对差分法通常可替代惯性矩阵法，基于差异总和作为主要信息，再结合惯性矩阵法能够放大时间的历史变化[28]，计算公式如下：

$$A_{VD}=\sum_{I_1I_2}(C_{\mathrm{OM}}[I_1,I_2]\times|I_1-I_2|) \tag{19.4}$$

式中，I_1、I_2 代表像素点的灰度值；$C_{\mathrm{OM}}[I_1, I_2]$代表对应的共生矩阵。

7. 广义差分法

广义差分法是对图像中所有像素点进行统计处理，不同帧数下各点灰度值变化越大，则强度差越大，计算强度差的和就能得到各点之间强度变化的差异[18]，计算公式如下：

$$D_{\mathrm{G}}=\sum_{i_1=0}^{n-1}\sum_{i_2=i_1+1}^{n-1}|x_{i_1}-x_{i_2}| \tag{19.5}$$

式中，D_{G}代表强度差的和；i_1、i_2 代表图中像素点的顺序编号；x_{i_1}、x_{i_2} 代表 i_1、i_2 像素点的坐标，取值范围为 0～（$n-1$）；n 代表生物散斑图像的总帧数。

19.2　生物散斑技术在食品领域中的应用

19.2.1　水果品质评价

利用相关图像分析方法分析随时间变化形成的生物散斑图像即可对水果进行无损质量评价[29, 30]。Vega 等[31]采用生物散斑技术在 1 min 内对 30 个具有损伤的苹果和梨的样本进行检测，并分析了生物散斑图像的变化。结果表明，苹果和梨损伤前生物散斑活性较高，损伤后散斑活性即刻降低；Yan 等[32]采用生物散斑技术对苹果的受损部位进行检测，采用了 Fujii、GD、LSTCA 三种方法对散斑图像进行分析。结果表明，三种分析方法获得的散斑强度均随受损时间的延长而减小，说明受损部位的生物散斑活性随受损时间的推移而降低。Blotta 等[33]用钢球撞击苹果模拟苹果所受的机械损伤，根据生物散斑技术所获得的散斑图像可知，苹果样品损伤部位呈高强度灰色，而未受损伤的部位呈中强度灰色，灰色强度越高说明该部位生物散斑活性越低。Ansari 等[34]也采用生物散斑技术测定并计算了苹果贮藏过程中果实新鲜度和生物散斑活性的相关系数，结果表明苹果样品的新鲜度与生物散斑活性有较强的相关性，其相关系数为 0.98。因此，生物散斑技术能够用于水果品质的评价。另外，Szymanska-chargot 等[35]利用生物散斑技术对收获前的苹果进行监测，并且测定了苹果的硬度、酸度、淀粉和可溶性固形物含量。结果表明，随着苹果不断成熟，其中的可溶性固形物增加，淀粉和硬度略有下降，生物散斑活性增加。苹果的生物散斑活性与可溶性固形物含量、淀粉含量和硬度的相关系数分别为 0.91、–0.80、–0.89，该结果表明生物散斑活性与可溶性固形物含量、淀粉含量和硬度存在较强的相关性。该方法有潜力用于收获前期对苹果品质的无损评价，并且可用于对苹果采收日期的预测。刘家玮等[36]利用生物散斑技术研究了无损鲜枣和损伤枣的图像散斑活性随时间变化的规律，结果表明，枣的生物散斑活性不仅随贮藏时间发生较大变化，而且无损鲜枣和损伤枣的变化趋势存在显著差异。因此该法可用于枣的品质分级，并有望用来对其他类果蔬进行品质分级。

变粉是水果后熟过程中品质劣变的现象之一，通常表现为咀嚼时口感柔软、口干、粒状或粉状[37]。Arefi 等[38]利用生物散斑技术对苹果的粉状度进行检测，他们将 540 个苹果样品在 0℃±1℃、相对湿度 85%±5%条件下贮藏，然后分别于第 0 天、30 天、60 天、120 天、150 天在 680nm 和 780nm 的波长处对样品进行生物散斑图像的采集，并且对苹果硬度和多汁性进行测定。结果表明在 680nm 波长所获得的生物散斑活性更高，并且新鲜苹果的生物散斑活性高于粉状或半粉状苹果的生物散斑活性。贮藏 5 个月后的苹果，其酸味和硬度也显著降低，据此建立了生物散斑技术在水果粉状度方面检测的方法。

19.2.2　肉类成熟过程中品质评价

生物散斑技术可作为肉类成熟过程中品质评价的有效工具，特别是在嫩度和色泽方面具有很大的潜力。Maksymenko 等[39]采用生物散斑技术对屠宰后猪肉及鸡肉的肌肉组织结构变化进行了评估，研究了在–4～4℃贮藏条件下猪肉（贮藏 144h）和鸡肉（贮藏 48h）生物散斑活性以及肌肉组织的降解情况。结果表明，生物散斑活性的降低与肌纤维断裂、核变形、核染色质减少及线粒体受损有关，生物散斑活性系数可作为肌肉组织结构变化的定量指标。Amaral 等[40]采用生物散斑技术对月龄为 21 天的牛胸长肌样品进行检测并测定其剪切力和颜色，结果表明剪切力与生物散斑激光具有相关性，其相关系数为 0.6146。此外，牛肉样品在空气中暴露 30min 测得生物散斑图像与其中高铁肌红蛋白含量变化的相关系数为–0.9119，说明生物散斑技术具有评价肉色品质的潜力。由于不同解剖学部位的肌肉质构特性差异较大，因此不能用同一个生物散斑活性模型对所有肉质进行分析。针对此问题，董庆利等[41]分别采用斜率/截距法（S/B）和 Kennard-Stone（K-S）样本添加法来改进已建立的一种预测模型，并将所得模型应用于牛里脊肉和牛腱子肉的质构分析。结果表明，基于 K-S 样本添加法改进的模型能够提高生物散斑技术对肌肉质构特性的分析精度。该团队的研究同时说明可采用不同方法来强化生物散斑技术的分析结果，例如，金曼等[42]在使用生物散斑技术的同时结合了三维成像来分析牛肉的硬度、咀嚼性等质构特性，其预测相关系数分别可达到 0.9444 和 0.9288，增强了生物散斑技术的预测效果。

19.2.3　水果蔬菜成熟度检测

果实成熟过程中的细胞质流动、细胞器运动、细胞生长和分裂以及生化反应等过程都会对生物散斑活性产生影响[43]，因此生物散斑技术可应用于水果蔬菜成熟度的检测。例如，Romero 等[44]探讨了生物散斑技术测定不同品系番茄成熟度的有效性，通过分析随时间变化的生物散斑图像、散射光的强度以及散斑图像的平均灰度确定各品系番茄成熟度的差异。此外，基于生物散斑活性与水果硬度、淀粉含量、总可溶性固形物含量间的高度相关性，并结合其他成熟度指标可以建立水果蔬菜成熟度的无损检测方法，确定其最佳的采收期[45]。Nassif 等[46]通过建立散斑图像反映绿梨内部葡萄糖水平，结果表明葡萄糖浓度越高，图像中斑点越小。Rabelo 等[47]对柑橘果实的散斑图像分析，并对其进行量化，然后研究其与总可溶性固形物、总酸度、穿透力和贮藏期等参数的相关性。结果表明，在成熟过程中，这些数值均呈下降趋势，证明量化后数值可以作为果实品质和成熟度的指标。吴海伦[48]基于生物散斑技术建立对中熟品种和晚熟品种苹果采摘后和贮藏期间硬度、可溶性固形物等品质指标的预测模型，确定 650nm 波长、20mW 功率的半导体激光光源所得散斑效果最好。同时，借助生物散斑技术建立的模型，研制出一种苹果无损检测分级仪器，这对采后苹果分级、保证苹果质量以及提高苹果经济效益等方面都有着重要意义。此外，生物散斑技术可检测水果的整体情况，对确定贮藏条件和货架期也具有一定的指导作用[49]。

19.2.4 微生物检测

生物散斑技术还可应用于微生物的检测。Pieczywek 等[50]分别用生物散斑、高光谱成像和叶绿素荧光三种方法对苹果在贮藏过程中假单胞菌污染情况进行检测，可视化的生物散斑活动空间揭示了苹果中假单胞菌的变化情况，且比超光谱成像更加精细，比叶绿体荧光法更早地检测出微生物的污染。采用惯性矩阵频率值分析能够加强生物散斑技术在微生物检测方面的应用，Rabelo 等[51]结合了惯性矩阵和时空散斑信号的频率值对黄孢杆菌、稻瘟菌及刺孢杆菌污染的大豆种子的生物散斑图像进行分析，通过频率分析能够使生物散斑技术所提供的大豆种子微生物污染的相关信息更加完整。此外，Viana 等[52]在监测苹果醋发酵过程时也采用了该技术，不仅很好地检测出相关微生物的数量，而且减少了混合接种发酵过程中检测微生物时原有的烦琐步骤。可见，生物散斑技术在微生物检测环节中可节约能源和减少投资。

19.3　结语与展望

生物散斑技术作为一种新型无损检测技术，以其快速、实时、低成本等优势被广泛应用于农业、医学等领域，特别是在水果品质评价、肉类成熟过程中品质评价、水果蔬菜的成熟度检测以及微生物检测等食品领域的应用也日益增多。生物散斑活性与生物组织密切相关，利用该技术进行定性或定量的无损检测，快速确定农产品的采收期、对食品进行品质分级、实现生产和贮藏全程实时控制等，这些对保证食品的质量及安全具有重要意义。

但目前生物散斑技术还存在一定的局限性：①生物散斑激光光源选择不当会导致系统光路冗余，测量结果误差较大，若能减少系统光路则有利于系统可移植性的提高[53]。常见的激光发射器有氦氖激光器，该设备具有工作性质稳定、使用寿命较长的特点，但传输性能较差；另有二极管激光器，该设备具有多种波长，且体积小、可节约成本，但其输出功率小，线性差、单色性不太好。因此，激光发射器是获得优质生物散斑图像及分析结果的关键，选择适当的激光发射器是提高生物散斑技术在不同产品中适用性的根本。②此外，生物散斑图像会因实验所选相关参数的不同而产生较大差异，因此在使用生物散斑技术过程中相关参数需要进行优化[54]，加强该项技术的稳健性及动态性能有利于提高其检测准确度。③虽然生物散斑技术适用性相对较强，但缺乏标准仍是限制其应用的主要因素。目前为止还没有一种通用的检测方法或独立稳定、便于携带的设备能应用到食品领域的各项检测中。④被测物品自身特性会影响生物散斑激光的穿透力从而限制其检测深度，这就导致一些果实核心的生物散斑图像难以绘制。图像分析技术的改进和数据处理能力的提升均有利于最大限度地避免相关干扰，因此需要从硬件和软件方面进行双向优化以突破生物散斑技术的局限性，从而进一步推动生物散斑技术在食品领域以及其他更多潜在领域中的应用。

参 考 文 献

[1]　马昕. 无损检测在食品品质检测中的运用[J]. 现代食品，2020，14：130-132.

[2]　毛晓婷. 光谱分析技术在食品及医药检测上的应用[D]. 杭州：中国计量学院，2016.

[3]　伍琳琳，蒋萍萍，杨洋，等. 光谱技术检测乳制品品质的研究进展[J]. 中国乳品工业，2020，48（7）：37-41.

[4]　王飞翔，谢安国，康怀彬，等. 食品光谱图像无损检测技术实用化方向研究进展[J]. 农产品加工，2019（13）：

74-78.

[5] 张义志，王瑞，张伟峰，等. 高光谱技术检测农产品成熟度研究进展[J]. 湖北农业科学，2020，59（12）：5-8，12.

[6] 刘晨，陈复生，夏义苗，等. 拉曼光谱技术在食品分析中的应用[J]. 食品工业，2020，41（4）：267-271.

[7] Bhattacharya I，Litesh B，Chakrabarti S，et al. Advances in optical science and engineering[J]. Springer Nature，2017，194：389-394.

[8] Sutton D B，Punja Z K. Investigating biospeckle laser analysis as a diagnostic method to assess sprouting damage in wheat seeds[J]. Computers and Electronics in Agriculture，2017，141：238-247.

[9] Doaa Y，Hatem E G，Hamed K，et al. Estimation of articular cartilage surface roughness using gray-level co-occurrence matrix of laser speckle image[J]. Materials，2017，10（7）：714.

[10] Goch G，Prekel H，Patzelt S，et al. Precise alignment of workpieces using speckle patterns as optical fingerprints[J]. CIRP Annals-Manufacturing Technology，2005，54（1）：523-526.

[11] 邓博涵，陈嘉豪，胡孟晗，等. 生物散斑技术在水果品质检测中的应用及图像处理算法进展[J]. 激光与光电子学进展，2019，56（9）：27-40.

[12] Romano G，Nagle M，Argyropoulos D，et al. Laser light backscattering to monitor moisture content，soluble solid content and hardness of apple tissue during drying[J]. Journal of Food Engineering，2011，104（4）：657-662.

[13] Rahmanian A，Mireei S A，Sadri S，et al. Application of biospeckle laser imaging for early detection of chilling and freezing disorders in orange[J]. Postharvest Biology and Technology，2020，162：2-6.

[14] 胡孟晗，董庆利，刘宝林，等. 生物散斑技术在农产品品质分析中的应用[J]. 农业工程学报，2013，29（24）：284-292.

[15] Mulone C，Nicolás B，Vincitorio F M，et al. Biospeckle activity evolution of strawberries[J]. SOP Transactions on Applied Physics，2014，1（2）：65-73.

[16] Zdunek A，Adamiak A，Pieczywek P M，et al. The biospeckle method for the investigation of agricultural crops：a review[J].Optics and Lasers in Engineering，2014，52：276-285.

[17] Alves J A，Braga R A. Identification of respiration rate and water activity change in fresh-cut carrots using biospeckle laser and frequency approach[J]. Postharvest Biology and Technology，2013，86：381-386.

[18] Kumari S，Nirala A K. Biospeckle technique for the non-destructive differentiation of bruised and fresh regions of an Indian apple using intensity-based algorithms[J]. Laser Physics，2016，26（11）：1-6.

[19] Fracarolli J A，Enes A M，Fabbro D，et al. Laser transmission through vegetative material[J]. World Academy of Science Engineering & Technology，2012，6（10）：892-894.

[20] Zheng B，Pleass C，Ih C. Feature information extraction from dynamic biospeckle[J]. Applied Optics，1994，33（2）：231-237.

[21] Braga R A，Dupuy L，Pasqual M，et al. Live biospeckle laser imaging of root tissues[J]. European Biophysics Journal，2009，38（5）：679-686.

[22] Skic A，Szymań S C，Kruk M，et al. Determination of the optimum harvest window for apples using the

non-destructive biospeckle method[J]. Sensors，2016，16（5）：661.

[23] Minz P D，Nirala A K. Bio-activity assessment of fruits using generalized difference and parameterized fujii method[J]. Optik，2014，125（1）：314-317.

[24] Preeti D M，Nirala A K. Intensity based algorithms for biospeckle analysis[J]. Optik，2014，125（14）：3633-3636.

[25] 石本义，毕昆，陈四海，等. 激光散斑技术在农产品检测中的应用[J]. 中国农学通报，2011，27（2）：410-415.

[26] Cheng H，Luo Q，Zeng S，et al. Modified laser speckle imaging method with improved spatial resolution[J]. Journal of Biomedical Optics，2003，8（3）：559-64.

[27] Braga R A，Nobre C M B，Costa A G，et al. Evaluation of activity through dynamic laser speckle using the absolute value of the differences[J]. Optics Communications，2011，284（2）：646-650.

[28] Ansari M Z，Ramírez-miquet E E，Otero I，et al. Real time and online dynamic speckle assessment of growing bacteria using the method of motion history image[J]. Journal of Biomedical Optics，2016，21（6）：66006.

[29] Retheesh R，Radhakrishnan P，Samuel B，et al. Cross-correlation and time history analysis of laser dynamic specklegram imaging for quality evaluation and assessment of certain seasonal fruits and vegetables[J]. Laser Physics：An International Journal devoted to Theoretical and Experimental Laser Research and Application，2017，27（10）：1-7.

[30] Samuel B，Retheesh R，Nampoori V P N，et al. Nondestructive evaluation of fruits using cross correlation and time history of biospeckle pattern[C]. National Seminar and International Exhibition on nondestructive Evaluation，2016：470-473.

[31] Vega F，Torres M C. Automatic detection of bruises in fruit using Biospeckle techniques[C]. Symposium of Signals. IEEE，2013.

[32] Yan L，Liu J X，Men S，et al. The biospeckle method for early damage detection of fruits[J]. Modern Physics Letters B Condensed Matter Physics Statistical Physics Applied Physics，2017，31：19-21.

[33] Blotta E，Ballarin V，Rabal H. Decomposition of biospeckle signals through granulometric size distribution[J]. Optics Letters，2009，34（8）：1201-1203.

[34] Ansari M Z，Minz P D，Nirala A K. Fruit quality evaluation using biospeckle techniques[C]. 2012 1st International Conference on Recent Advances in Information Technology（RAIT），2012：873-876.

[35] Szymanska-chargot M，Adamiak A，Zdunek A. Pre-harvest monitoring of apple fruits development with the use of biospeckle method[J]. Scientia Horticulturae，2012，145：23-28.

[36] 刘家玮，梁飞宇，王益健，等. 基于生物散斑的青枣活性变化规律[J]. 海南师范大学学报（自然科学版），2017，30（2）：150-153.

[37] Li Q Q，Xu R R，Fang Q，et al. Analyses of microstructure and cell wall polysaccharides of flesh tissues provide insights into cultivar difference in mealy patterns developed in apple fruit[J]. Food Chemistry，2020，321（1）：126707.

[38] Arefi A，Ahmadi M P，Hassanpour A，et al. Non-destructive identification of mealy apples using biospeckle imaging[J]. Postharvest Biology & Technology，2015，112：266-276.

[39] Maksymenko O P，Muravsky Leoni I，Berezyuk M I. Application of biospeckles for assessment of structural and cellular changes in muscle tissue[J]. Journal of Biomedical Optics，2015，20（9）：95006.

[40] Amaral I C，Braga R A，Ramos E M，et al. Application of biospeckle laser technique for determining biological phenomena related to beef aging[J]. Journal of Food Engineering，2013，119（1）：135-139.

[41] 董庆利，金曼，胡孟晗，等. 基于生物散斑技术的两部位牛肉质构特性预测模型改进[J]. 农业机械学报，2016，47（4）：209-215.

[42] 金曼，董庆利，刘宝林. 基于三维生物散斑技术的牛肉质构特性预测[J]. 食品科学，2017，38（3）：26-31.

[43] Zdunek A，Herppich W B. Relation of biospeckle activity with chlorophyll content in apples[J]. Postharvest Biology & Technology，2012，64（1）：58-63.

[44] Romero G G，Martinez C C，Alanís E E，et al. Bio-speckle activity applied to the assessment of tomato fruit ripening[J]. Biosystems Engineering，2009，103（1）：116-119.

[45] Anna S，Szymańska-chargot M，Beata K，et al. Determination of the optimum harvest window for apples using the non-destructive biospeckle method[J]. Sensors，2016，16（5）：661.

[46] Nassif R，Pellen F，Magné C，et al. Scattering through fruits during ripening：laser speckle technique correlated to biochemical and fluorescence measurements[J]. Optics Express，2012，20（21）：23887-23897.

[47] Rabelo G F，Roberto A J，Inácio M D. Laser speckle techniques in quality evaluation of orange fruits[J]. Revista Brasilra de Engenharia Agrícola e Ambiental，2005，9（4）：2-7.

[48] 吴海伦. 基于生物散斑技术的苹果内部品质检测分级及仪器开发[D]. 南京：南京农业大学，2015.

[49] Adamiak A，Zdunek A，Kurenda A，et al. Application of the biospeckle method for monitoring bull's eye rot development and quality changes of apples subjected to various storage methods—preliminary studies[J]. Sensors，2012，12（3）：3215-3227.

[50] Pieczywek P M，Cybulska J，Szymańska-Chargot M，et al. Early detection of fungal infection of stored apple fruit with optical sensors-comparison of biospeckle，hyperspectral imaging and chlorophyll fluorescence[J]. Food Control，2018，85：327-338.

[51] Rabelo G F，Enes A M，Junior R A B，et al. Frequency response of biospeckle laser images of bean seeds contaminated by fungi[J]. Biosystems Engineering，2011，110（3）：297-301.

[52] Viana R O，KArina T M G，Braga R A，et al. Fermentation process for production of apple-based kefir vinegar：microbiological，chemical and sensory analysis[J]. Brazilian Journal of Microbiology，2017，48（3）：592-601.

[53] 王康，张欢，李韪韬，等. 一种联合光声与激光散斑的多模态成像系统研究[J]. 生命科学仪器，2020，18：54-58.

[54] Chatterjee A，Singh P，Bhatia V，et al. An efficient automated biospeckle indexing strategy using morphological and geo-statistical descriptors[J]. Optics and Lasers in Engineering，2020，134：106217.

第20章　差示扫描量热技术研究甘油二酯的热力学性质

甘油二酯（diacylglycerol，DAG）是由一分子甘油与两分子脂肪酸酯化后得到的产物，包括1, 2（2, 3）-DAG和1, 3-DAG两种同分异构体。它是一种广泛存在于各种动植物油脂中的天然微量成分[1]，其代谢途径不同于甘油三酯（triacylglycerol，TAG），食用后在体内不蓄积，也不会引起餐后血脂水平升高，能够预防动脉粥样硬化及心血管疾病[2]。并且口感与普通油脂无异，能够满足人们对油脂风味的要求。近几年对DAG的营养特性和其对生理功能影响的研究表明DAG食用后能够降低餐后TAG的水平[3],还有研究表明用含有DAG的油脂替代传统油脂，能够抑制体重增加[4]、减少内脏脂肪[5]。并且DAG的分子结构中具有的亲水羟基，能够显示出界面性质和表面活性，因此更加适合作为乳化剂和表面活性剂。同时DAG还具有安全、营养、人体相容性高、加工适应性好等诸多优点，因此，DAG可以作为一种多功能添加剂使其应用十分广泛，尤其是在食品和化妆品行业中[6]。DAG具有不同于TAG的熔点和结晶性质[7]。一般来说，与脂肪酸组成相同的TAG相比，DAG的熔点范围相对较高[8]，这一特性使得DAG可以作为高熔点组分用于改善产品的质地。但是不同来源的DAG含量不同，其初始结晶温度、峰值温度和热焓值等热力学性质也不同。因此，对不同来源DAG的热力学性质的研究工作显得尤为重要。差示扫描量热法（differential scanning calorimetry，DSC）是DAG热力学性质研究中应用最广泛的热分析技术之一[9]。

DSC是一种测量物质热力学性质的热分析方法。它能够在程序控温下，通过加热或冷却物质，自动地、连续地测量试样的物理性质与温度的关系[10]，同时记录相应的DSC曲线，研究不同物质的热力学性质[11]，已经被广泛应用于植物油研究领域[12]。DSC具有试样用量少（只需几毫克或十几毫克）、分辨率高、适用范围广、无需化学处理、操作简单、快速、重现性好等优点，在医药、食品和材料等行业都有广泛的应用[13]。因此，本章主要对DSC技术的基本原理和分类进行了论述，并进一步对该技术在甘油二酯热力学性质的研究方面进行了综述。

20.1　DSC 技术的基本原理及分类

DSC 技术是在程序控温下，高准确度和高精密度地测量流入样品与参比物的热量差或功率差随温度或时间的变化[14]，通过差示扫描量热仪记录 DSC 曲线，该曲线以温度 T 或时间 t 为横坐标，样品吸热或放热的速率，即热流率 dH/dt 为纵坐标[15]。DSC 曲线的每一个峰都与一个特殊的物理化学过程有关。利用差示扫描量热仪可以定性和定量地分析样品的多种热力学和动力学参数，如熔融焓、熔点和结晶速率等[16]。随着温度的不断升高或降低，样品的结构和理化性质会发生改变，而结构和状态的改变也会使热力学和动力学参数发生改变，通过 DSC 技术测量热力学和动力学参数的变化，就可以得到样品结构和理化性质变化的一些信息。

根据测量方法的不同，DSC 可分为两种类型：功率补偿型 DSC 和热流型 DSC。功率补偿型差示扫描量热仪是样品和参比物在分别具有独立的热源和温度传感元件的条件下，即样品和参比物的温差接近零的情况下，直接根据功率差计算热焓，主要是以 PerkinElmer 公司的 DSC 为代表[17]。而热流型差示扫描量热仪是样品和参比物在同一热源和温度传感元件的条件下，测量样品和参比物的温差，再将温差换算成热焓，主要是一些除了 PerkinElmer 公司以外的其他仪器公司生产的 DSC[18]。

20.2　DSC 在甘油二酯热力学性质研究中的应用

DSC 技术是油脂研究中最常用的热分析技术，是研究油脂熔融曲线和结晶曲线的重要方法。DAG 与天然油脂一样，都是混合物，因此没有确定的熔点和结晶点，熔点和结晶点都是一个温度范围，但是 DAG 能够显示出熔融和结晶曲线。通过 DSC 升温和降温可以测定 DAG 的熔融曲线和结晶曲线。

DAG 作为一种安全的功能性油脂，其来源广泛，主要通过食用油如棕榈油[19]、大豆油[20]、橄榄油[21]和猪油[22]等来制备，而在 DAG 理化性质方面，研究较多的是将不同来源的 DAG 与其原料油以及其他油脂混合，这不仅有助于改善油脂的营养品质，而且能够产生特定理化性质的衍生产品[23]。DSC 技术作为一种热分析技术，越来越多地被应用于不同油脂性质的研究[24]，该技术通过监测焓变和 TAG 的相行为来研究油脂的一些与能量相关的物理化学变化[25]。

20.2.1　功率补偿型 DSC 在甘油二酯热力学性质研究中的应用

1. 功率补偿型 DSC 在棕榈油甘油二酯热力学性质研究中的应用

棕榈油作为世界上生产量最大的植物油，其原料及其衍生物棕榈油精被广泛用作塑性脂肪[26]。棕榈油经分馏，可以得到许多组分，包括油精、超级油精和顶级油精。由于棕榈油饱和脂肪酸含量高、结晶缓慢和后硬化问题，因此制备棕榈油及衍生油脂甘油二酯，并将其与棕榈油及衍生油脂混合，不仅可以提高棕榈油产品的营养价值，而且能够改善产品的质地、口感和涂抹性能[27]。甘油二酯的浓度影响油脂的初始结晶温度和熔点。Ng 等[28]采用 PerkinElmer DSC-7 研究棕榈油甘油二酯与棕榈超级油精混合的热力学性质。结果表明，棕榈油甘油二酯（0%～100%）与棕榈超级油精（100%～0%）混合，随着棕榈油甘油二酯添加量的提高，棕榈超级油精的初始结晶温度显著提高，这与 Cheong 等[22]和 Saberi 等[29]的研究结果相一致，而初始结晶温度的差异主要是由于 DAG 和 TAG 结构的差异。此外，随着棕榈油甘油二酯添加量的提高，棕榈超级油精的熔点显著提高，这主要是由于饱和 DAG 比例提高。因为与 TAG 相比，DAG 具有较高的熔点，而不是由于 TAG 与 DAG 脂肪酸的差异[30]。Saberi 等[31]采用 PerkinElmer Pyris 8000 DSC 研究棕榈油与棕榈油甘油二酯混合的相行为。研究结果表明，与棕榈油相比，添加 10%～40%的棕榈油甘油二酯，随着甘油二酯添加量的提高，棕榈超级油精的初始结晶温度显著提高。而当添加 30%～100%的棕榈油甘油二酯，在较高的熔融区域出现一个新的放热峰，这表明棕榈油甘油二酯在较高的温度区域发生结晶，同时棕榈油甘油二酯与高熔点棕榈油发生了重结晶。

此外，DAG 的浓度还会对油脂晶型的转变产生影响。Saberi 等[29]采用 PerkinElmer Pyris 8000 DSC 研究棕榈油与棕榈油甘油二酯混合的结晶动力学。通过将样品降温至不同预设温度，研究保持预设温度过程中的等温结晶曲线。结果表明，随着预设温度的提高，第一个结晶峰的强度减弱，并最终在某一特定的结晶温度下消失。这可能是因为产生了不稳定的 α 晶型（也可能是与 β′的混合晶型），并且在等温结晶的初始阶段转变为 β 晶型[32]。此外还发现与棕榈油相比，棕榈油甘油二酯的浓度只需 5%就能够延迟与 β 晶型有关的峰的出现，且峰强度减弱；而棕榈油甘油二酯浓度达到 10%，能够使与 β 晶型有关的峰消失。这表明棕榈油甘油二酯（10%）可用作棕榈油产品中的 β′稳定的中间体。

2. 功率补偿型 DSC 在猪油甘油二酯热力学性质研究中的应用

猪油俗称荤油，是一种高级饱和脂肪酸甘油酯。我国拥有十分丰富的猪油资源，与其他植物油相比，猪油具有特殊的性质，如更广泛的塑性范围和特殊的风味。由于猪油对风味和质构具有积极的作用，它在肉制品工业中起着重要作用。但随着人们饮食观念的改变和生活水平的提高，由于猪油胆固醇含量较高、消化率低及饱和程度高极大地限制了猪油在食品中的应用，使猪油的食用量日益降低，出现了猪油脂“过剩”的现象。因此，开发营养、健康的猪油产品具有十分重要的意义。而制备猪油甘油二酯是改善猪油营养价值的一个重要途径。猪油甘油二酯的浓度影响其与原料或其他油脂混合的熔融和结晶性质。Miklos 等[33]采用 PerkinElmer Pyris 6 DSC 研究猪油甘油二酯与猪油混合的理化性质。结果表明，低浓度（1%～20%）的 DAG 降低了混合油的熔点，而高浓度（50%～100%）的 DAG 提高了混合油的熔点。这主要是因为低浓度的 DAG 占据了 TAG 的晶核位点而抑制晶核的形成和晶体的生长，而高浓度的 DAG 因自身形成大量的新晶核而促进结晶。此外，当添加的 DAG 含量为 1%～5%和 50%～90%时，都会在结晶的初始阶段出现一个或两个新的峰，这主要是因为猪油甘油二酯与高熔点的猪油甘油三酯发生了重结晶。而且随着 DAG 的浓度（10%～100%）的增大，初始结晶温度也会升高，这表明 DAG 促进混合油晶核的形成和晶体的生长。Cheong 等[22]采用 PerkinElmer Pyris 6 DSC 研究猪油甘油二酯与菜籽油混合的熔融和结晶性质。结果表明，在低过冷度时，添加低浓度（5%～10%）的 DAG 时，出现较宽的熔融峰，这表明低浓度的猪油甘油二酯会抑制混合油晶核的形成和晶粒的生长速率，这主要是由部分甘油二酯（DAG）导致的。而添加高浓度（20%～50%）的 DAG，出现较窄的熔融峰，这表明高浓度的 DAG 会促进混合油晶核的形成和晶粒的生长。

20.2.2 热流型 DSC 在甘油二酯热力学性质研究中的应用

1. 热流型 DSC 在棕榈油甘油二酯热力学性质研究中的应用

棕榈油甘油二酯与其他油脂混合，能够提高油脂的初始结晶温度、结束熔融温度、熔融焓和结晶焓等热力学参数。Xu 等[34]采用 TA Q2000 DSC 研究棕榈油甘油二酯与棕榈油精甘油二酯混合的热力学性质。结果表明，与棕榈油和不同浓度的棕榈油精（0%～100%）的混合油的结束熔融温度相比，棕榈油甘油二酯和不同浓度的棕榈油精甘油二酯（0%～100%）的混合油的结束熔融温度较高，这可能是由于双棕榈酸甘油酯具有较高的熔点，或是由于 DAG 的存在，在棕榈油甘油二酯中形成了混合晶体。而且富含不同浓度 DAG 的油脂混合后，初始熔融温度、结束熔融温度和熔融焓均显著高于相应的原料油的混合，其较高的熔融焓表明，与棕榈油和棕榈油精的混合油相比，富含 DAG 的油脂混合时需要更多的能量来熔融固态脂肪。此外，后者的最后一个放热峰向较高温度区域移动，可能的原因是棕榈酰甘油和双棕榈酸甘油酯具有较高的熔点，或是 DAG 与高熔点的 TAG 组分发生了重结晶。而且后者也具有较高的初始结晶温度，这可能是由于后者的 DAG 含量显著高于前者，而 DAG 是棕榈油精和棕榈油中促进晶核形成和晶体生长的主要组分。同时，后者的结晶焓也比前者高很多，这表明随着发生结晶的分子数量的增加，棕榈油和棕榈油精甘油二酯体系释放出了更多的能量。

此外，等温结晶温度会对油脂结晶行为产生影响。Oliveira 等[35]采用 TA Q2000 DSC 研究棕榈油甘油二酯对棕榈油结晶性质的影响。通过等温 DSC 研究样品降温至 25℃，并保持 120 min 的过程中的经精炼、漂白和脱臭处理的棕榈油与再经纯化除去 DAG 的棕榈油的结晶曲线。结果表明，与经脱臭处理的棕榈油相比，经纯化除去 DAG 的棕榈油结晶峰较弱，且达到最大结晶强度需要的时间更长，这表明 DAG 影响棕榈油的成核时间和结晶速率，这主要是因为经纯化的棕榈油除去了 DAG，提高了三饱和程度，而三饱和程度越大，需要的成核时间越长，结晶速率越慢；此外，经纯化的三饱和 TAG 的第一个结晶峰与第二个结晶峰相融合，这表明随着 DAG 的除去，形成了更加均匀的结晶。

2. 热流型 DSC 在花生油甘油二酯热力学性质研究中的应用

花生油富含单不饱和脂肪酸、维生素 E、叶酸、蛋白质等，尤其是 sn-2 位不饱和亚油酸（重要的营养，因为在消化过程中 sn-2 位脂肪酸可以被保留，而通过胰脂酶作用，sn-1 和 sn-3 位脂肪酸暴露）[36]。花生油甘油二酯与花生油混合，能够提高混合油的初始结晶温度和结束熔融温度。Long 等[37]采用 TA Q100 DSC 研究花生油甘油二酯与花生油混合的热力学性质。与花生油的初始结晶温度（–2.19℃）相比，花生油甘油二酯的初始结晶温度（18.70℃）相对较高；而与花生油的结束熔融温度（11.45℃）相比，花生油甘油二酯的结束熔融温度（28.31℃）也相对较高。花生油与花生油甘油二酯的 DSC 热分析的差异主要是由于花生油甘油二酯含有较高的饱和脂肪酸及甘油酯结构的差异。

20.3 结　　语

DAG 作为一种安全健康的功能性油脂和应用广泛的多功能添加剂，因其熔点范围相对较高，而作为高熔点组分添加到产品中，用于改善产品的质地。此外，由于 DAG 来源广泛，而不同来源的 DAG 的初始结晶温度、峰值温度和热焓值等热力学性质不同，因此研究不同来源的 DAG 的热力学性质非常重要。DSC 技术是 DAG 研究中最常用的热分析技术之一，通过 DSC 升温和降温可以测定 DAG 的熔化曲线和结晶曲线。DSC 技术作为一种研究物质热力学性质的热分析技术，在程序控温下，通过加热或冷却样品，测量流入样品与参比物的热量差或功率差随温度的变化，通过差示扫描量热仪记录熔融曲线和结晶曲线，从而研究样品的某些结构和理化性质变化。其具有灵敏度高（需要的样品量较少）、分辨率高、适用范围广、操作简单、快速、重现性好等优点，在医药、食品和材料等行业都有广泛的应用。DSC 技术能够测定油脂的初始结晶温度、峰值温度和热焓值等热力学和动力学参数，在甘油二酯的热力学性质研究中发挥着越来越重要的作用。但 DSC 技术在对甘油二酯的热力学性质研究过程中也存在一些局限性，例如，对于一些包含复杂的和弱的转变的谱图，DSC 难以识别出起作用的单个组分。此外，样品的质量、大小和取样的不均一性均会对结果产生影响。因此在将 DSC 技术用于甘油二酯的热力学性质研究时，常与红外光谱法、X 射线衍射法和核磁共振法等方法联合使用，以弥补单一方法的不足。而且随着 DSC 技术本身的不断改进，其在甘油二酯热力学性质的研究中将得到更广泛的应用。

参 考 文 献

[1] Alonzo R P，Kozarek W J，Wade R L. Glyceride composition of processed fats and oils as determined by glass capillary gas chromatography[J]. Journal of the American Oil Chemists Society，1982，59（7）：292-295.

[2] Takase H，Shoji K，Hase T，et al. Effect of diacylglycerol on postprandial lipid metabolism in non-diabetic subjects with and without insulin resistance[J]. Atherosclerosis，2005，180（1）：197-204.

[3] Maki K C，Davidson M H，Tsushima R，et al. Consumption of diacylglycerol oil as part of a reduced-energy diet enhances loss of body weight and fat in comparison with consumption of a triacylglycerol control oil[J]. American Society for Clinical，2002，76（6）：1230-1236.

[4] Hidetoshi K，Hideto T，Koichi Y，et al. One-year ad libitum consumption of diacylglycerol oil as part of regular diet results in modest weight loss in comparison with consumption of a triacylglycerol control oil in overweight

Japanese subjects[J]. Journal of the American Dietetic Association，2008，108（1）：57-66.

[5] Stonge M P，Jones P J. Physiological effects of medium chain triglycerides：potential agents in the of prevention obesity[J]. Neurology，2002，132（3）：329-332.

[6] Macierzanka A，Szelag H，Szumala P，et al. Effect of crystalline emulsifier composition on structural transformations of water-in-oil emulsions：emulsification and quiescent conditions[J]. Colloids and Surfaces A：Physicochemical and Engineering Aspects，2009，334（1-3）：40-52.

[7] Nakajima Y，Fukasawa J. Physicochemical properties of diacylglycerols[M]//Katsuragi Y，Yasukawa T，Matsuo N，et al. Diacylglycerol oil. Boca Raton：American Oil Chemistry' Society，2004：204-218.

[8] Miklos R，Xu X B，Lametsch R. Application of pork fat diacylglycerols in meat emulsions[J]. Meat Science，2011，87：202-205.

[9] Cebula D J，Smith K W. Differential scanning calorimetry of confectionery fats：part II—effects of blends and minor components[J]. Journal of the American Oil Chemists' Society，1992，69（10）：992-998.

[10] Zhang Z S，Li D，Zhang L X，et al. Heating effect on the DSC melting curve of flaxseed oil[J]. Journal of Thermal Analysis and Calorimetry，2014，115（3）：2129-2135.

[11] Man Y B，Tan C P. Comparative differential scanning calorimetric analysis of vegetable oils：II—effect of cooling rate variation[J]. Phytochemical Analysis，2002，13（3）：142-151.

[12] Aboul-Gheit A K，Abd-El-Moghny T，Al-Eseimi M M. Characterization of oils by differential scanning calorimetry[J]. Thermochimica Acta，1997，306（1）：127-130.

[13] Saw M H，Hishamuddin E，Chong C L，et al. Effect of polyglycerol esters additive on palm oil crystallization using focused beam reflectance measurement and differential scanning calorimetry[J]. Food Chemistry，2017，214：277-284.

[14] Danley R. New heat flux DSC measurement technique[J]. Thermochimica Acta，2003，395（1）：201-208.

[15] 陈琼. 酶催化制备甘油二酯及其结晶特性的研究[D]. 广州：暨南大学，2015.

[16] Silva R C，Maruyama J M，Dagostinho N R，et al. Effect of diacylglycerol addition on crystallization properties of pure triacylglycerols[J]. Food Research International，2014，55（2）：436-444.

[17] 任婉婷，王颖. 功率补偿式 DSC 曲线的理论分析[J]. 纺织学报，2010，31（1）：11-18.

[18] 金小培，国凤敏，任婉婷. 功率补偿式 DSC 基线优化对仪器稳定性的影响[J]. 纺织科学研究，2009，20（3）：12-15，32.

[19] Awadallak J A，Voll F，Ribas M C，et al. Enzymatic catalyzed palm oil hydrolysis under ultrasound irradiation：diacylglycerol synthesis[J]. Ultrasonics Sonochemistry，2013，20：1002-1007.

[20] Wang W F，Li Z X，Ning Z X，et al. Production of extremely pure diacylglycerol from soybean oil by lipase-catalyzed glycerolysis[J]. Enzyme and Microbial Technology，2011，49：192-196.

[21] Fiametti K G，Sychoski M M，Cesaro A D，et al. Ultrasound irradiation promoted efficient solvent-free lipase-catalyzed production of mono-and diacylglycerols from olive oil[J]. Ultrasonics Sonochemistry，2011，18：981-998.

[22] Cheong L Z，Zhang H，Xu Y，et al. Physical characterization of lard partial acylglycerols and their effects on melting and crystallization properties of blends with rapeseed oil[J]. Journal of Agricultural and Food Chemistry，

2009，57（11）：5020-5027.

[23] Saberi A H，Lai O M，Miskandar M S. Melting and solidification properties of palm-based diacylglycerol，palm kernel olein，and sunflower oil in the preparation of palm-based diacylglycerol-enriched soft tub margarine[J]. Food and Bioprocess Technology，2012，5：1674-1685.

[24] Tan C P，Che M Y. Differential scanning calorimetric analysis of palm oil，palm oil based products and coconut oil：effects of scanning rate variation[J]. Food Chemistry，2002，76（1）：89-102.

[25] Tan C P，Che M Y. Differential scanning calorimetric analysis of edible oils：comparison of thermal properties and chemical composition[J]. Journal of the American Oil Chemists' Society，2000，77：143-155.

[26] Aini I N，Miskandar M S. Utilization of palm oil and palm products in shortenings and margarines[J]. European Journal of Lipid Science and Technology，2007，109（4）：422-432.

[27] Narine S S，Marangoni A G. Relating structure of fat crystal networks to mechanical properties：a review[J]. Food Research International，1999，32（4）：227-248.

[28] Ng S P，Lai O M，Abas F，et al. Compositional and thermal characteristics of palm olein-based diacylglycerol in blends with palm super olein[J]. Food Research International，2014，55：62-69.

[29] Saberi A H，Lai O M，Toro-Vázqusz F J. Crystallization kinetics of palm oil in blends with palm-based diacylglycerol[J]. Food Research International，2011，44（1）：425-435.

[30] Saberi A H，Kee B B，Lai O M，et al. Physico-chemical properties of various palm-based diacylglycerol oils in comparison with their corresponding palm-based oils[J]. Food Chemistry，2011，127：1031-1038.

[31] Saberi A H，Lai O M. Phase behavior of palm oil in blends with palm-based diacylglycerol[J]. Journal of the American Oil Chemists' Society，2011，88：1857-1865.

[32] Kawamura K. The DSC thermal analysis of crystallization behavior in palm oil[J]. Journal of the American Oil Chemistry' Society，1979，56（8）：753-758.

[33] Miklos R，Zhang H，Lametsch R，et al. Physicochemical properties of lard-based diacylglycerols in blends with lard[J]. Food Chemistry，2013，138：608-614.

[34] Xu Y Y，Zhao X Q，Wang Q，et al. Thermal profiles，crystallization behaviors and microstructure of diacylglycerol-enriched palm oil blends with diacylglycerol-enriched palm olein[J]. Food Chemistry，2016，202：346-372.

[35] Oliveira I F D，Grimaldi R，Gonçalves L A G. Effect of diacylglycerols on crystallization of palm oil（*Elaeis guineensis*）[J]. European Journal of Lipid Science and Technology，2014，116（7）：904-909.

[36] Yoshida H，Hirakawa Y，Tomiyama Y，et al. Fatty acid distributions of triacylglycerols and phospholipids in peanut seeds（*Arachis hypogaea* L.）following microwave treatment[J]. Journal of Food Composition and Analysis，2005，18（1）：3-14.

[37] Long Z，Zhao M M，Liu N，et al. Physicochemical properties of peanut oil-based diacylglycerol and their derived oil-in-water emulsions stabilized by sodium caseinate[J]. Food Chemistry，2015，184：105-113.